全国气候影响评价
CHINA CLIMATE IMPACT ASSESSMENT
(2018)

中国气象局国家气候中心　编

内 容 简 介

本书是国家气候中心气象灾害风险管理室业务产品之一。全书共分为五章,第一章为气候背景,介绍了2018年全球和中国气候概况以及主要气候系统基本特征;第二章分类综述了对中国影响较大的干旱、暴雨洪涝、台风、低温冷冻和雪灾、高温、沙尘天气以及雾和霾等重大天气气候事件及其影响;第三章阐述了气候对农业、水资源、生态、大气环境、能源需求、人体健康和交通的影响评估;第四章为专题报告,主要介绍一年来国内外有关灾害风险评估的新技术方法、评估模型等;第五章摘录了全国各省(区、市)气候影响评价分析。

本书资料详实、内容丰富,较好地概括了2018年中国气候与环境和社会经济因素之间的相互作用及影响,可供从事气象、农业、水文、生态以及环境保护等方面的业务、科研和管理人员参考。

图书在版编目(CIP)数据

全国气候影响评价.2018 / 中国气象局国家气候中心编. —北京:气象出版社,2021.6
ISBN 978-7-5029-7436-7

Ⅰ.①全… Ⅱ.①中… Ⅲ.①气候影响-评价-中国-2018 Ⅳ.①P468.2

中国版本图书馆 CIP 数据核字(2021)第 081450 号

全国气候影响评价(2018)
Quanguo Qihou Yingxiang Pingjia(2018)

出版发行:	气象出版社			
地　　址:	北京市海淀区中关村南大街46号		邮政编码:	100081
电　　话:	010-68407112(总编室)　010-68408042(发行部)			
网　　址:	http://www.qxcbs.com	E-mail:	qxcbs@cma.gov.cn	
责任编辑:	陈　红		终　审:	吴晓鹏
责任校对:	张硕杰		责任技编:	赵相宁
封面设计:	地大彩印设计中心			
印　　刷:	北京建宏印刷有限公司			
开　　本:	787mm×1092mm　1/16		印　张:	10.25
字　　数:	262千字			
版　　次:	2021年6月第1版		印　次:	2021年6月第1次印刷
定　　价:	70.00元			

本书如存在文字不清、漏印以及缺页、倒页、脱页等,请与本社发行部联系调换

《全国气候影响评价(2018)》编委会

主　　编： 孙　劭　梅　梅　王国复

编写人员（以姓氏拼音为序）：

蔡雯悦　段居琦　冯爱青　高　歌　郭艳君

侯　威　黄大鹏　李　多　李　莹　廖要明

刘绿柳　梅　梅　孙　劭　王国复　王启祎

王有民　王遵娅　徐良炎　尹宜舟　翟建青

张颖娴　钟海玲　周星妍　朱晓金

技术支撑： 冯爱青　代潭龙

序

我国气象灾害种类多、范围广、强度大、灾情重,全球气候变化加剧了极端气象灾害发生的频率和强度,体现了气象灾害的长期性、突发性、巨灾性和复杂性,同时也反映出应对气象灾害风险任务的艰巨性。气象灾害风险是指气象灾害对人类社会产生不利后果的可能性,且这种后果又往往不能准确预料;风险评估就是对风险发生的强度和形式等进行评定和估计。气候是气象灾害风险孕育的环境,影响则是气象灾害对各行各业产生的直接或间接后果。对气候特征以及气象灾害影响进行逐年总结评估是认识气象灾害时空变化规律的重要手段,有利于公众了解当前气象灾害风险状况并增强风险意识。

2016年10月11日,中央全面深化改革领导小组审议通过了《关于推进防灾减灾救灾体制机制改革的意见》,指出推进防灾减灾救灾体制机制改革,必须牢固树立灾害风险管理和综合减灾理念,坚持以防为主、"防抗救"相结合,坚持常态救灾和非常态救灾相统一,努力实现从注重灾后救助向灾前预防转变,从减少灾害损失向减轻灾害风险转变,从应对单一灾害损失向综合减灾转变。"十三五"时期是全面建成小康社会的决胜阶段,贯彻落实"五位一体"总体布局、"四个全面"战略布局和新发展理念,如期实现经济社会发展总体目标,健全公共安全体系,都需要不断创新防灾减灾救灾体制机制。

近年来,随着我国气象防灾减灾工作不断深入,每年因气象灾害造成的直接经济损失占GDP比重明显减少,死亡失踪人数显著减少,这表明我国的气象灾害风险管理能力正在日益增强。但是在全球气候变化的大背景下,我国各类气象灾害的危险性仍然呈现加重趋势:2014—2018年,全国暴雨日数较常年增加了8.0%,高温日数较常年增加了35.7%。气候预估结果显示,未来10~20年我国气温将持续升高,极端高温、强降水、洪涝和干旱等灾害风险增大,大气环境容量继续减少,污染扩散能力变弱。应对气候风险需从战略高度上重视气候安全问题,继续强化气候风险管理,合理开发气候资源,保护气候环境。

在极端气象灾害呈频发态势以及防灾减灾形势更加严峻复杂的背景下,《全国气候影响评价》内容重点围绕"气象灾害"以及"行业影响",深入浅出地介绍了当年气象灾害发生的背景、特征以及对行业的影响,并对当前新的评估方法和热点问题进行了详尽介绍。相信本书的出版,有利于提升科技支撑水平,有效地推动防灾减灾救灾事业的发展。

2020年3月15日

前　言

　　1983年,本着"为了向党及国家各部门提供制定决策或规划时所需的综合性气候情报资料"的初衷,本书出版发行。该书由原北京气象中心气候资料室(现国家气候中心气象灾害风险管理室)组织专家编写而成,记录了当年全球及中国的气候概况,评述主要气候事件及灾害对农业、水利、交通等行业的影响。36年来,该书为政府做好防灾减灾和重大决策提供了重要依据,为社会公众了解气候、灾害知识提供了详实的信息。

　　近年来,随着人们对气候、气候变化以及气象灾害的认知逐步加深,以及社会经济的飞速发展,气候与气候变化影响评价业务逐步向气象灾害风险管理业务转变,相关业务也正面临着新的形势和新的需求。

　　气象灾害客观事实愈发严峻。我国是世界上自然灾害最为严重的国家之一,灾害种类多,分布地域广,发生频率高,造成损失重。近年来,受全球变暖的影响,极端事件趋多趋强,我国面临的气象灾害及其衍生灾害风险正在不断加大,由此造成的灾害损失也在不断增加。据统计,21世纪以来,我国平均每年因天气气候灾害造成的直接经济损失超过2000亿元,并呈现出长期增长趋势。

　　防灾减灾战略面临新要求。为全面提高国家的综合防灾减灾救灾能力,2016年7月28日,习近平总书记在河北唐山考察时指出:努力实现从注重灾后救助向注重灾前预防转变,从应对单一灾种向综合减灾转变,从减少灾害损失向减轻灾害风险转变。为实现"三个转变",加强决策气象服务的有效供给,气象灾害影响评估等工作应通过新的产品、新的技术在灾前预防、综合减灾和减轻灾害风险中发挥更大的作用。

　　国内外更加关注气象灾害风险管理。2010年,坎昆气候大会通过了《坎昆适应框架》,提出将抵御极端气候事件和灾害风险管理作为适应气候变化的核心内容。2011年,政府间气候变化专门委员会发布了《管理极端事件和灾害风险,推进气候变化适应》特别报告,以灾害风险管理和气候变化适应为主线,对全球气候变暖背景下灾害的变化及影响作出评估,并提出供各国政府有效管理极端天气气候事件和灾害风险的选择措施。2015年,我国也发布了《中国极端天气气候事件和灾害风险管理与适应国家评估报告》,综合评估了气候变化背景下极端气候事件的情况并阐述了灾害风险管理和适应措施的进展,为我国管理极端事件和灾害风险提供了重要参考信息。

　　气象灾害风险管理的服务对象更加广泛。党的十八大以来,强调要牢固树立和贯彻落实"创新、协调、绿色、开放、共享"五大发展理念,适应推进新型工业化、信息化、城镇化、农业现代化和国家治理能力现代化的需要,坚持服务民生、服务生产、服务决策的宗旨。面对新形势和新要求,气象灾害风险管理作为公共气象服务的主要内容之一,应该主动在提高政府公共服务水平、促进经济快速平稳发展和保障人民群众福祉健康方面发挥更加突出的作用,其服务对象也应该由服务政府向服务行业、服务公众拓展和转变。这些转变可以看作是气象灾害风险管理领域的供给侧改革,其目标就是以精准定位和科技创新来优化业务和科研资源的配置,主动适应形势变化,全面提升服务能力,更好地满足各方需求。

适应新形势,注入新成果,满足新需求,国家气候中心对《全国气候影响评价》进行改版,内容凝聚了气象灾害风险管理的最新研究成果,保留了年度详尽的灾害事件信息,其参考价值进一步提升:面向各级政府,可为防灾减灾决策提供科学支撑;面向行业和企业,可为灾害风险管控提供重要参考依据;面向科研院所和研究人员,可为相关研究提供科学参考;面向社会公众,可以作为气候与气象灾害相关知识的科普宝库。

编写《全国气候影响评价》是一项系统工程,既需要大量的数据统计分析与核实,又需要新技术的研究与应用,还需要认真细致的文字凝练。为此,国家气候中心成立了由20多名专家组成的编写组和技术支撑组,经10余次讨论形成初稿,并经初审、终审形成现在的报告。在此,衷心感谢编写组、技术支撑组为该书顺利出版所做出的贡献。

编者
2020 年 2 月 15 日

摘 要

2018年，全球主要温室气体浓度持续上升，地表温度相比工业化时代之前水平偏高1.1℃，是有气象记录以来第四暖的年份。中国平均气温较常年（1981—2010）偏高0.54℃；春、夏季气温创历史新高，秋、冬季气温接近常年同期。全国平均降水量673.8毫米，比常年偏多7%；夏、秋季降水分别偏多10%和6%，冬季偏少17%，春季接近常年同期。六大区域年降水量均偏多或接近常年；七大流域中除辽河偏少11%外，其余均偏多或接近常年。2018年，华南前汛期开始时间较常年明显偏晚，结束偏早，雨量偏少；西南雨季开始和结束均接近常年，雨量偏多；入梅晚、出梅早，梅雨量偏少；华北雨季开始和结束均偏早，雨量偏多；华西秋雨开始和结束均偏晚，雨量偏少；东北雨季开始和结束均接近常年，雨量偏少。

2018年，中国气候属于正常年景，台风和低温冷冻损失偏重，暴雨洪涝、干旱、强对流、沙尘暴等气象灾害偏轻。与近5年相比，农作物受灾面积、死亡失踪人口以及直接经济损失均明显偏少。年内生成和登陆台风多、登陆位置偏北、灾损重；低温冷冻及雪灾频发，损失偏重；夏季暴雨过程频繁，但暴雨洪涝灾害总体偏轻；高温日数多，东北及中东部地区高温极端性突出；区域性和阶段性干旱明显，但影响偏轻；强对流天气少，经济损失偏轻；春季北方沙尘天气少，影响偏轻；阶段性雾霾影响大。全国因气象灾害及其次生、衍生灾害导致受灾人口约1.4亿人次，死亡（含失踪）614人，其中死亡568人；农作物受灾面积2081.4万公顷，绝收面积258.5万公顷；直接经济损失2615.6亿元。总体来看，2018年气象灾害直接经济损失比1990—2017年平均值略偏多，死亡（含失踪）人数和受灾面积均明显少于1990—2017年平均值。综合来看，2018年气象灾害为偏轻年份。

2018年早稻生育期内，主产区大部时段热量充足、光照条件较好，无明显低温、阴雨、寡照天气，利于早稻生长发育及产量形成；晚稻、一季稻产区气候条件偏好，气象灾害偏轻，对农业生产比较有利；冬小麦和玉米全生育期内，光热充足，降水量接近常年同期或偏多，土壤墒情适宜，气象灾害偏轻，气候条件较好；棉区光照、气温和降水条件较好，农业气象灾害较轻，气候年景正常偏好；全国水资源总量状况比较丰富，其中黑龙江、四川、甘肃、青海、宁夏为异常丰富年份；北方各省（区、市）冬季平均气温均较常年同期偏高，采暖耗能较常年同期减少；夏季全国大部地区平均气温接近常年同期或偏高，使得降温耗能也较常年同期偏高；全国大部地区年舒适日数较常年偏少；全国交通运营不利日数普遍在20天以上，其中江南、华南以及重庆、云南南部、湖北中部、河南南部等地超过60天。

Abstract

The concentrations of greenhouse gases was continuing to increase in 2018, while the global mean temperatures was 0.99°C above pre-industrial levels, which was the fourth warmest year on record. The Annual mean temperature over China was 0.54°C warmer than normal period (1981 to 2010). Spring and summer temperatures reached record highs, and autumn and winter temperatures approached the normal period. Annual precipitation was 673.8 mm in China, 7% more than normal period, wherein summer and autumn were 10% and 6% more, respectively, and 17% less in winter. The annual precipitation among six geographical zones in China were relatively more or close to normal. For the seven river basins of China, except Liaohe River Basin whose precipitation was 11% less, the others were more or close to normal period. In 2018, the pre-rainy season in South China began later than usual obviously, and the end was earlier with less precipitation than normal. The beginning and end of the rainy season in southwest China were close to normal, with more precipitation than normal. Meiyu season began late and ended early, with less precipitation. The beginning and end of rainy season in North China were earlier than normal, with more precipitation. The beginning and end of the autumn rain in West China are later than normal, with less precipitation. The beginning and end of the rainy season in Northeast China are close to the normal period, with less precipitation.

Climate in China was at a normal level in 2018. Typhoon and chilling disasters caused more losses than normal period, while some kinds of meteorological disasters had relatively less impact on social economy, including floods, droughts, sandstorm and severe convective weather. The affected area of crops, the dead and missing persons and the direct economic losses were significantly less, compared with last five years. During the year, more typhoons were generated and landed than normal period, the landing locations were relatively northward, and caused more losses. Chilling and snowstorm disasters occurred frequently, resulting in more economic losses than normal. The process of rainstorm in summer was frequent, but caused relatively less disaster losses. The high temperature days in 2018 were more than normal, and heatwave extremes were prominent in the northeast, central and eastern regions of China. Regional and periodic droughts were obvious, but the influence was relatively light. Less severe convective weather occurred in 2018 and caused less economic loss than normal. Less sandstorm weather occurred in spring with light influence. Periodic haze has great impact. In 2018, about 140 million people were affected by meteorological disasters and their secondary and derivative disasters, with 614 dead (including missing). Crops were affected by the disaster on an area of 20.814 million hectares, with a total crop failure area of 2.585 million hectares. Direct economic losses were 261.56 billion RMB. Overall, the direct economic losses from meteorological disasters in 2018 were slightly higher than the average from 1990 to 2017, and the number of dead (including missing) and the affected area were significantly lower.

For agricultural production in 2018, during the growth period of early season rice, the main producing areas had sufficient heat and good light conditions for most of the time, which was conducive to the growth and production. The climatic conditions of late-season and single-season rice producing areas were also sufficient, and climate-related disasters were relatively light, which was favorable for agricultural production. During the whole growth period of winter wheat and corn, the light and heat were sufficient, the precipitation was close or more than normal, the soil moisture content was suitable, with small disaster losses. For the cotton producing areas, the conditions of light, temperature and precipitation were sufficient, the agricultural disasters were relatively lighter. Total water resources are relatively abundant in China, wherein the provinces of Heilongjiang, Sichuan, Gansu, Qinghai and Ningxia were belong to exceedingly rich level. The average winter temperature in northern China was higher than normal, and the heating energy consumption was lower than normal. In summer, the average temperature in most parts was close or higher to the same period in history, and the cooling energy consumption was also higher than normal. The annual comfortable days in most parts of the country was less than normal. The negatively traffic days in China was generally over 20 days, wherein more than 60 negatively traffic days were distributed in the south of Yangtze River.

目 录

序
前言
摘要
Abstract

第一章 气候概况 ··· (1)
第一节 全球气候特征 ··· (1)
第二节 中国气候特征 ··· (6)
第三节 中国气候异常成因简析 ·· (16)
第四节 气候系统特征 ·· (18)

第二章 气象灾害及影响评估 ·· (26)
第一节 灾情概况 ·· (26)
第二节 干旱及其影响 ·· (29)
第三节 暴雨洪涝及其影响 ·· (35)
第四节 台风及其影响 ·· (40)
第五节 雷电、冰雹与龙卷风及其影响 ··································· (47)
第六节 低温冷冻和雪灾及其影响 ··· (53)
第七节 高温及其影响 ·· (57)
第八节 沙尘天气及其影响 ·· (60)
第九节 雾和霾及其影响 ··· (64)
第十节 2018年全球气候事件概述 ·· (69)

第三章 气候对行业影响评估 ·· (73)
第一节 气候对农业的影响 ·· (73)
第二节 气候对水资源的影响 ·· (78)
第三节 气候对生态的影响 ·· (84)
第四节 气候对大气环境的影响 ·· (85)
第五节 气候对能源需求的影响 ·· (90)
第六节 气候对人体健康的影响 ·· (94)

  第七节 气候对交通的影响 ………………………………………………………………（96）

第四章 专题报告 ……………………………………………………………………………（100）
  第一节 延伸期流域水资源与洪水风险预估 …………………………………………（100）
  第二节 中国干旱灾害直接经济损失预估技术研究 ……………………………………（102）
  第三节 气候变化背景下沿海地区极值水位的淹没风险——以荣成市为例 ………（106）

第五章 2018年各省（区、市）气候影响评价摘要 ……………………………………………（112）

附录A 资料、方法及标准 ……………………………………………………………………（122）

附录B 2018年全国主要雷电、冰雹和龙卷风事件 …………………………………………（132）

附录C 国内外主要气象灾害分布图 ………………………………………………………（136）

参考文献 …………………………………………………………………………………………（149）

第一章　气候概况

2018年全球主要温室气体浓度继续攀升,地表温度相比工业化前水平偏高0.99℃,为有观测记录以来的历史第四高值。全球冰川总量连续31年减少,南北极海冰范围全年处于历史低位。全球海洋表面温度较常年显著偏高,海平面继续加速上升,海洋热含量创历史新高,海洋酸化的影响日益加剧。年内,世界各地发生了许多重大天气气候事件,包括北半球异常活跃的热带气旋季、欧洲夏季持续性高温干燥天气、印度西南部的特大洪灾、澳洲东部严重旱情、欧美多地的低温暴雪以及全球多地的森林大火和强对流天气,造成了严重的人口伤亡和社会经济损失。

2018年,中国平均气温较常年偏高0.54℃;春、夏季气温创历史新高,秋、冬季气温接近常年同期。中国平均降水量673.8毫米,较常年偏多7.0%;冬季降水量偏少17%,夏季偏多10%,秋季偏多6%,春季接近常年同期。年内生成和登陆台风多、登陆位置偏北、灾损重;低温冷冻及雪灾频发,损失偏重;夏季暴雨过程频繁,但暴雨洪涝灾害总体偏轻;高温日数多,东北及中东部地区高温极端性突出;区域性和阶段性干旱明显,但影响偏轻;强对流天气少,经济损失偏轻;春季北方沙尘天气少,影响偏轻;阶段性雾霾影响大。

第一节　全球气候特征

2018年全球温度比常年(以1981—2010年为基准期)偏高0.35(±0.13)℃,超过工业化时代之前的全球温度0.99(±0.13)℃,成为有气象记录以来第四暖的年份(WMO,2019)。全球主要温室气体浓度持续上升,二氧化碳、甲烷和一氧化二氮浓度分别创历史新高。2018年全球海平面继续加速上升,海洋上层0～700米和0～2000米热含量同创新纪录。全球冰川总量连续31年减少,南北极海冰范围全年处于历史低位,其中1—2月北极海冰范围和2月南极海冰创历史新低;由于降雪量较常年偏多,格陵兰冰盖质量和北半球积雪范围略高于常年平均水平。年内,世界各地发生了许多重大天气气候事件,包括北半球异常活跃的热带气旋季、欧洲夏季持续性高温干燥天气、印度西南部的特大洪灾、澳洲东部严重旱情、欧美多地的低温暴雪以及全球多地的森林大火和强对流天气,造成了严重的人口伤亡和社会经济损失。

一、地表温度列历史第四位

2018年全球温度比常年(1981—2010年)偏高0.35(±0.13)℃,超过工业化时代之前(1850—1900年)的温度0.99(±0.13)℃,成为有完整气象观测记录以来第四高值(图1.1.1)。受年初1—3月拉尼娜事件造成的降温效应影响,2018年地表温度没有创出历史新高,低于2016年(较常年偏高0.56℃)、2017年(较常年偏高0.46℃)和2015年(较常年偏高0.45℃),但全球变暖的大趋势仍在持续。2014—2018年是有记录以来最暖的5年期,超过工业化时代之前的温度1.04(±0.09)℃(图1.1.1)。

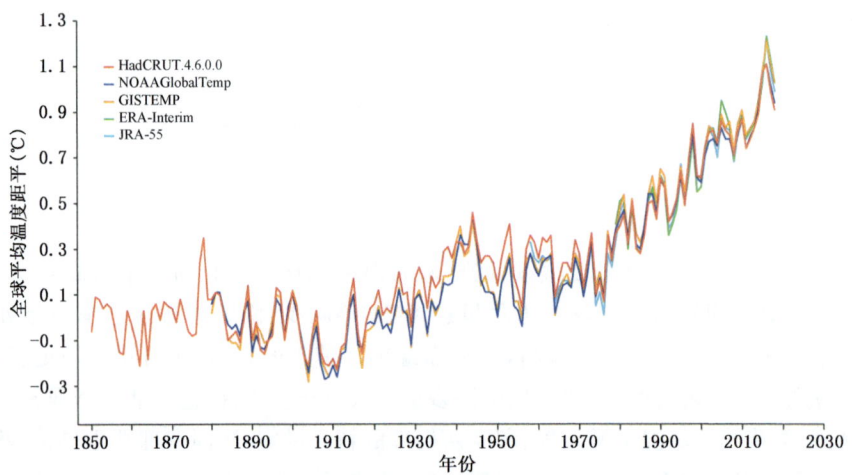

图 1.1.1 全球平均温度距平（相对 1850—1900 年平均值）时间序列（WMO，2019）
（JRA-55 为日本气象厅发布的全球大气再分析资料集，ERA-interim 是欧洲中期数值预报中心发布的全球大气再分析资料集；HadCRUT.4.6.0.0 是英国气象局和英国东英吉利大学联合发布的全球温度资料集；GISTEMP 是美国国家航空航天局发布的全球温度资料集；NOAAGlobalTemp 是美国国家海洋和大气管理局发布的全球温度资料集）

从 2018 年全球平均温度距平（相对 1981—2010 年平均值）空间分布看，北极圈大部地区（北美北部除外）温度较常年偏高 2℃以上；欧洲、北非、中东、澳洲中东部以及美国西部等地温度高于常年值 1℃以上；加拿大、中亚和北非西部等地温度低于常年平均水平；全球其余地区的温度与常年相比偏高幅度在 1℃以内。法国、德国、捷克、瑞士、匈牙利和塞尔维亚地表温度突破历史极值（图 1.1.2）。

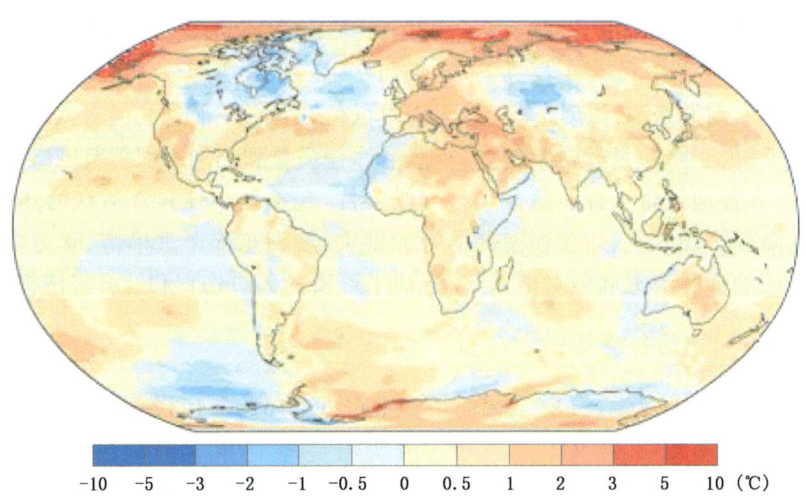

图 1.1.2 2018 年全球平均温度距平（相对 1981—2010 年平均值）空间分布图（WMO，2019）

二、海冰范围创历史新低,海洋热容量突破纪录

在全球变暖的大背景下,全球冰川总量连续31年减少,南北极海冰范围全年处于历史低位。1—2月北极海冰范围创历史新低,冬季北极海冰最大范围1448万平方千米,为历史第三低值;夏季受持续性低压系统影响,海冰消融速度偏慢,9月中旬北极海冰达到最小范围545万平方千米,比常年偏少28%;10月以来海冰扩张速度较常年明显偏慢,截至12月底北极海冰范围仍处于历史同期最低位。南极海冰最小范围228万平方千米出现在2月下旬,较常年偏小33%,创历史新低;2—8月南极海冰范围一直处于历史同期较低水平,9月南极海冰范围1782万平方千米,位列历史第二低;10月以来海冰快速消融,截至12月底南极海冰范围达历史同期最低值。

格陵兰冰原的冰量自2002年以来不断减少,截至2018年底累计减少了约3.6万亿吨。2018年夏季格陵兰地区温度较常年偏低,降雪量为1972年以来最多,年内格陵兰冰原增加了1500亿吨冰量,但多年来冰量逐渐减少的大趋势并未发生改变。2018年北半球平均积雪覆盖范围为2564万平方千米,比常年偏多3%,其中北美洲相比欧亚大陆偏多更为明显。

2018年全球海表温度位列历史第四高值,其中太平洋大部(除赤道东太平洋外)、印度洋西部以及热带大西洋等地异常变暖。超过90%被温室气体吸收的能量进入海洋,2018年海洋上层0~700米和0~2000米的热容量再创历史新高。在海洋热膨胀和海冰融化的共同作用下,2018年全球海平面继续保持上升趋势,相比2017年上升3.7毫米,成为有记录以来的最高值。

在过去的10年间,海洋吸收了30%的人为二氧化碳排放量,导致海洋酸化不断加剧(WMO,2019)。在暖化和酸化的共同作用下,海洋的理化特征发生了显著变化,直接影响了海洋食物链和生态系统。IPCC第5次评估报告显示,自工业革命以来海洋表面pH值已经下降了0.1个单位;随着二氧化碳排放量的不断增加,全球海洋pH值还将继续下降(IPCC,2013)。

三、全球降水分布不均,季节差异大

2018年全球大范围降水异常偏多的区域主要包括地中海欧洲、非洲北部、阿拉伯半岛北部、中亚、美国东部等地,这些区域的年降水量较常年偏多25%以上;全球范围内降水量异常偏少的区域主要包括欧洲大部、中亚、阿拉伯海北部和东部海岸、非洲南部、澳洲中东部、北美大部以及南美部分地区,其中非洲南部、澳洲东部、北美北部等地已连续多年降水偏少(图1.1.3)。

从最大连续5日降水量分布来看,极端降水的高值区主要出现在热带辐合带(ITCZ)、东亚季风区、印度季风区以及北美东南部等地,这些区域的最大5日降水量普遍在100毫米以上。其中,孟加拉湾沿岸、东南亚以及南美洲北部等局地遭受了持续性极端降水过程(图1.1.4)。

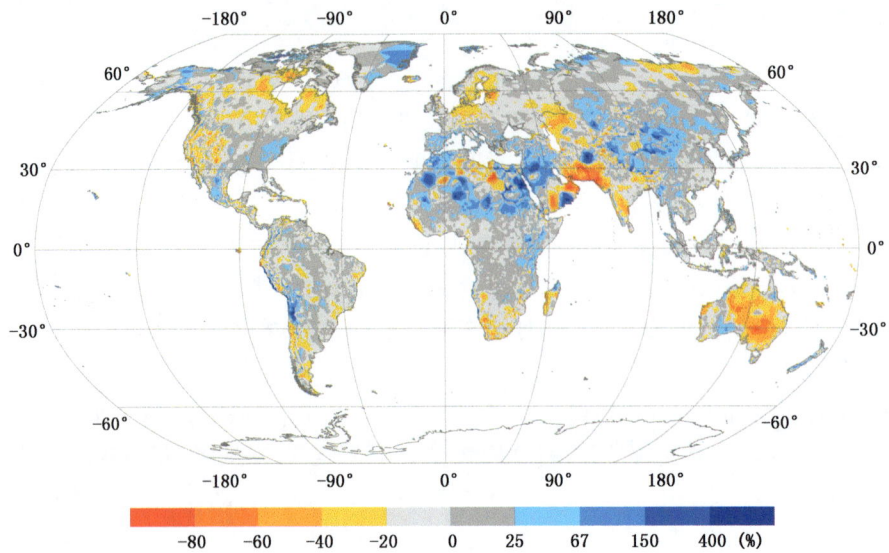

图 1.1.3　2018 年全球降水量距平百分率（相对于 1981—2010 年平均值）空间分布图

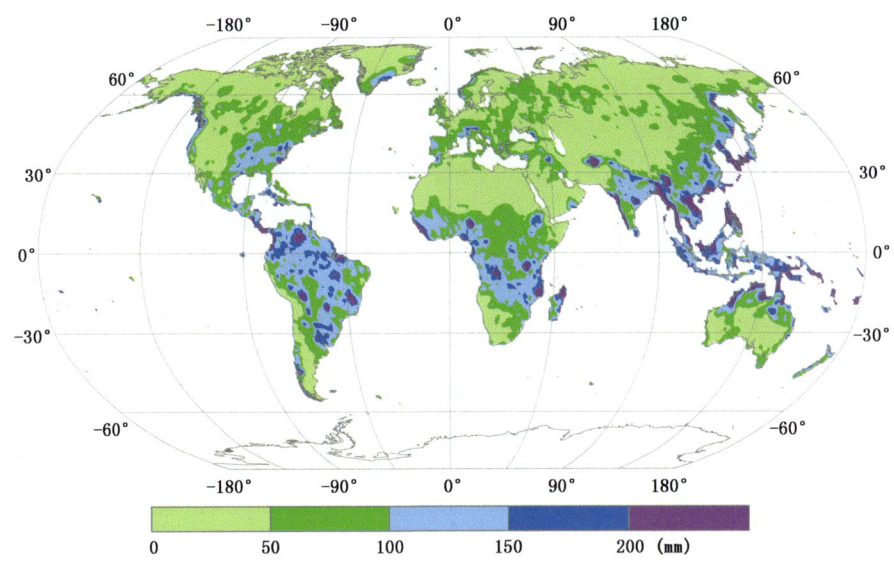

图 1.1.4　2018 年全球最大连续 5 日降水量空间分布图

四、2018 年国外十大天气气候事件

超强台风"山竹"重创菲律宾。 9 月 15 日，台风"山竹"在菲律宾吕宋岛东北部的卡加延省登陆，登陆时中心附近最大风力 17 级以上，给菲律宾带来了暴雨和最高时速达 85 米/秒的强风，并引发了高 6 米的巨浪。台风"山竹"引发的暴雨和强风摧毁了吕宋岛大片的农田和许多房屋，造成菲律宾 81 人死亡，59 人失踪。

2 月北极圈出现史上最高气温。 通常情况下，北极在 3 月 20 日之前并无阳光照射，此时北极地区接近其一年中最冷的时刻。但2月25日北极平均气温达到2℃，比常年气温高出30℃以上。北极暖至冰点以上，主要是由于风暴为格陵兰海输送强暖流所致，暖流直接穿过北极中心，北纬80°以北整个地区2月平均气温升至历史纪录最高点，平均气温高于往年20℃以上，如此极端的暖流入侵现象过去在北极地区是很罕见的。

夏季，北半球出现严重"高烧"现象。 北极圈内一些气象站气温一度超过30℃，挪威和芬兰也分别出现了33.5℃和33.4℃高温；瑞典干旱与创下百年纪录的高温引发多处森林火灾。希腊雅典遭遇40℃高温袭击，并诱发了森林火灾。英国部分地区夏季出现持续高温干旱，创下半个世纪以来最干旱夏天的纪录。意大利首都罗马7月14日最高气温直逼40℃。多个北非国家也出现热浪，摩洛哥出现43.4℃高温，阿尔及利亚的撒哈拉沙漠地区最高气温更是达到51.3℃。北美地区加拿大魁北克省7月初遭遇几十年罕见的连续高温，持续的高温天气导致70人死亡。美国得克萨斯州、亚利桑那州等多地气温突破历史纪录。同处东亚地区的日本、韩国也出现大范围高温热浪，仅日本就造成144人死亡，8万余人中暑。

美国加利福尼亚（以下简称加州）州坎普山火肆虐，天堂镇痛失家园。 受前期高温少雨的影响，11月8日美国加州发生山火，山火借助风势持续延烧。其中，北加州坎普山火重创山区小镇天堂镇，山火造成85人死亡，249人下落不明。"坎普山火"已成为自20世纪以来全美伤亡最惨重的山火之一；南加州沃尔西山火造成3人死亡，1643座建筑被毁。美国加州山火于23日基本被扑灭，这场山火刷新了全美山火致死和毁坏程度的纪录。"坎普"山火的过火面积超过620平方千米，山火共烧毁民宅约1.4万栋、商业建筑500多栋、其他建筑4200多栋。

特大暴风雨致普吉岛游船倾覆。 7月5日，泰国"艾莎公主"号和"凤凰"号两艘游船载有122名中国游客在返回普吉岛途中，突遇特大暴风雨，强风掀起六七米的巨浪，致使这两艘游船分别在珊瑚岛和梅通岛发生倾覆。"艾莎公主"号游船上35名中国游客悉数获救，"凤凰"号游船上载87名中国游客中有40人获救、47人死亡。5—11月正值普吉岛雨季，当地受西南季风控制，容易形成强对流性天气，阵雨和雷阵雨多发，而泰国粗糙的气象预警机制和权责模糊的管理是造成这次灾害的主要原因。

日本遭遇35年来最重暴雨灾害。 6月28日至7月9日，日本西部连遭暴雨袭击，高知、德岛和岐阜等15个观测点累计雨量超过1000毫米，高知县安芸郡最大降雨量达1852.5毫米；分别有123个和119个观测站48小时、72小时降雨量达到有记录以来最高值，暴雨的极端性突出。强降雨造成河流、水库水位急速上涨，山洪、泥石流、滑坡等灾害群发性突出，导致多地民居、道路被毁，200余人遇难。本次灾害是日本35年来遭遇的最严重暴雨洪涝灾害。

台风"飞燕"先后两次登陆重创日本。 9月4日，台风"飞燕"先后在日本四国岛德岛县和本州岛兵库县登陆，登陆时中心附近最大风力45米/秒。受台风"飞燕"影响，日本近畿地区遭遇暴风雨袭击，其中大阪瞬时风速达58.1米/秒（17级），刷新当地历史最高纪录；登陆前后12小时内，高知、德岛、奈良等地降雨量达200～272毫米。强暴风雨造成11人死亡、1700余栋建筑受损，关西机场被淹，3000名旅客滞留。日本气象厅称，台风"飞燕"是自1993年以来日本遭遇的最强台风。

暴风雪刷新美国东海岸低温纪录。 1月3—4日，爆发性气旋影响整个美国东海岸，部分地区气温打破近百年来最低气温纪录。其中，佛蒙特州的伯灵顿气温低至-28.9℃，与1923年的历史纪录相比，还要低0.6℃；缅因州的波特兰则达到-23.9℃，打破了1941年的历史纪录。由于爆发性气旋途径美国航班运输最为繁忙的路线，受冰雪天气影响，全美超过5000架次航班被取消,航班几乎全线停运。

3月寒流横扫欧洲多国。3月1—3日,寒流横扫欧洲多国,从北欧到地中海沿岸国家都降下大雪。德国部分地区夜间气温下降至−24℃,爱沙尼亚气温则低达−29℃,瑞士有些高山地区甚至出现−40℃的低温。低温和强降雪天气对欧洲各地交通和居民生活造成严重影响,多个欧洲机场被迫取消航班或延迟起降,交通严重受阻,寒流造成60余人死亡。

南非遭遇23年来最严重的干旱。受前期降水持续偏少的影响,1—5月,南非中南部的多个省份发生干旱,为近23年来最严重的一次。西开普省是此次干旱的重灾区,并引发用水危机,部分地区甚至开始限量供水;开普敦的旱情更是历史罕见。南非水利研究委员会研究指出,目前南非六成以上的河流用水过度,其中近四分之一河流处于严重缺水状况。6月以来,随着南非雨季的到来,部分地区的严重旱情已得到有效缓解。

第二节　中国气候特征

2018年,中国平均气温较常年偏高0.54℃,春、夏季气温创历史新高,秋、冬季气温接近常年;中国平均降水量较常年偏多7%,夏、秋季降水偏多,冬季偏少,春季接近常年同期。华南前汛期开始明显偏晚,结束偏早,雨量偏少;西南雨季开始和结束均接近常年,雨量偏多;入梅晚、出梅早,梅雨量偏少;华北雨季开始和结束均偏早,雨量偏多;华西秋雨开始和结束均偏晚,雨量偏少;东北雨季开始和结束均接近常年,雨量偏少。

一、春、夏季气温创历史新高

1. 年平均气温偏高

2018年,中国平均气温10.09℃,较常年偏高0.54℃(图1.2.1);除1月、2月、10月、12月气温偏低外,其余各月均偏高,其中3月偏高2.8℃,为历史同期最高。从空间分布看,除新疆北部局地气温略偏低外,其余大部地区气温接近常年或偏高,其中黄淮中部、江南东部及内蒙古中部、青海西南部和东南部、西藏西部和北部等地偏高1~2℃(图1.2.2)。2018年,31个省(区、市)气温均偏高,其中江苏、河南为历史第三高(图1.2.3)。从长期变化趋势上看,1961年以来年平均气温均呈现上升趋势,最明显为上海、天津、内蒙古、青海、西藏(图1.2.4)。

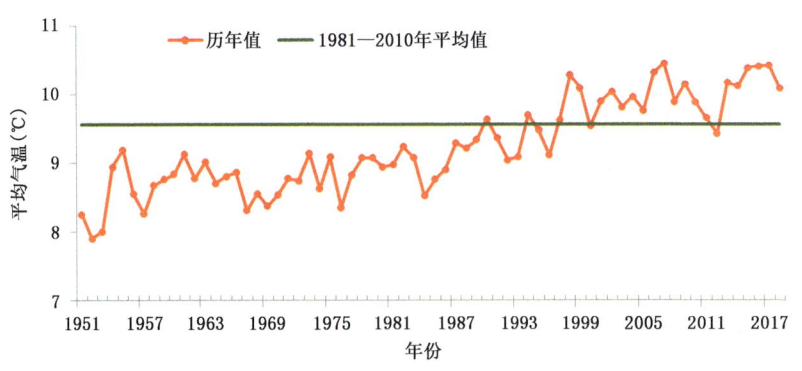

图1.2.1　1951—2018年中国年平均气温历年变化

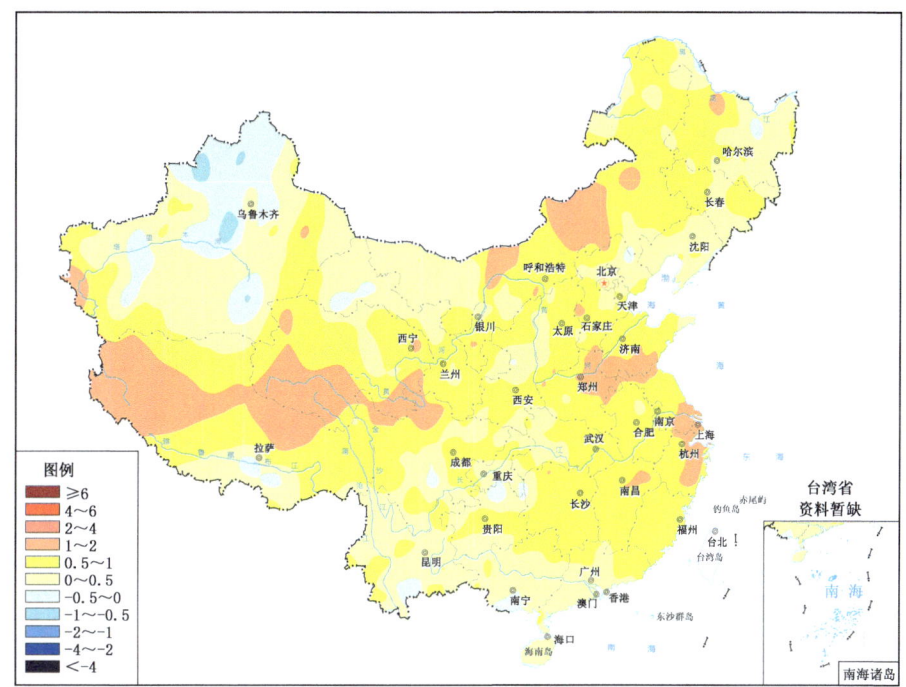

图 1.2.2　2018 年中国年平均气温距平分布图(单位：℃)

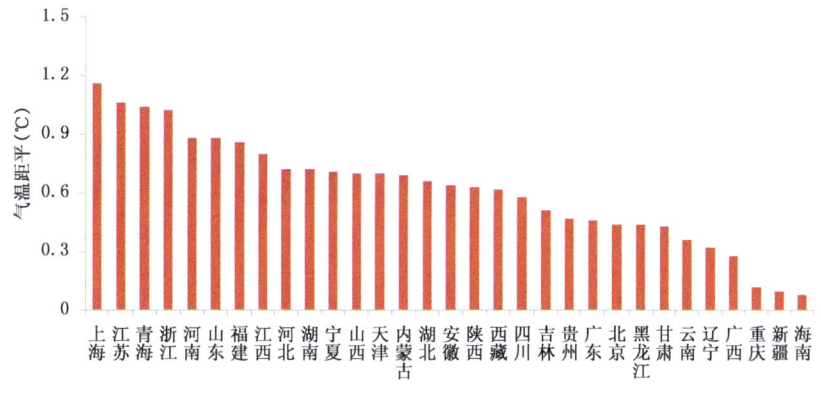

图 1.2.3　2018 年中国各省(区、市)年平均气温距平

2. 春、夏季气温创历史新高，秋、冬季气温接近常年同期

冬季(2017 年 12 月至 2018 年 2 月)，中国平均气温−3.2℃，接近常年同期。除青藏高原大部气温较常年同期偏高 1～4℃外，其余大部地区气温接近常年同期或偏低，其中东北及内蒙古东北部、新疆北部等地偏低 1～2℃，局地偏低 2～4℃(图 1.2.5(a))。

春季(3—5 月)，中国平均气温 12.0℃，较常年同期偏高 1.6℃，为历史同期最高。中国大部气温普遍偏高，其中西北地区东部和中北部、华北西部和北部、江南大部、华南北部及内蒙古中部和西部、四川东部、贵州中部等地偏高 2～4℃，内蒙古局地偏高 4～6℃(图 1.2.5(b))。

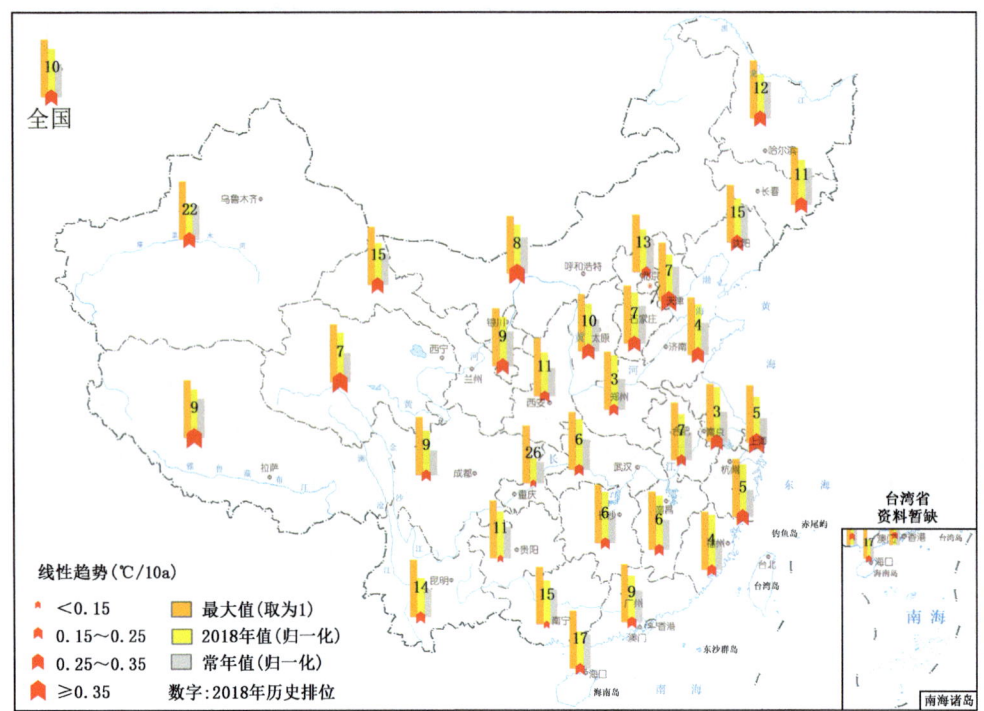

图 1.2.4　2018 年中国各省（区、市）年平均气温示意图（趋势及排位为 1961 年以来）

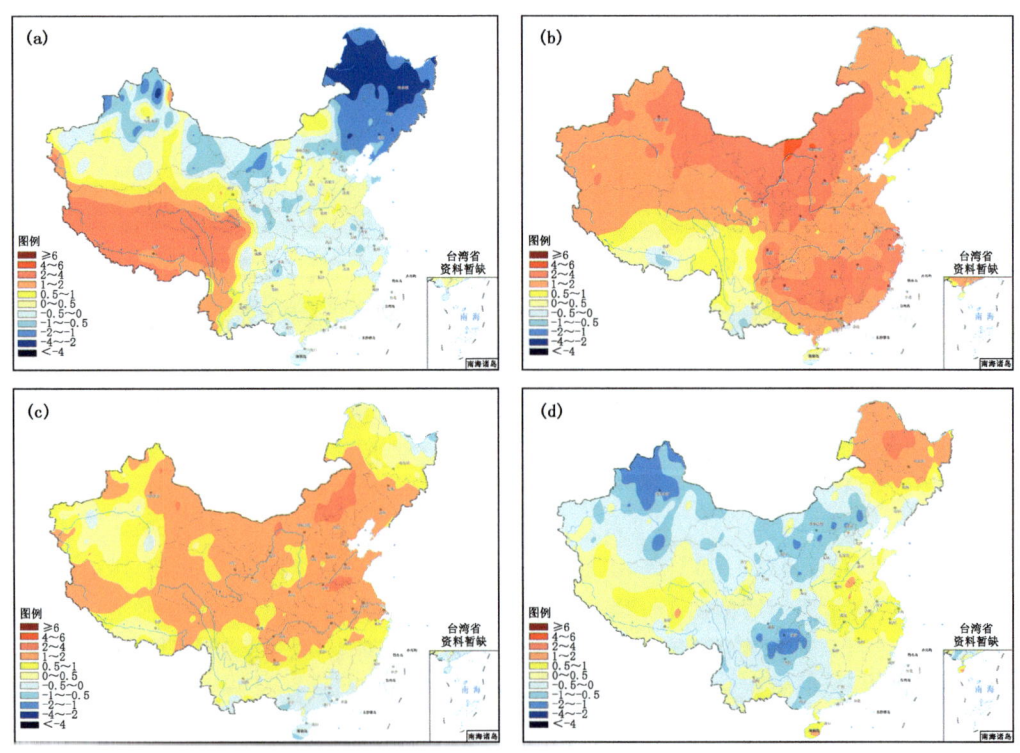

图 1.2.5　2018 年中国冬（a）、春（b）、夏（c）、秋（d）季平均气温距平分布图（单位：℃）

夏季(6—8月),中国平均气温21.9℃,较常年同期偏高1℃,为历史同期最高。中国大部地区气温偏高,其中西北地区中部和东部、东北中南部、华北、黄淮、江淮、江汉、江南北部及内蒙古大部、西藏西北部和东部、四川北部、重庆等地偏高1～2℃,内蒙古东南部、山东西南部、河南北部等地偏高2～4℃(图1.2.5(c))。

秋季(9—11月),中国平均气温9.9℃,接近常年同期。除黑龙江大部、吉林西北部、内蒙古东北部气温偏高1～4℃外,其余大部地区气温接近常年同期或偏低,其中新疆北部、重庆南部、贵州北部等地偏低1～2℃(图1.2.5(d))。

二、年降水量偏多

1. 平均降水量偏多

2018年,中国平均降水量673.8毫米,较常年偏多7.0%,比2017年偏多5.1%(图1.2.6)。1月、7月、8月、9月、11月和12月降水量偏多,其中12月偏多78%;2月、4月、6月和10月降水量偏少,其中2月偏少53%,为1951年以来历史同期第三少;3月和5月降水量接近常年同期。

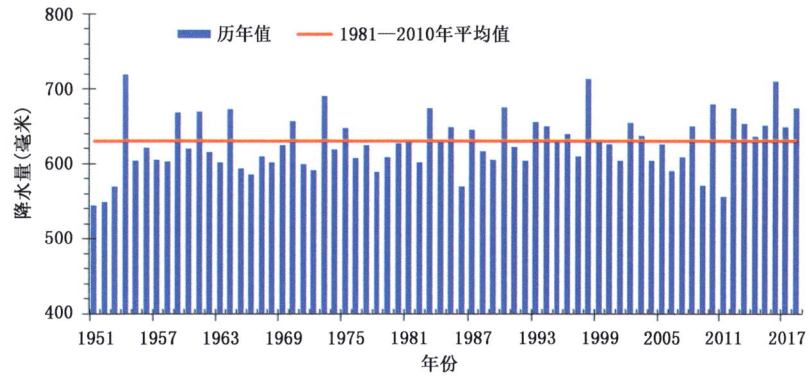

图1.2.6 1951—2018年中国平均年降水量历年变化

2018年,江南大部、华南及重庆东南部、贵州南部、云南南部和西南部、四川东部等地降水量有1200～2000毫米,广东南部局地和海南中东部超过2000毫米;东北大部、华北大部、西北地区东南部、黄淮、江淮、江汉及四川大部、云南大部、贵州中北部、西藏东部、内蒙古东北部等地有400～1200毫米;内蒙古中部、辽宁西部、宁夏大部、甘肃中部、青海中部、西藏中西部、新疆北部等地有100～400毫米;新疆中南部、甘肃西部和内蒙古西部等地不足100毫米(图1.2.7)。广东恩平(3182.9毫米)和阳江(2871.1毫米)年降水量分别为中国最多和次多;新疆十三间房(8.5毫米)和吐鲁番东(9.6毫米)为中国最少和次少。

与常年相比,北方大部降水偏多,南方大部降水接近常年,其中东北地区中北部、西北地区中东部及内蒙古中西部、山东中部、安徽东北部、四川中东部、新疆西南部、西藏中西部、海南大部等地降水量偏多20%至1倍,局地偏多1～2倍;辽宁中部、新疆东南部等地降水量偏少20%～50%;其余大部地区降水量接近常年(图1.2.8)。

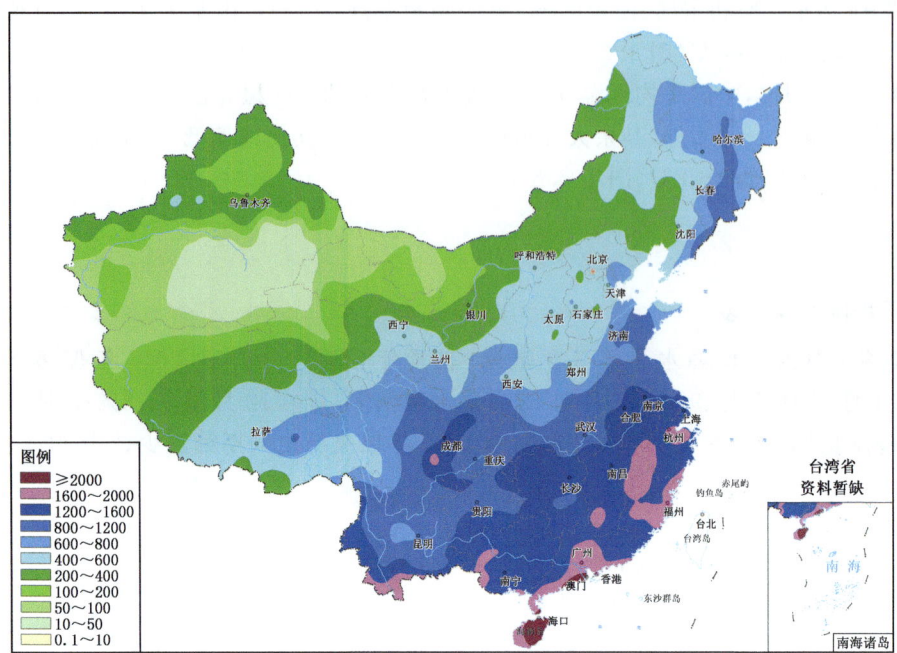

图1.2.7 2018年中国降水量分布图(单位:毫米)

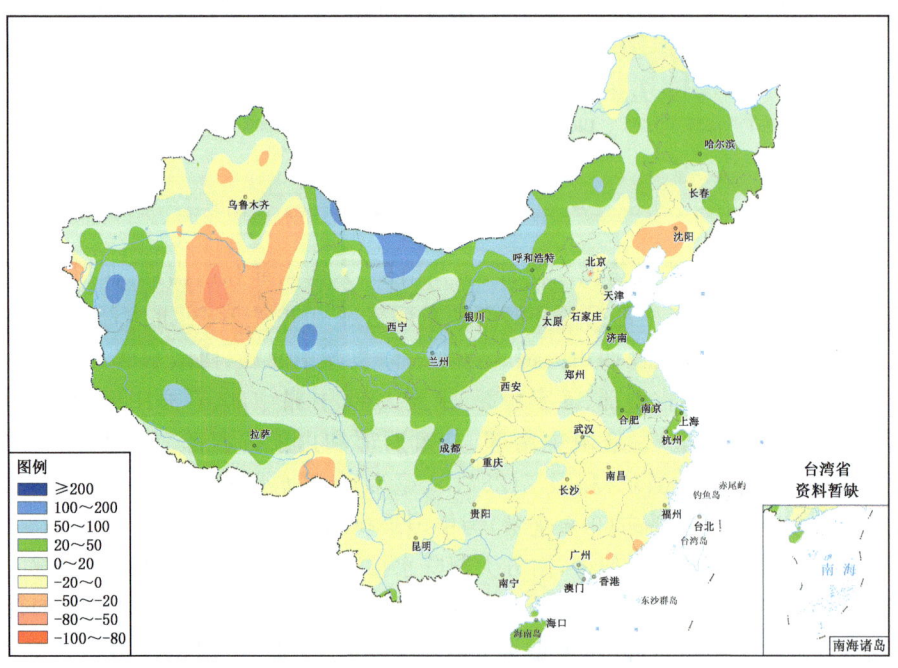

图1.2.8 2018年中国年降水量距平百分率分布图(单位:%)

2018年,共有 21 个省(区、市)降水量较常年偏多,其中宁夏偏多 42%,青海偏多 29%,青海降水量为历史最多;10 个省(区、市)降水量偏少,其中辽宁偏少 17%,江西偏少 8%(图1.2.9)。七大江河流域中,除辽河流域(523.4 毫米)降水量较常年偏少 11%外,其余六大流域降水量均偏多或接近常年,其中松花江流域(632.5 毫米)偏多 21%,黄河流域(531.8 毫米)偏多 14%,淮河流域(914.3 毫米)偏多 13%,长江流域(1210.8 毫米)偏多 3%,海河流域(516.3 毫米)和珠江流域(1567.5 毫米)接近常年(图1.2.10)。从长期变化趋势上看,1961 年以来上海、浙江、海南等省(区、市)年降水量增加最为明显,另外西南东部—西北东部—华北一带省份年降水量呈现下降趋势(图 1.2.11)。

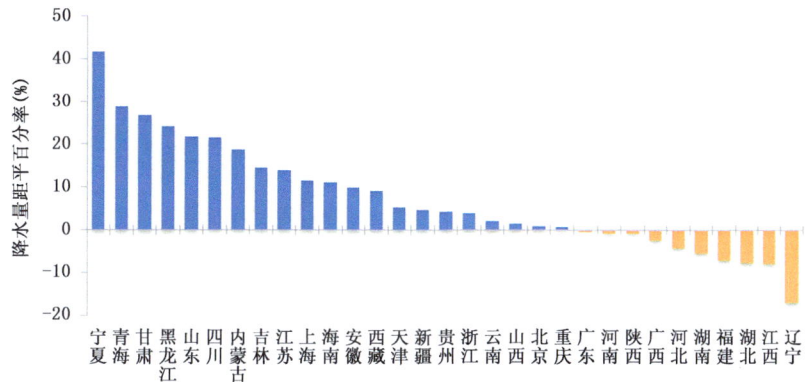

图 1.2.9 2018 年中国各省(区、市)年降水量距平百分率

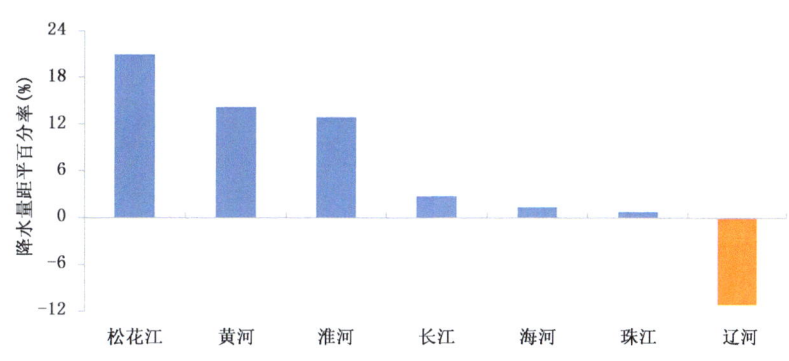

图 1.2.10 2018 年中国七大江河流域年降水量距平百分率

2. 夏秋季降水偏多,冬季偏少,春季接近常年同期

冬季,中国平均降水量 34.0 毫米,较常年同期偏少 17%。与常年同期相比,东北地区中部、黄淮西部、江汉北部、江淮南部及新疆西部和南部、内蒙古西部和东部部分地区、甘肃大部、西藏东南部、四川中部、云南南部等地偏多 20%至 2 倍,局地偏多 2 倍以上;其余大部地区降水量接近常年同期或偏少,其中华北大部、黄淮东部、江南南部、华南南部、西南大部及黑龙江北部和东部、辽宁大部、内蒙古中部和东北部、新疆、青海中西部和西藏大部等地降水量偏少 20%~80%,局地偏少 80%以上(图 1.2.12(a))。

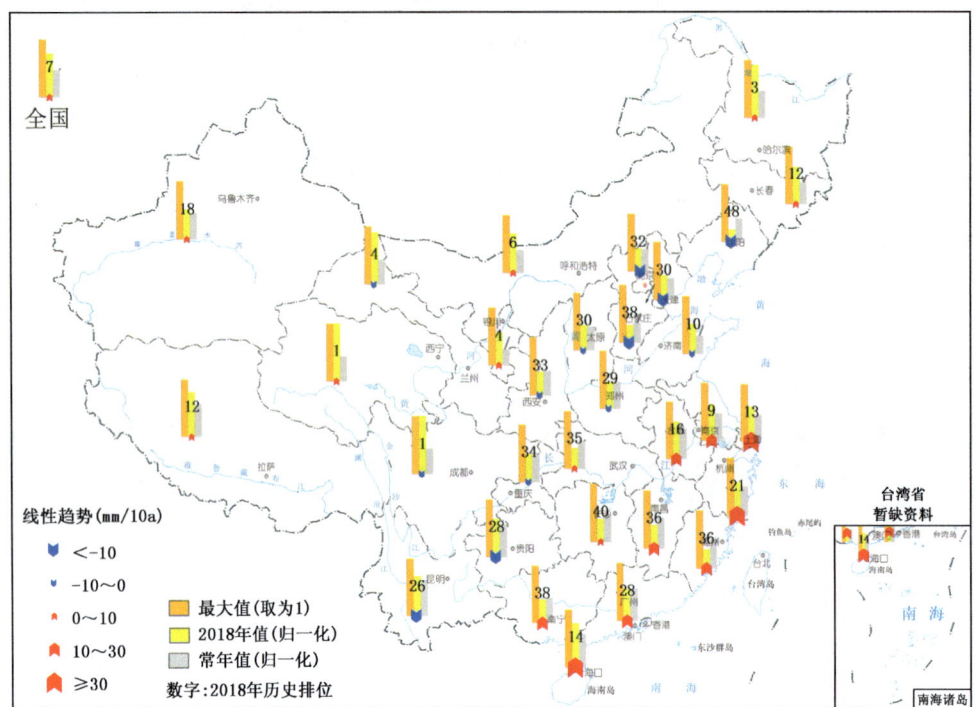

图 1.2.11 2018 年中国各省(区、市)年降水量示意图(趋势及排位为 1961 年以来)

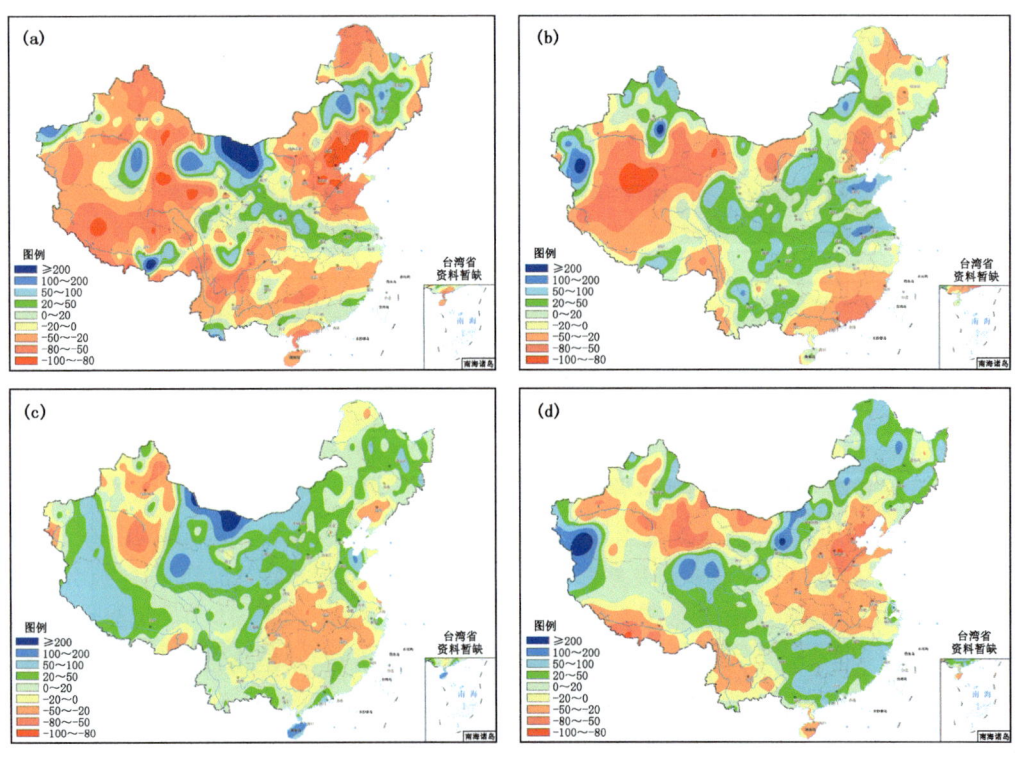

图 1.2.12 2018 年中国冬(a)、春(b)、夏(c)、秋(d)季降水量距平百分率分布图(单位:%)

春季,中国平均降水量142.3毫米,接近常年同期。与常年同期相比,华北地区西北部和东南部、黄淮大部、江淮、江汉、西北地区中东部、西南地区东部及内蒙古东北部、新疆北部和西部等地降水量偏多20%至2倍,局地偏多2倍以上;其余大部地区接近常年同期或偏少,其中江南南部、华南大部及黑龙江北部、辽宁大部、河北东北部、内蒙古中西部、新疆东南部、甘肃西部、青海西北部、西藏西部等地降水量偏少20%~80%,局地偏少80%以上(图1.2.12(b))。

夏季,中国平均降水量356.4毫米,较常年同期偏多10%。与常年同期相比,东北地区中北部、华北北部、西北中东部及内蒙古中西部、山东大部、安徽东北部、新疆西部、西藏中西部、四川东部、海南等地降水量偏多20%至2倍,局地偏多2倍以上;其余大部地区接近常年同期或偏少,其中黄淮西部、江汉、江南北部及辽宁大部、新疆北部和东南部、广西东北部等地偏少20%~50%,局地偏少50%~80%(图1.2.12(c))。

秋季,中国平均降水量127.2毫米,较常年同期偏多6%。与常年同期相比,东北大部、江南西部和南部、华南大部及内蒙古中东部、甘肃中部、青海大部、新疆北部和西南部、西藏西北部、四川中西部、贵州东部等地降水量偏多20%至2倍,局地偏多2倍以上;其余大部地区接近常年同期或偏少,其中华北大部、黄淮大部、江淮大部、江汉大部及内蒙古西部、甘肃西部、陕西中南部、新疆中部和东部、西藏南部、云南大部、海南大部等地降水量偏少20%~80%,局地偏少80%以上(图1.2.12(d))。

3. 区域雨季特征

华南前汛期于5月7日开始,6月27日结束,总雨量410.9毫米。与常年相比,开始偏晚31天,结束偏早3天,雨量偏少40%。

西南雨季于5月27日开始,10月15日结束,总雨量808.0毫米。与常年相比,开始偏晚1天,结束偏晚1天,雨量偏多9%。

梅雨始于6月19日,7月13日结束,梅雨量209.8毫米。与常年相比,入梅时间偏晚11天,出梅时间偏早5天,梅雨量偏少40%。江南梅雨入梅偏晚11天,出梅偏晚5天,雨量偏少32%;长江中下游梅雨入梅偏晚8天,出梅正常,雨量偏少39%;江淮梅雨入梅偏晚7天,出梅偏早5天,雨量偏少35%。

华北雨季于7月9日开始,8月7日结束,总雨量165.6毫米。与常年相比,开始偏早9天,结束偏早11天,雨量偏多22%。

华西秋雨于9月10日开始,11月9日结束,总雨量162毫米。与常年相比,开始偏晚10天,结束偏晚8天,雨量偏少20%。

东北雨季于6月16日开始,9月18日结束,总雨量301.2毫米。与常年相比,开始偏早2天,结束偏晚1天,雨量偏少20%。

三、年日照时数偏少

1. 大部日照时数偏少

2018年,中国东北、西北、华北、黄淮大部、西南中西部及内蒙古等地日照时数一般在2000小时以上,其中西北大部、华北北部、西南西部及内蒙古大部地区超过2500小时;黄淮西南部、江淮南部、江汉、江南中东部、华南东部等地有1500~2000小时,其余大部分地区不足1500小时。与常年相比,除东北北部和南部局地、西南东部及内蒙古东北部、新疆西部局地、河南北部、福建大部、湖南西北和东南部、江西中西部和南部等地日照时数偏多外,其余大部地区日照时数接近常年同期或偏少,其中甘肃南部、青海大部、西藏东部等地偏少200～400小时,局地偏少400小时以上(图1.2.13)。

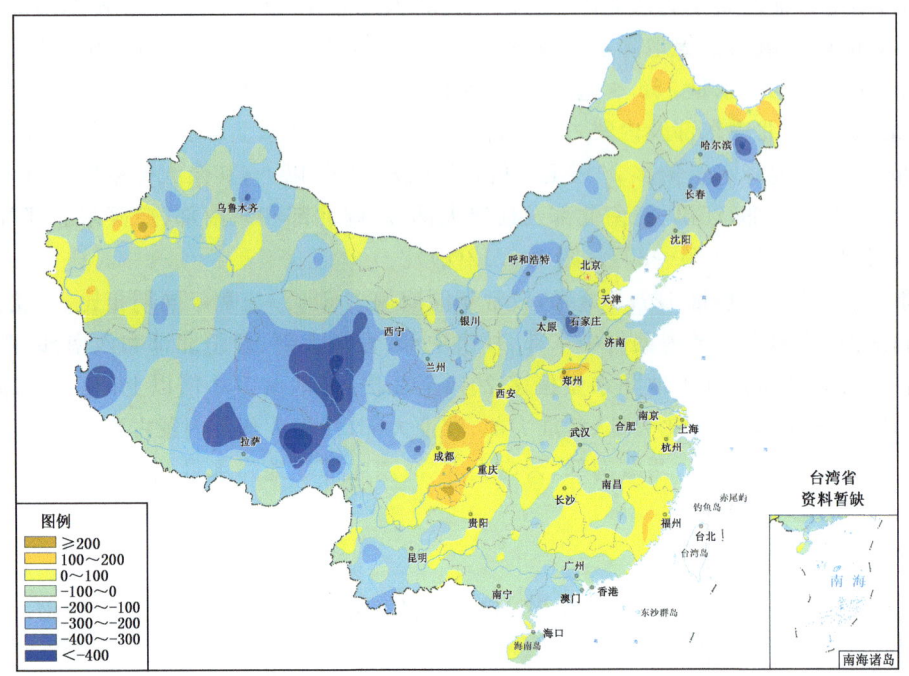

图1.2.13　2018年中国年日照时数距平分布图(单位:小时)

2. 冬春季日照接近常年同期,夏秋季大部地区偏少

冬季(2017年12月至2018年2月),除新疆北部、西藏东部局部及四川中部局地日照时数偏少100小时以上外,其余大部地区日照时数接近常年同期。

春季,除新疆北部、西藏西部和东部局地、河北南部以及黑龙江东南部局地偏少100小时以上外,其余地区日照时数接近常年同期。

夏季,中国大部地区日照时数接近常年同期或偏少,其中东北大部、西北中东部大部、华北西部、西南西部和南部、华南南部及内蒙古西部和东部局地偏少100小时以上。

秋季,中国大部地区日照时数接近常年同期或偏少,其中青海大部、新疆局部、西藏东北部、重庆中部、贵州和广东局地偏少100小时以上。

四、2018年十大天气气候事件

台风"山竹"强势登陆粤港澳大湾区。 第22号台风"山竹"于9月16日下午在广东省台山市以强台风等级登陆,登陆时中心附近最大风力14级(45米/秒),是2018年以来影响中国的最强台风,也是2018年以来生命史最长的台风。受其影响,9月16—18日,粤港澳大湾区普遍出现11～14级的大风,阵风达14～17级;广东茂名、阳江、深圳、惠州及广西河池等地降水量达300～497毫米,台湾东部达300～650毫米,屏东局地超过1500毫米。为应对台风"山竹",中央气象台与香港天文台、澳门地球物理暨气象局举行历史首次三方联合视频会商,在做好区域防灾减灾、服务粤港澳大湾区建设方面有着重要意义。

历史最热夏季发布 33 天高温预警。 2018 年夏季（6—8 月），中国平均气温 21.9℃，较常年同期偏高 1.0℃，为 1961 年以来最高；平均最高和最低气温分别偏高 1.0℃ 和 1.4℃，也为历史同期最高。各省（区、市）中，津、冀、京偏高幅度占据中国前三甲。有 197 站日最高气温达到极端事件标准，主要分布在东北、华北及西南等地，55 站日最高气温突破历史极值，主要分布在吉林、辽宁等地。7 月 14 日至 8 月 15 日，中央气象台连续 33 天发布高温预警，这是从 2010 年有统计记录以来高温预警连发时间最长的一次。

琼州海峡大雾锁航"强"留上班族。 2018 年春节期间，琼州海峡出现了自 1950 年海南有气象记录以来前所未有的持续 8 天大雾天气，渡轮因能见度不足停航 12 次，累计时间长达 68.5 小时。由于正值春节假期结束游客返程高峰期，琼州海峡南岸大量旅客和车辆滞留，高峰滞留车辆达 2 万辆、车队最长有 20 千米，滞留旅客近 10 万人，海口市交通严重拥堵，马路变成停车场。

气候变暖诱发冰崩或致雅江堰塞湖。 10 月 17 日，西藏米林县派镇加拉村雅鲁藏布江左侧发生大型泥石流，堵塞干流形成巨型堰塞湖，对上游和下游的生产生活及基础设施造成了重大的威胁和影响。经冰川、地质等专家现场考察后，认为此次堰塞湖险情系冰川发生冰崩引起。在气候变暖背景下，近年来冰川及其次生灾害频发，冰川灾害风险加剧。1961 年以来，青藏高原平均气温呈明显上升趋势，今年 5—10 月米林平均气温为有观测记录以来同期最高值，气温持续偏高加剧了冰川融化、冰碛物移动堆积程度。

沙尘暴袭击北方 PM_{10} 浓度飙升。 3 月 26—28 日，北方地区出现一次沙尘天气过程，内蒙古中东部、山西北部、京津冀及东北地区先后出现扬沙或浮尘。其中，内蒙古锡林郭勒盟局地出现沙尘暴，最低能见度不足 400 米。此次沙尘天气影响面积约 150 万平方千米，内蒙古、京津冀等地 PM_{10} 峰值浓度达到 1000～2000 微克/米^3，北京定陵站浓度高达 3157 微克/米^3。同时，北京大部分地区 $PM_{2.5}$ 峰值浓度为 180～335 微克/米^3，出现混合型严重污染。

1 月底寒潮侵袭中东部引发暴雪。 1 月 24—28 日，中东部遭遇大范围低温雨雪天气，内蒙古西部、陕西北部、山西北部、贵州东南部、广西西部等地降温幅度达 12～14℃，局地超过 14℃；湖南东北部、湖北中北部和东部、安徽中部和南部、江苏西南部、浙江北部等地累计降雪量超过 25 毫米，陕西中部、河南中南部、湖北中东部、安徽大部、江苏中南部、浙江北部积雪深度 5～15 厘米，局地达 20～32 厘米。此次过程是入冬以来中国范围最广、持续时间最长、影响最为严重的一次过程。受其影响，合肥市 16 处公交站台顶板在大雪中倒塌，江苏、浙江、安徽、江西等 14 省（市）近 900 万人受灾，对公路、铁路、航空等交通运输和农业生产也产生了严重影响。

三台风一月内接连"光顾"上海。 2018 年"安比""摩羯""温比亚"3 个台风在华东地区登陆后继续北上，历史罕见，给华东大部、华北东部、东北地区西部和南部等地带来大范围风雨影响。常年在浙江至上海一带沿海地区登陆的台风年均只有 1 个，而在 2018 年登陆的 8 个台风中，有 4 个台风在沪浙沿岸登陆，为 1949 年以来最多的年份。其中，台风"安比""云雀""温比亚"在一个月内相继登陆上海，占 1949—2017 年登陆上海台风总数的一半，实属罕见。

夏季黄河上游雨水频繁兰州城看海。 2018 年夏季（6—8 月），黄河上游降水量 280.8 毫米，较常年（199.8 毫米）偏多 4 成，为 1961 年以来第三多。强降水天气多发给居民生活、交通运输带来不利影响。7 月 20 日，兰州出现持续降雨，受其影响，兰州市城区部分路段积水严重，暴雨引发的洪水沿马路顺势而下，多处低洼路段积水达到成年人腰部位置，多辆停靠在道路两侧的车辆被洪水冲走，车辆漂浮如"水中行舟"，兰州开启"看海模式"。虽然强降水带来诸多不利影响，但却改善了黄河上游长期偏枯的状态。

初夏南方连续强降水致多地内涝。 6月18—26日，南方地区出现持续9天的强降雨天气，雨带在广西、贵州、湖南、江西、浙江等地摆动，局地最大累计雨量达400多毫米，超过当地年降水量三分之一；6月30日至7月8日，长江中下游地区出现连续的强降雨过程，降雨中心出现在江西景德镇，累积降水量428毫米，其中7月5—8日连续降水量达332毫米，为历史同期第二高，仅次于1993年的399毫米。强降雨过程导致部分地区发生内涝、中小河流洪水、山洪、滑坡和泥石流等灾害。

春寒来势凶猛致中东部严重冻害。 4月上旬，中国遭遇寒潮袭击，西北地区东部、华北等地过程最大降温幅度在14℃以上，部分地区超过17℃。此次寒潮天气过程造成北京、河北、山西、陕西、甘肃、宁夏、安徽、山东8省（区、市）遭受较为严重的低温冷冻，共计800多万人受灾，农作物受灾面积近100万公顷。大风降温天气给正处于开花期的果树造成严重危害，一些果树当年无果可采。

第三节　中国气候异常成因简析

一、2017/2018年冬季气温异常成因简析

2017/2018年冬季，中国冷空气过程频繁，受其影响，冬季东北地区气温显著偏低，而高原和西南地区西部异常偏暖。2017/2018年冬季，东亚冬季风强度和西伯利亚高压的异常偏强是导致中国冬季气温异常的主要原因。

2017/2018年冬季，500百帕高度场上北半球环流形势呈异常三波型分布，极地高度场为正距平，大槽分别位于东亚、北美和欧洲西部。欧亚中高纬呈现"两槽一脊"型位势高度异常，经向环流特征明显。冬季乌拉尔山高压脊持续发展，贝加尔湖以东低槽显著，东亚槽位置偏西，东亚大部地区基本处于异常北风或东北风的控制下，有利于引导冷空气沿东路南下影响中国东部大部地区。冬季北半球极涡持续偏弱，西风急流偏弱，同时北大西洋海温持续偏暖，有利于欧亚中高纬度经向环流形势发展，乌拉尔山阻塞高压偏强，西伯利亚高压偏强，使得东亚冬季风偏强。

二、春季气候异常成因简析

1. 降水异常分布成因

2018年春季，中国平均降水较常年值略多，呈东部地区"南少北多"，即华西降水偏多，而江南南部至华南、西北西部的部分地区降水偏少的分布特点。自北大西洋经欧亚大陆至东北亚中高纬上空的纬向波列及东亚低层维持的异常偏南气流是2018年春季中国气候异常的重要原因，且乌拉尔山以东的低槽和东北亚上空的高脊是关键环流系统。乌拉尔山以东低槽有利于冷空气爆发南下而东北亚上空的高脊引导西北太平洋暖湿气流向西向北影响中国，冷暖气流交汇从而造成了长江以北地区及华西降水偏多，而南海至西太平洋上空的异常气旋则导致江南南部至华南少雨。

2. 气温异常偏高成因

2018年春季,中国平均气温为12.1℃,达1961年以来最高,中国大部分地区气温普遍偏高,尤其是长江以南及中国北方的中部区域偏高明显。分析发现,这是气候变暖背景、年代际信号、关键环流系统等不同时间尺度影响因子叠加作用的结果。随着全球气候变暖,中国气温在近百年和近50年也出现了显著升高,该变暖趋势是2018年中国春季气温达1961年最高的重要气候背景。1997年之后中国春季气温处于偏高时期,这是2018年中国春季气温显著偏高的重要年代际背景。而在年际尺度上,亚洲中低纬上空均为异常高压脊控制,尤其是东北亚上空的高脊是造成2018年中国春季气温异常偏高的重要环流系统。

三、夏季降水异常成因简析

2018年夏季,中国中东部地区降水呈现"南北多、中间少"的分布特征,即北方和华南大部降水偏多、长江中下游降水明显偏少。降水的上述异常特征是受到东亚副热带和中高纬大气环流的共同影响。2018年夏季东亚副热带高空急流和西太平洋副热带高压(以下简称"副高")位置都明显偏北,东亚沿岸由南至北为"负—正—负"的高度距平分布,呈现出"东亚—太平洋型"遥相关负位相的特征,菲律宾附近对流层低层大气维持异常的气旋式环流,东亚副热带夏季风异常偏强。同时,欧亚大陆中高纬大气呈现"两槽一脊"的异常高度分布特征。在副热带和中高纬大气环流的这种配置下,中国北方地区以异常南风为主,有利于暖湿气流的输送,降水偏多;华南地区在偏强的热带对流活动影响下,降水也总体偏多;而长江中下游地区则以明显的辐散下沉运动为主,降水偏少。

热带太平洋海温异常对东亚夏季风偏强以及中国降水"南北多、中间少"的异常特征起到了重要作用。2017年10月至2018年4月发生了La Niña事件,这对2018年东亚大气环流产生了明显的影响,有利于东亚夏季风偏强。伴随着这次La Niña事件的发生,热带中东太平洋海温偏低,西太平洋海温偏高,沃克环流加强,热带西太平洋出现异常的辐合上升形势,对流活动加强,从而能够在菲律宾附近激发出一个异常的气旋式环流。热带西太平洋对流活跃的特征从冬季一直持续到夏季,相应的,菲律宾附近的异常气旋也一直持续至夏季,从而有利于副高偏北、东亚夏季风偏强。

四、秋季气候异常成因简析

2018年秋季,中国气候异常特征总体表现为:气温呈"东高西低"的分布;东部降水呈"南北多、中间少"的分布,其中内蒙古中东部、东北、江南南部和华南大部地区降水异常偏多,而华北至江南北部降水异常偏少,且江南和西南地区降水出现明显的季节内反向分布转变特征。上述气候异常主要受秋季大气环流和海温异常的影响。详细分析如下:

1. 大气环流

大气环流异常是造成中国气候异常的直接原因。秋季平均的500百帕高度场及其距平场上,欧亚中高纬为"两脊一槽",欧洲—乌拉尔山以西为正高度距平,巴尔喀什湖及其以北为低槽控制,贝加尔湖—东亚大部为正高度距平控制,除东北外大部分地区处于负高度距平控制区,从而有利于来自极地和中高纬度地区的冷空气从西北向东南方向扩散。整个秋季共发生了10次明显的冷空气过程,较常年同期偏多2次,导致我国西部大部分地区气温偏低。对于低纬度地区,副高的主体较气候态偏强偏南,但受到台风活动影响,副高主体分为东、西两段,西部中心位于南海上空,东部中心位于130°E以东的西北太平洋地区。环绕西部副高主体的反气旋环流范围较大,且外缘位置明显偏西,从而有利于来自低纬度的西南暖湿水汽向我国南方地区输送,并与西北方南下的冷空气交汇,在西南地区东部、江南和华南这些地区形成明显的水汽通量辐合,有利于南方地区降水偏多。东段副高主体与日本岛以东的高压体相连,引导高压体西侧的南方水汽向北输送至东北地区和内蒙古东部地区,形成明显的水汽通量辐合,造成东北地区和内蒙古东部地区降水明显偏多。另外,欧亚中高纬环流形势和副高均存在显著的季节内变化,从而造成我国南方地区降水出现明显的东西反向的季节内变化。

2. 海温

海温异常是影响2018年秋季中国气候异常的最主要外强迫因子,季节内El Niño由中部型向东部型发展,热带印度洋海温偶极子正位相持续,10—11月副热带南印度洋偶极子正位相发展。随着赤道中东太平洋海温和印度洋海温形态的共同转变,秋季后期El Niño影响增强,东亚副热带环流显示出清晰的响应,9月副高偏强偏北,10—11月副高偏强偏南。因此,El Niño和印度洋海温的演变及其对东亚环流的影响,加上欧亚中高纬环流异常的季节内调整,二者共同导致了我国南方地区降水出现明显的江南与西南反向的季节内变化。

第四节 气候系统特征

一、北半球大气环流基本特征

冬季(2017年12月至2018年2月),北极涛动以正位相为主。北半球500百帕季平均位势高度距平场上,西伯利亚、北太平洋、北大西洋等地区为高于40位势米的正距平控制。中国东北至日本、欧洲北部和加拿大等地区为低于−40位势米的负距平控制。季内,西伯利亚高压强度偏强,东亚冬季风强度偏强。低纬地区,西北太平洋副热带面积和强度接近常年值。

春季(2018年3—5月),北极涛动由正位相转为负位相。北半球500百帕季平均位势高度距平场上,60°N附近的北太平洋地区为高于40位势米的正距平控制。西西伯利亚、东北大西洋地区为低于−40位势米的负距平控制。季内,西北太平洋副热带高压面积略偏大,强度略偏强。

夏季(2018年6—8月),北半球500百帕季平均位势高度距平场上,极区为低于−40位势米的负距平控制。季内,西北太平洋副热带高压面积偏大,强度偏强,脊线位置偏北。

秋季(2018年9—11月),北半球500百帕季平均位势高度距平场上,欧洲东部、白令海峡附近为高于40位势米的正距平控制。北大西洋和加拿大地区为低于−40位势米的负距平控制。季内,西太平洋副热带高压面积异常偏大,强度显著偏强,西伸脊点偏西。

二、季风活动

1. 夏季风

2018年南海夏季风于6月第1候爆发,爆发时间较常年(5月第5候)偏晚2候;于10月第1候结束,较常年(9月第6候)偏晚1候;南海夏季风强度指数为1.14,强度明显偏强。从逐候强度指数演变来看(图1.4.1),南海夏季风在夏季(6—8月)表现出明显偏强的特征,除6月第1候、6月第5候至第6候、7月第6候至8月第2候偏弱以外,其余时段都明显偏强。进入9月以后,南海夏季风较常年偏弱。2018年东亚副热带夏季风较常年显著偏强,强度指数为4.31,为1951年以来最强(图1.4.2)。

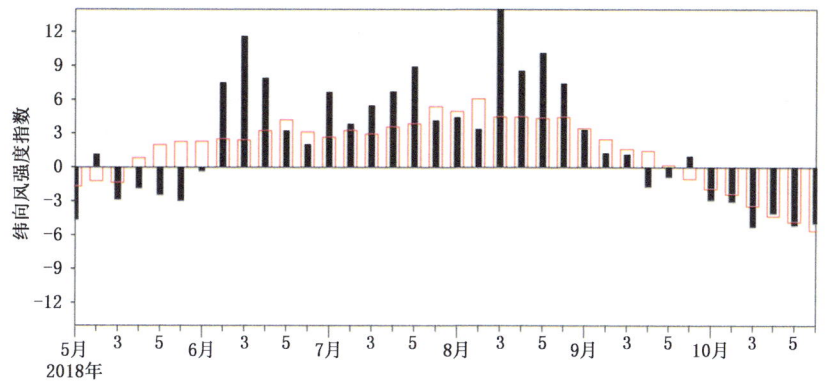

图1.4.1　2018年南海季风监测区逐候纬向风强度指数变化(单位:米/秒,红色方框表示常年值)

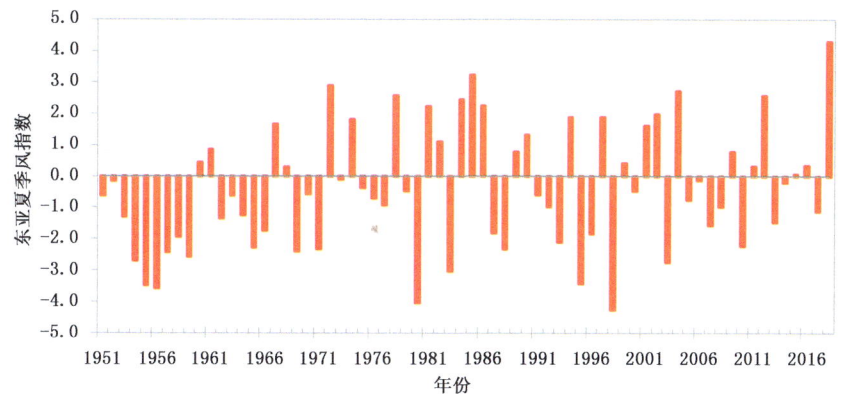

图1.4.2　1951—2018年东亚副热带夏季风强度指数历年变化

6月第1候,随着南海夏季风爆发,中国华南地区开始出现明显的降水过程。在6月中旬末期至下旬初期,东部主雨带由华南推进至江南和长江中下游,江南和长江中下游地区梅雨分别于6月19日和6月22日开始。6月下旬末期,东亚夏季风系统进一步北推,江淮地区梅雨于6月28日开始。7月13日,梅雨季节结束。

7月上旬后期,受台风活动影响,副高明显北抬,引导暖湿气流向中国北方地区输送,主雨带北移至中国西北和华北地区。8月上旬后期,北方雨带开始季节性南撤。同时,由于西北太平洋台风活跃、登陆个数偏多、路径偏北,使得我国东南沿海地区降水偏多。

9月,副高西伸明显,有利于中国西南地区大部降水偏多,同时有利于台风西行登陆华南,使得华南地区降水偏多。10月第1候,随着北方冷空气南下影响我国华南沿海和南海地区,南海地区热力性质发生明显改变,夏季风开始撤离南海地区,南海夏季风结束。

2. 冬季风

2017/2018年冬季，东亚冬季风偏强，强度指数为1.26（图1.4.3）。冬季西伯利亚高压指数为0.94，强度偏强（图1.4.4）。季内冬季风强弱转换阶段性特征显著，相应的冬季气温呈现出前冬暖、隆冬和后冬冷的阶段性特征。冬季欧亚中高纬度以经向环流为主，乌拉尔山阻塞高压偏强，东亚槽偏强。冷空气活动频繁，主要以东路路径入侵中国。受其影响，中国冬季气温呈现出东北冷、西南暖的空间分布格局。

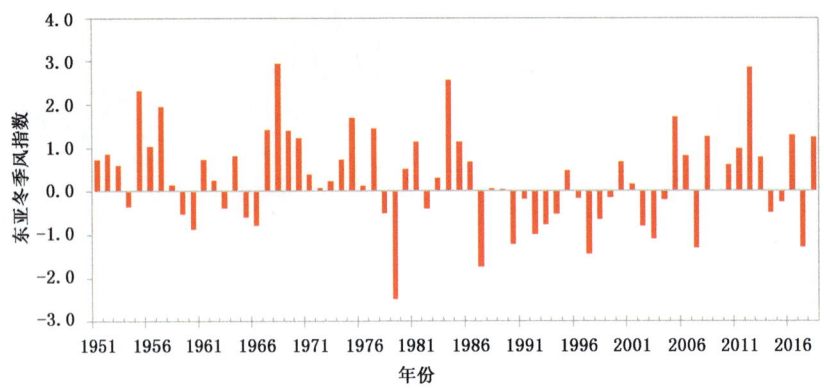

图1.4.3　东亚冬季风指数历年变化（1950/1951年冬季至2017/2018年冬季）

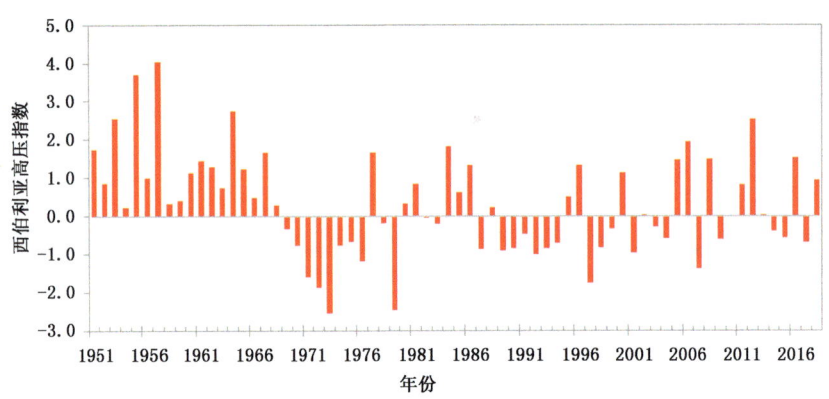

图1.4.4　西伯利亚高压指数历年变化（1950/1951年冬季至2017/2018年冬季）

3. 热带海洋和热带对流

2017年10月开始的拉尼娜事件于2018年4月结束。之后，赤道中东太平洋海表温度在波动中缓慢上升，夏季处于ENSO正常状态。8月、9月和10月Niño3.4区海温指数分别为0.27℃、0.38℃和0.85℃，3个月滑动平均为0.50℃，达到国家气候中心厄尔尼诺监测阈值（0.5℃），赤道中东太平洋于2018年9月进入厄尔尼诺状态。11月Niño 3.4区海温指数为0.99℃，9—11月3个月滑动平均为0.74℃，秋季赤道中东太平洋维持厄尔尼诺状态。从11月底的监测情况来看，2018年厄尔尼诺发展具有一定的特殊性，即赤道太平洋全区一致偏暖，且有两个暖中心（图1.4.5）。

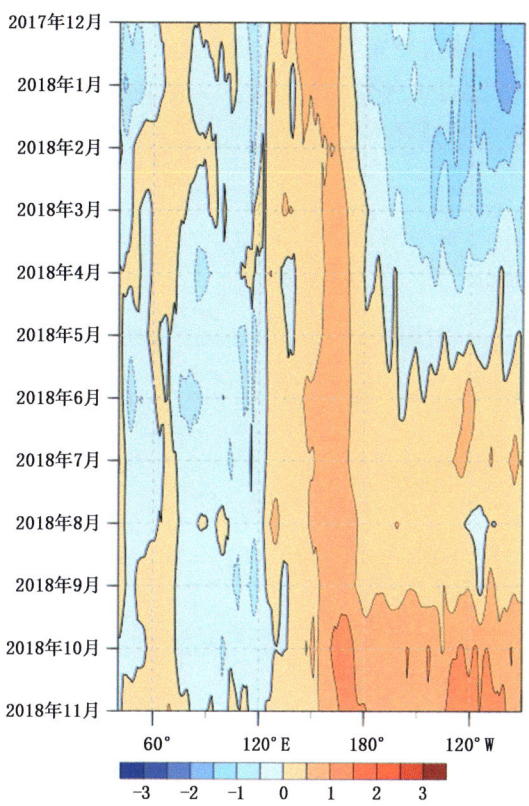

图 1.4.5　赤道太平洋(5°N～5°S)海表温度距平时间—经度剖面图(单位：℃)

2018年1—5月，南方涛动指数(SOI)以正位相为主，进入夏季后波动较大，6月由正转负，8—9月持续负位相，10—11月又连续2个月维持正位相(图1.4.6)，表明热带大气对赤道中东太平洋厄尔尼诺状态响应不明显。

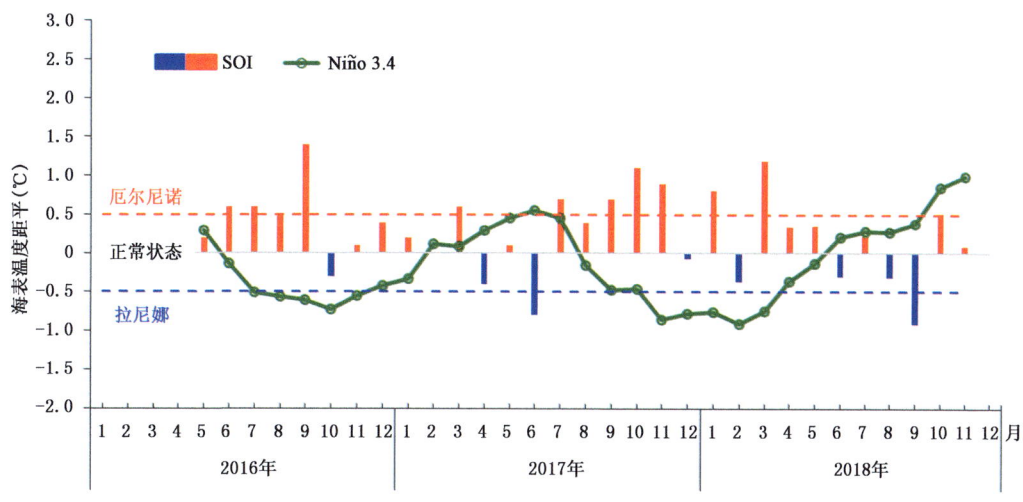

图 1.4.6　Niño 3.4 海温指数(单位：℃)及南方涛动指数(SOI)逐月演变

2018年,赤道西太平洋地区对流间歇性活跃,强对流活动(通常用射出长波辐射通量距平来表征)中心位于日界线以西;赤道中东太平洋对流活动1—5月不活跃,6月以后逐渐转为活跃,但强对流活动仍维持在赤道西太平洋(图1.4.7)。赤道太平洋对流活动的异常分布及演变特征与海表温度的发展演变特征并不完全对应。

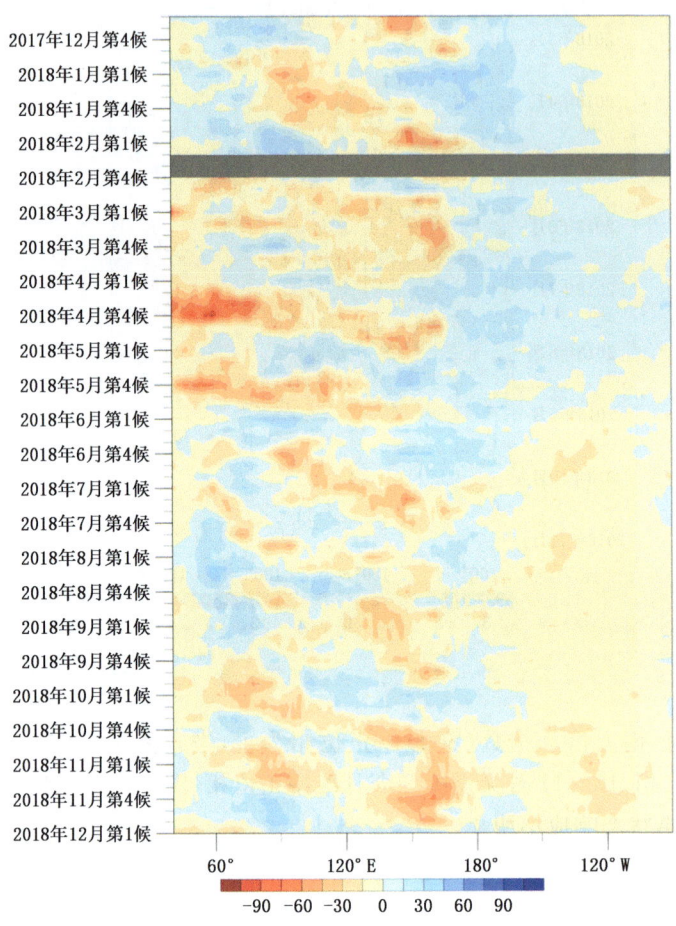

图1.4.7 赤道太平洋(5°N~5°S)射出长波辐射通量距平时间—经度剖面图(单位:瓦/米²)
(2018年2月第2~3候数据缺测)

三、西北太平洋副热带高压

2018年夏季,西北太平洋副热带高压面积较常年同期偏大、强度偏强、西伸脊点位置略偏西(图1.4.8)。逐日监测结果显示(图1.4.9),西北太平洋副热带高压偏北的特征持续而显著,是1951年以来最偏北的一年。受其影响,菲律宾、南海和华南等低纬度地区对流活动加强,使得华南地区降水偏多;长江中下游地区出现异常的辐散下沉运动,降水偏少;北方地区则以异常偏南风为主,降水偏多。

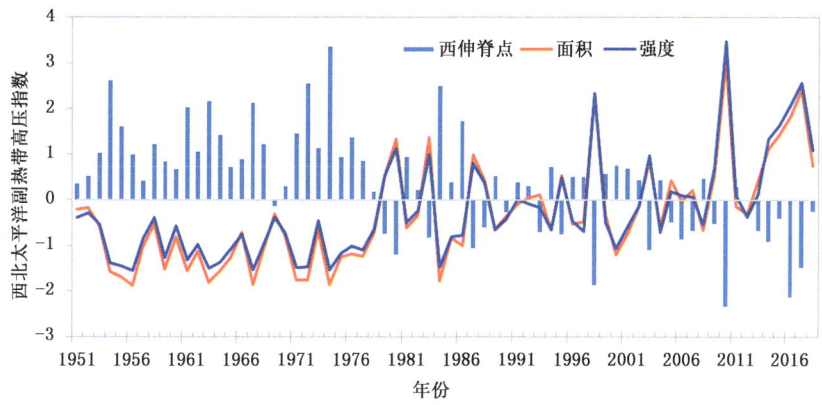

图 1.4.8　1951—2018 年夏季西北太平洋副热带高压指数历年变化

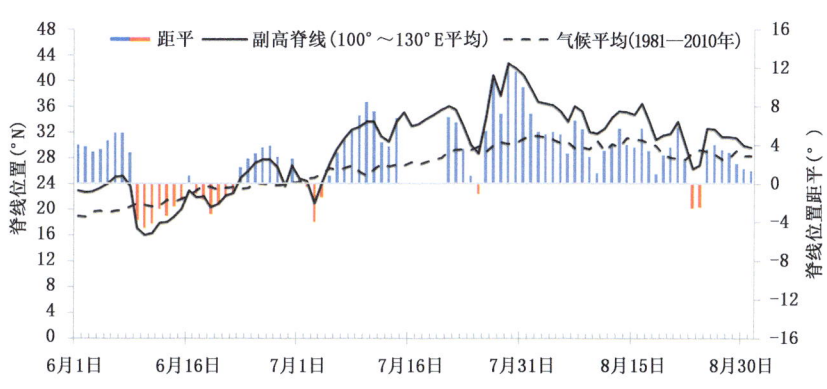

图 1.4.9　2018 年夏季西北太平洋副热带高压脊线位置逐日演变

四、北半球积雪

1. 北半球、欧亚及中国秋季积雪面积偏大

2018 年,北半球积雪面积在 5—8 月较常年同期偏小,其余月份均偏大(图 1.4.10(a));欧亚积雪面积和中国积雪面积均在 5—9 月偏小,其余月份均偏大(图 1.4.10(b),图 1.4.10(c))。青藏高原积雪面积在 1 月及 5—8 月偏小,其余月份偏大(图 1.4.10(d));新疆北部积雪面积在 3—10 月偏小,其余月份偏大(图 1.4.10(e));东北地区(含内蒙古东部)1—5 月和 11 月积雪面积偏小,9—10 月偏大,6—8 月接近常年同期(图 1.4.10(f))。

2017/2018 年冬季,50°N 以北(包含北美洲大部、欧亚大陆北部及中国东北地区)的大部分地区积雪日数达 75 天以上(图 1.4.11(a))。与常年同期相比,蒙古南部、欧洲东南部及西北部、北美西南部以及我国青藏高原大部、内蒙古中东部部分地区等地积雪日数偏少 10~30 天;欧洲西部局部及东部部分地区、北美西北部以及我国新疆西部、东北南部、西北地区东部、江淮至江南东北部等地积雪日数偏多 10~30 天(图 1.4.11(b))。

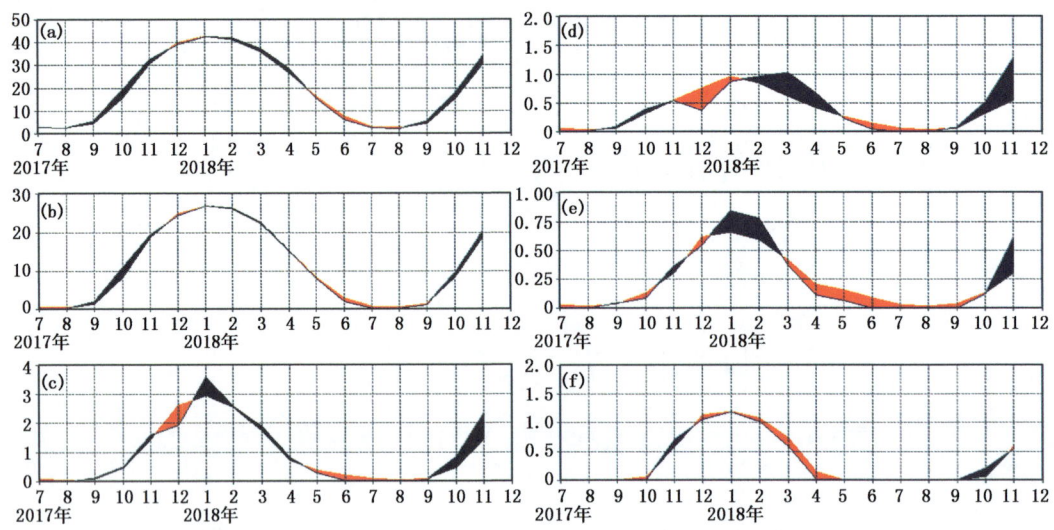

图1.4.10 2017年7月至2018年11月北半球区域积雪面积指数变化（单位：百万平方千米）
(a)北半球,(b)欧亚大陆,(c)中国,(d)青藏高原,(e)新疆北部,(f)东北
（红色代表实际值低于气候值，蓝色表示高于气候值）

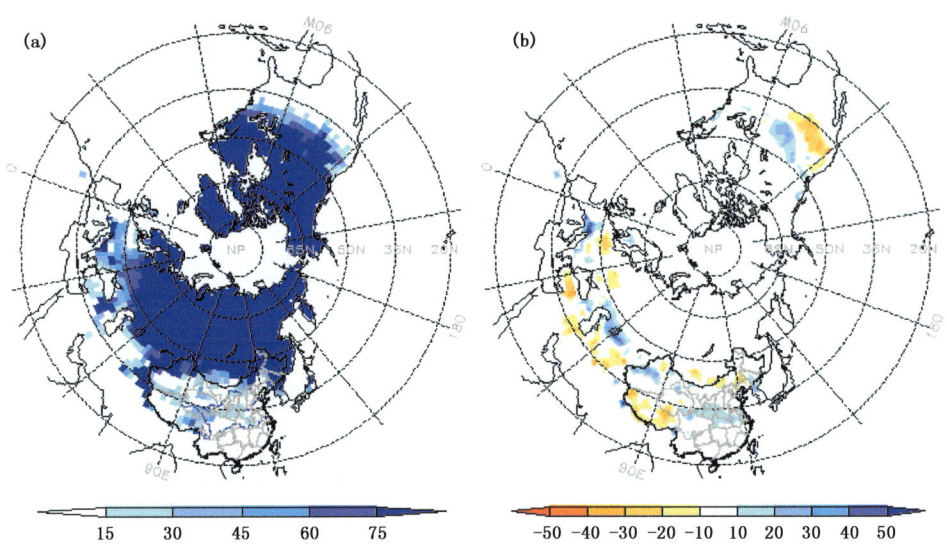

图1.4.11 2017/2018年冬季北半球积雪日数(a)及其距平(b)分布图（单位：天）

2. 东北北部和南部及新疆北部冬季积雪偏浅

2017/2018年冬季，东北中北部、内蒙古东北部及新疆北部等地雪深5厘米以上，局部超过25厘米（图1.4.12(a)）。与常年同期相比，黑龙江中部及东北部、内蒙古东部局地、新疆中部局部、西北地区东南部至江淮及江南东北部地区积雪偏深1~10厘米，局地偏深10厘米以上；新疆北部、青藏高原西南部及东部局部、东北地区北部及南部、内蒙古中东部部分地区等地积雪偏浅，部分地区偏浅10厘米以上（图1.4.12(b)）。

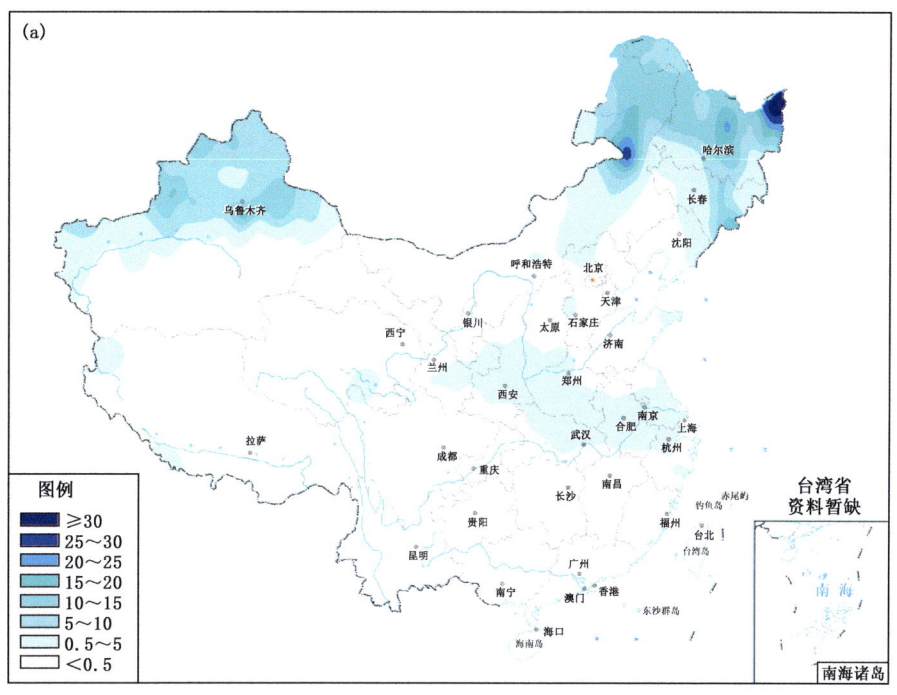

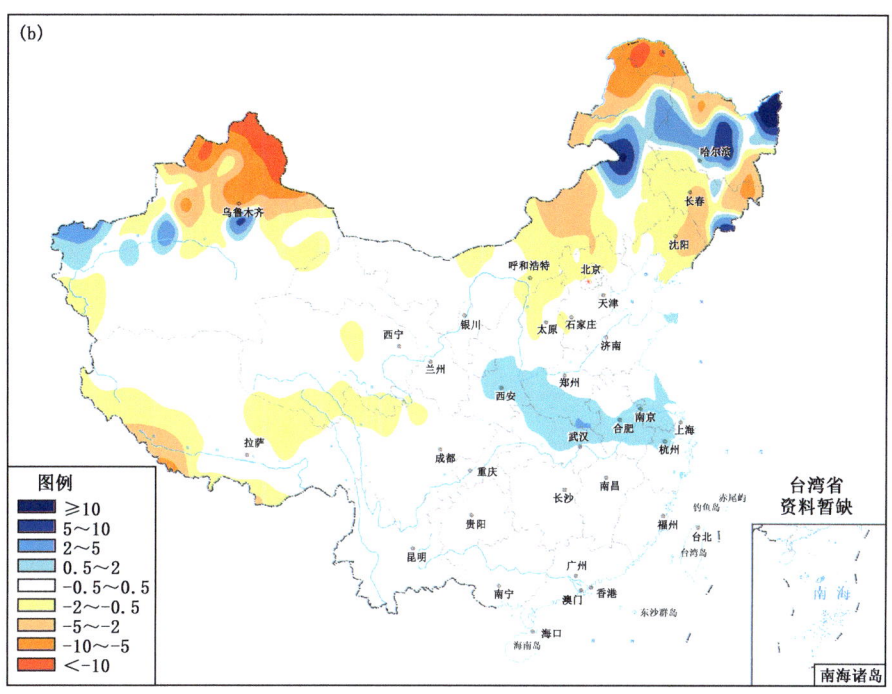

图1.4.12 2017/2018年冬季全国平均积雪深度(a)及其距平(b)分布图(单位:厘米)

第二章　气象灾害及影响评估

第一节　灾情概况

一、全国灾情

2018年气象灾害造成农作物受灾面积2081.4万公顷，受灾人口13517.8万人次，死亡566人，失踪46人，直接经济损失2615.6亿元，占当年GDP比重为0.29%。与近5年相比，受灾人口、死亡和失踪人数明显减少，受灾面积和直接经济损失偏少（图2.1.1）。总体来看，2018年相对灾体量指数（尹宜舟 等，2019）为0.01，与2017年并列为2003年以来最小，属灾情明显偏轻年份；与近5年相对灾体量指数相比，2018年为灾情偏轻年份（图2.1.2）。

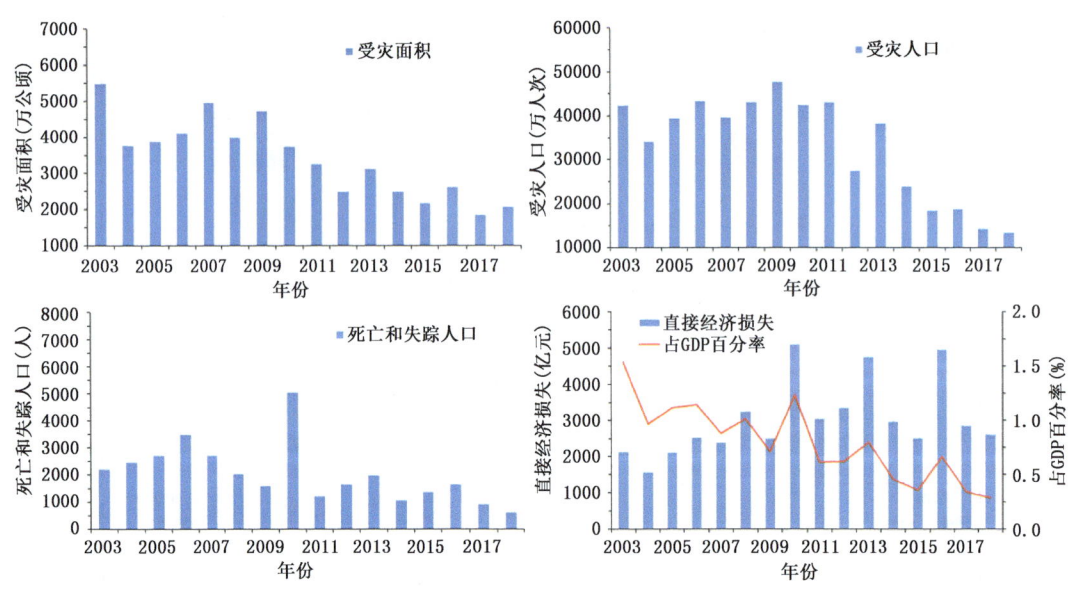

图2.1.1　2003—2018年全国气象灾害灾情指标

2018年受灾面积和绝收面积最大的气象灾害均为干旱，分别占总受灾和绝收面积的37.1%和35.7%，暴雨洪涝次之，分别为19.0%和25.2%；受灾人口、死亡和失踪人口、直接经济损失最大的气象灾害均为暴雨洪涝，所占总损失比重分别为26.1%、62.1%、40.5%（表2.1.1）。

第二章 气象灾害及影响评估

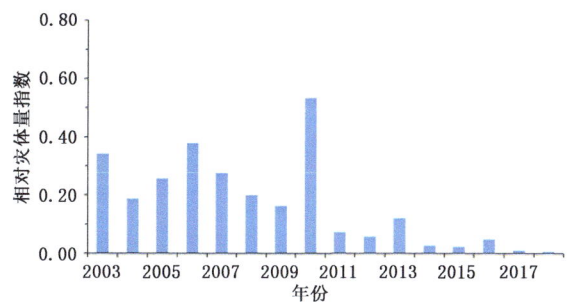

图 2.1.2　2003—2018 年全国气象灾害相对灾体量指数

表 2.1.1　主要气象灾害灾情指标占总损失比重（单位：%）

	受灾面积	绝收面积	受灾人口	死亡和失踪人口	直接经济损失
干旱	37.1	35.7	20.3	0.0	9.8
暴雨洪涝	19.0	25.2	26.1	62.1	40.5
风雹	11.6	7.6	11.0	20.6	6.4
台风	16.0	13.8	24.1	13.6	26.7
低温冷冻和雪灾	16.4	17.6	18.5	3.8	16.6

二、各省（区、市）灾情

从 2018 年各省（区、市）灾情来看，受灾面积最多的为黑龙江，达 415.5 万公顷，其次是内蒙古、辽宁、吉林三省（区），受灾面积分别为 263.0 万公顷、146.7 万公顷和 132.0 万公顷；绝收面积超过 20 万公顷的有内蒙古、辽宁、黑龙江，分别为 55.9 万公顷、27.8 万公顷和 27.6 万公顷；受灾人口超过 1000 万人次的有河南、湖北，分别为 1332.3 万人次和 1025.3 万人次；死亡和失踪人口以云南最多，为 82 人，其次为甘肃、新疆、山东，分别为 81 人、42 人和 40 人；直接经济损失超过 200 亿元的省份有四川、山东、广东、甘肃，分别为 340.0 亿元、289.6 亿元、258.6 亿元和 249.8 亿元（图 2.1.3）。

考虑受灾面积、绝收面积、受灾人口、死亡和失踪人口、直接经济损失 5 种灾情指标，定义各省（区、市）灾情综合指数为各省（区、市）各灾情指标占全国比重（单位取%）之和。2018 年的计算结果如图 2.1.4 所示，可以看出，受灾最为严重的省区为内蒙古，之后依次为甘肃、黑龙江，综合灾情指数分别为 47.6、39.5 和 37.3。内蒙古上述 5 种灾情指标占全国比重分别为 12.6%、21.6%、3.6%、4.2% 和 5.5%，绝收面积比重远大于其他省份；甘肃受灾人口、死亡和失踪人口、直接经济损失占全国比重较大，分别为 6.8%、13.2% 和 9.6%，排名分别为第三、第二、第四；黑龙江受灾面积和绝收面积占全国比重较大，分别为 20.0% 和 10.7%，排名分别为第一和并列第二。

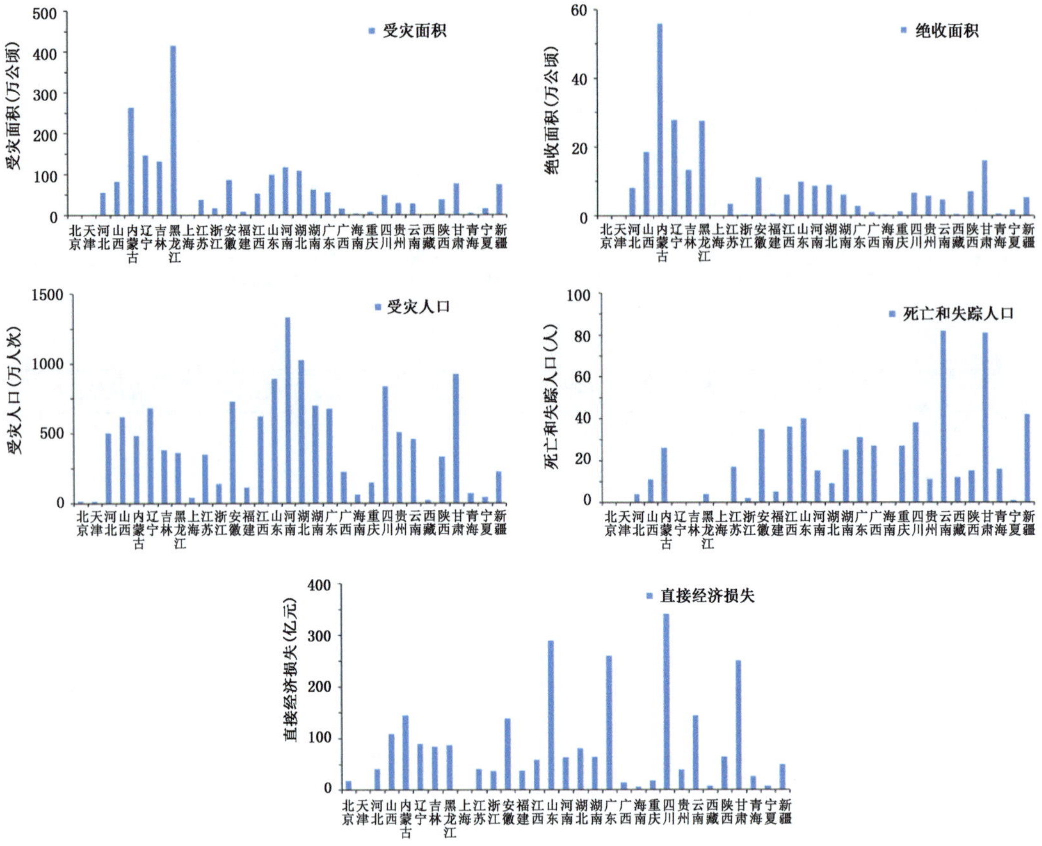

图 2.1.3 2018 年各省（区、市）灾情指标

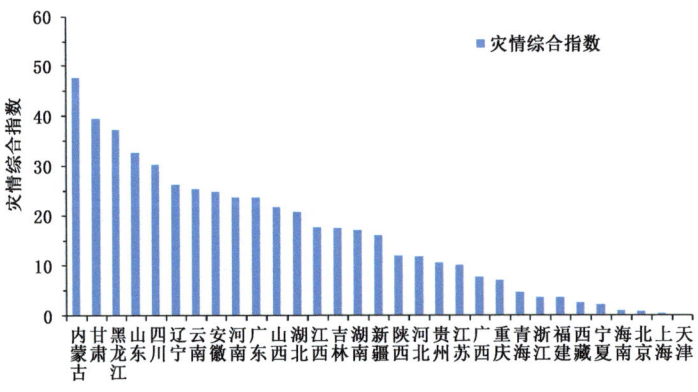

图 2.1.4 2018 年各省（区、市）灾情综合指数（单位：%）

第二节 干旱及其影响

2018年,我国旱情比常年偏轻,但区域性和阶段性干旱明显。年内,内蒙古东部、东北中部和南部出现春夏连旱,江汉、江南、江淮等地出现阶段性干旱,北京发生秋冬春连旱。

2018年,全国农作物受旱面积771.2万公顷,绝收面积92.2万公顷;受旱面积较常年偏小1671.3万公顷。内蒙古、辽宁、吉林三省(区)因旱绝收面积占全国因旱绝收面积的79.4%;内蒙古、黑龙江、甘肃三省(区)因旱灾造成的直接经济损失占全国全年旱灾直接经济损失的69.8%。2018年全国旱灾造成2742.7万人受灾,其中饮水困难人口为121.7万人,直接经济损失255.3亿元。与近10年干旱灾情相比,2018年干旱各项灾情指标均不同程度偏小。总体上,2018年干旱灾情为偏轻年。

一、基本特征

1. 干旱日数

由综合干旱指数和区域干旱指标统计结果可见,2018年我国干旱主要出现在东北中部和南部、华北中北部和南部、黄淮西部和南部、江淮大部、江汉大部、江南大部、华南大部、西南东部和中南部,以及内蒙古东部和西部局地、四川西部、黑龙江东部局地、甘肃南部、新疆北部和东部、西藏西部和东部,气象干旱日数均在20天以上。其中,华北东部、江汉大部、江南中部和南部、华南东部以及辽宁中部和西部、江苏北部、河南西部、贵州东部、云南大部等地气象干旱日数在50天以上,局地超过100天(图2.2.1)。

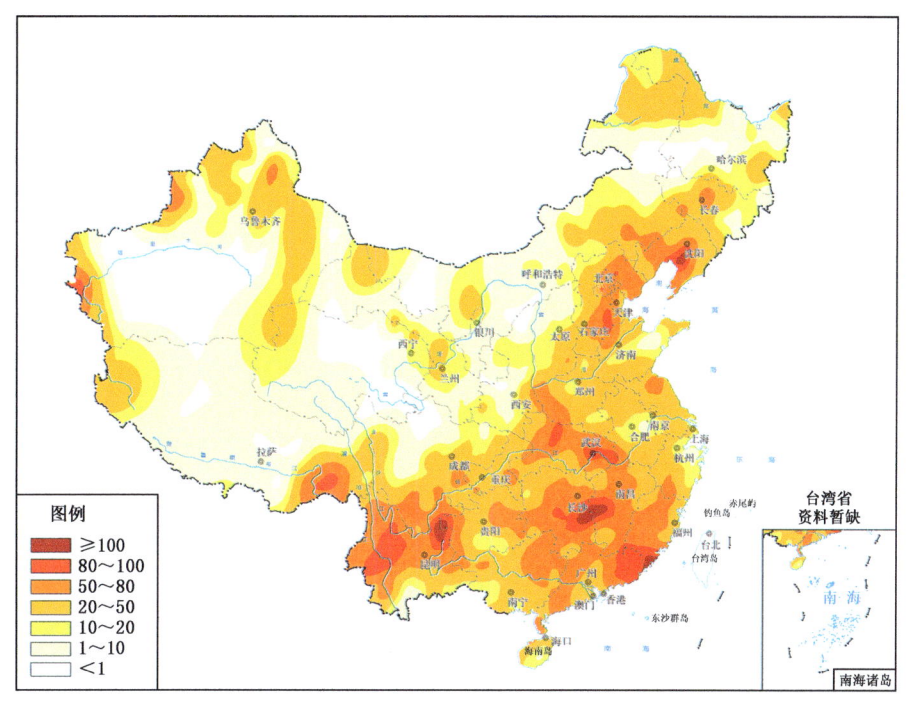

图 2.2.1　2018年全国干旱(中旱及以上等级干旱)日数分布图(单位:天)

2017/2018年冬季气象干旱主要出现在四川中东部和南部、云南中北部、贵州东南部、湖南南部、广西北部,以及湖北南部、广东东南、江苏北部、安徽西北部,气象干旱日数在10天以上,四川东部、云南北部和贵州东南部的局部地区超过30天;2018年春季,气象干旱主要出现在华北大部、江南南部、华南中部和东部,以及内蒙古东北部、黑龙江北部、吉林中部和西部、辽宁中部和东部、甘肃北部和东部、四川西部和东南部、云南西部和东部、贵州西部、重庆西部等地,气象干旱日数在10天以上,其中云南西部和东北部、湖南东南部、江西南部、福建大部、广东中北部和南部、山西中部、河北北部和南部、吉林西北部等地气象干旱日数超过30天;夏季,气象干旱主要出现在东北中东部和南部、华北北部和东部、黄淮西部和中南部、江南大部、华南中部和东部、西南东部,以及内蒙古中东部、甘肃东部、新疆北部和东部、西藏西部和东部等地,气象干旱日数在10天以上,其中黄淮中部以及黑龙江东部、吉林中部、辽宁大部、湖北中部和东部、福建北部、江西中部和西部、湖南中部和东部、贵州中部、广东中东部和西部、广西东部、新疆北部和西部、西藏东部等地气象干旱日数超过30天;秋季,气象干旱主要出现在华北中南部、黄淮西部和南部、江淮大部、江汉大部,以及辽宁中部、浙江中部和西部、江西中部和北部、重庆大部、云南北部和中部等地,气象干旱日数在10天以上,其中河北南部、江苏中部、河南西南部、湖北大部、云南中部局地气象干旱日数超过30天(图2.2.2)。

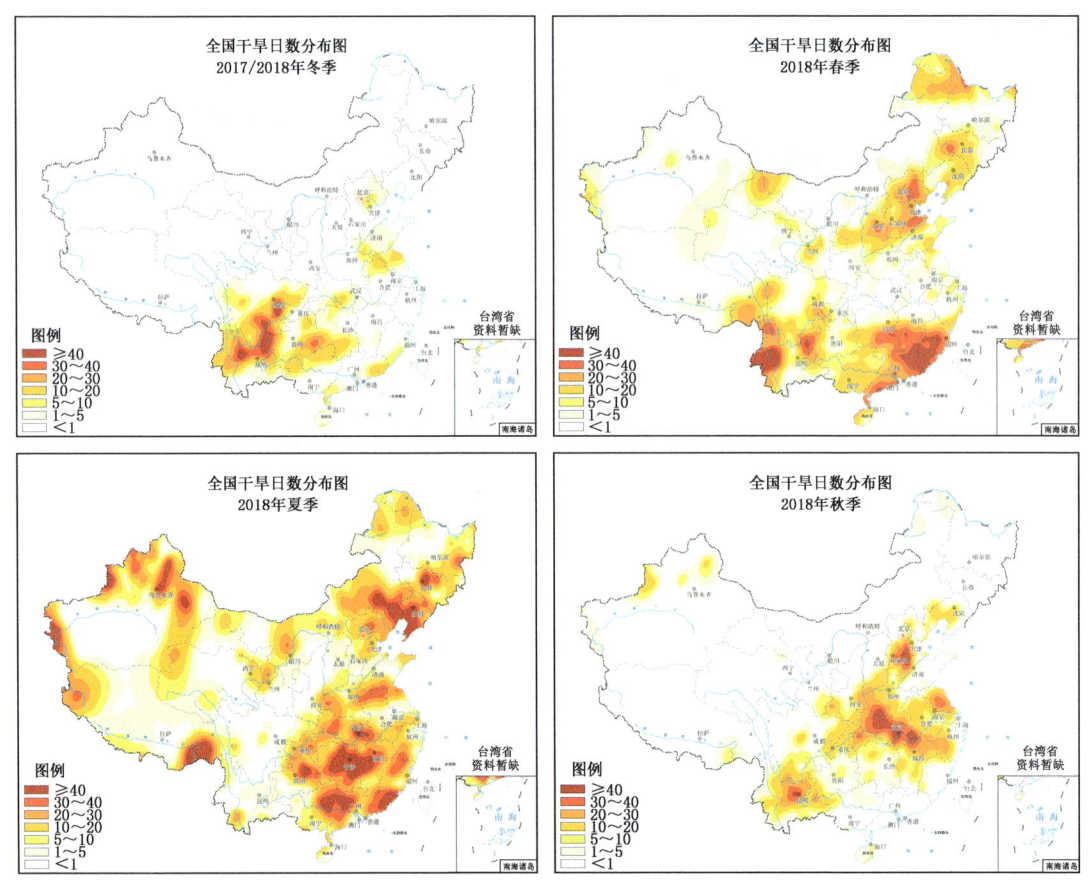

图 2.2.2　2018 年四季全国干旱(中旱及其以上等级干旱)日数分布图(单位:天)

2. 干旱气候指数

干旱气候指数是基于标准化降水指数评估干旱的程度,划分相应级别,确定日干旱指数并累计得来。经标准化处理后,2018年全国干旱气候指数为1.8,较常年(4.2)明显偏小,干旱程度明显偏弱(图2.2.3)。

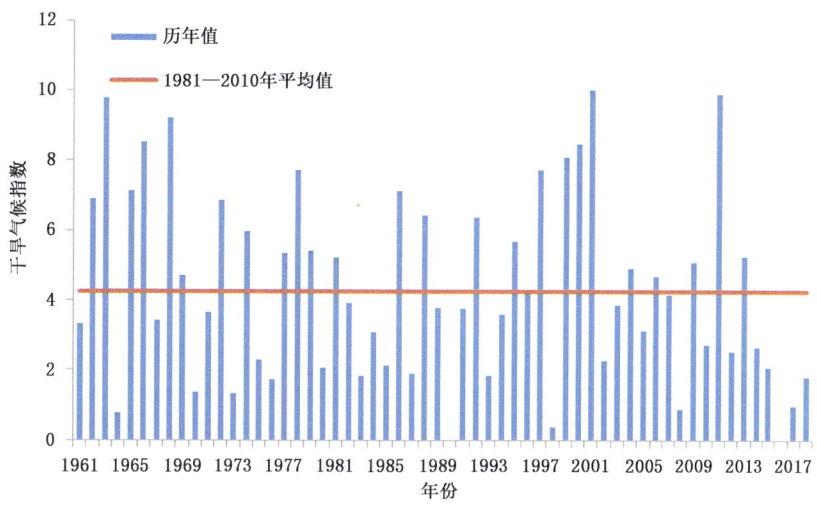

图 2.2.3　1961—2018 年全国干旱气候指数历年变化

二、灾情特征

1. 全国灾情

2018年,全国农作物受旱面积771.2万公顷,绝收面积92.2万公顷;干旱灾害造成2742.7万人受灾,其中饮水困难人口121.7万人;直接经济损失255.3亿元。

与2003年以来的灾情相比,2018年干旱各项灾情指标均不同程度偏小,受灾面积为最少,绝收面积为第四少,受灾人口和饮水困难人口同为最少,直接经济损失为第二少(图2.2.4)。总体上,2018年干旱灾情为偏轻年。

2. 各省(区、市)灾情

从各省(区、市)灾情来看(图2.2.5),2018年干旱受灾面积较大的省(区)为黑龙江、内蒙古、甘肃,数值分别为295.5万公顷、277.1万公顷和99.8万公顷;绝收面积较大的省(区)为内蒙古、黑龙江、甘肃,数值分别为49.0万公顷、17.2万公顷、10.0万公顷;受灾人口较多的省(区)为甘肃、内蒙古、黑龙江,数值分别为638.2万人、410.8万人和384.9万人;饮水困难人口较多的省(区)为内蒙古、甘肃、湖北和宁夏,分别为62.8万人、39.6万人、38.4万人和32.2万人;直接经济损失较大的省(区)为内蒙古、黑龙江、甘肃,分别为139.2亿元、111.6亿元和41.2亿元。

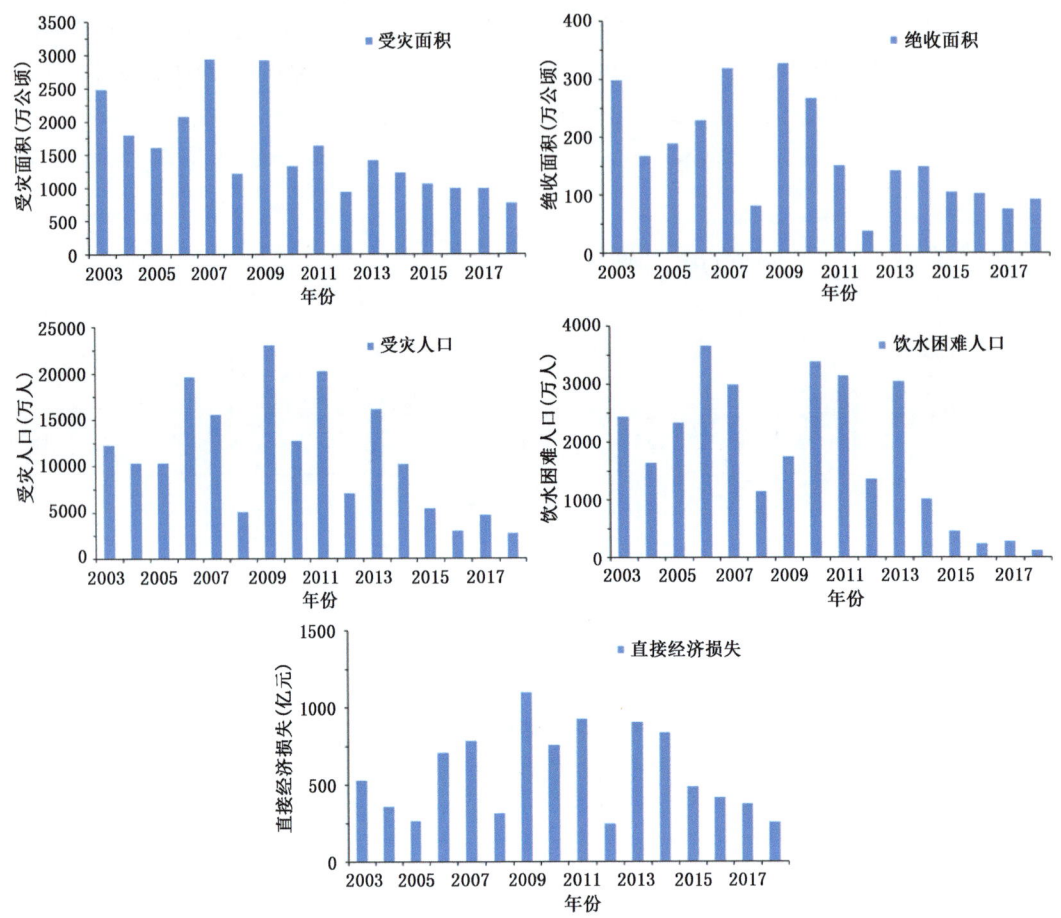

图 2.2.4　2003—2018 年全国干旱灾情指标

考虑受灾面积、绝收面积、受灾人口、饮水困难人口、直接经济损失 5 种灾情指标,定义各省(区、市)灾情综合指数为各省(区、市)各灾情指标占全国比重(单位取%)之和。2018 年的计算结果如图 2.2.6 所示,可以看出,受灾最为严重的省(区)为内蒙古,之后依次为辽宁和吉林,综合灾情指数分别为 117.8、82.0 和 60.0。内蒙古上述 5 种灾情指标占全国比重分别为 18.5%(全国排名第二位)、42.2%(全国排名第一位)、9.1%(全国排名第六位)、28.8%(全国排名第一位)和 19.2%(全国排名第三位),灾情综合指数最大;辽宁 5 种灾情指标占全国比重分别为 15.1%(全国排名第三位)、25.9%(全国排名第二位)、17.6%(全国排名第一位)、1.6%(全国排名第七位)和 21.9%(全国排名第二位);吉林受灾面积、绝收面积、受灾人口、直接经济损失 4 种灾情指标占全国比重分别为 14.1%(全国排名第四位)、11.3%(全国排名第三位)、11.5%(全国排名第三位)和 23.0%(全国排名第一位)。

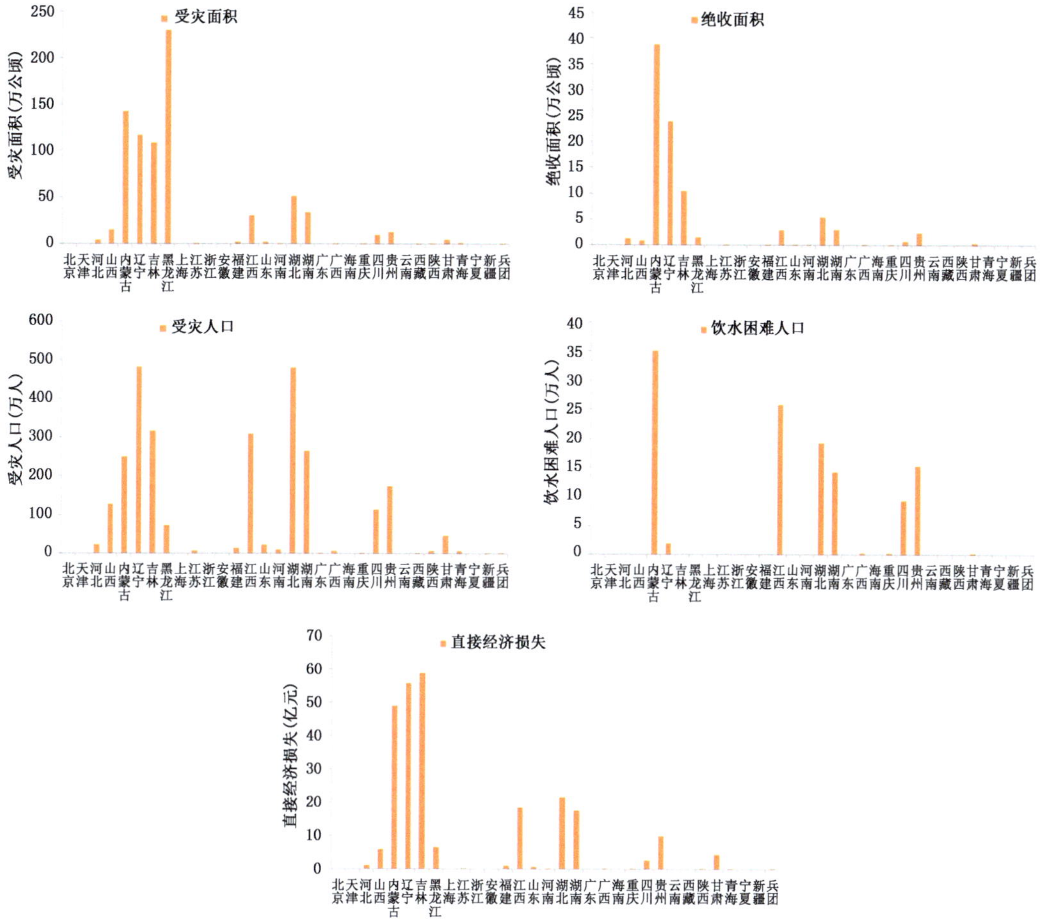

图 2.2.5 2018 年各省(区、市)干旱灾情指标

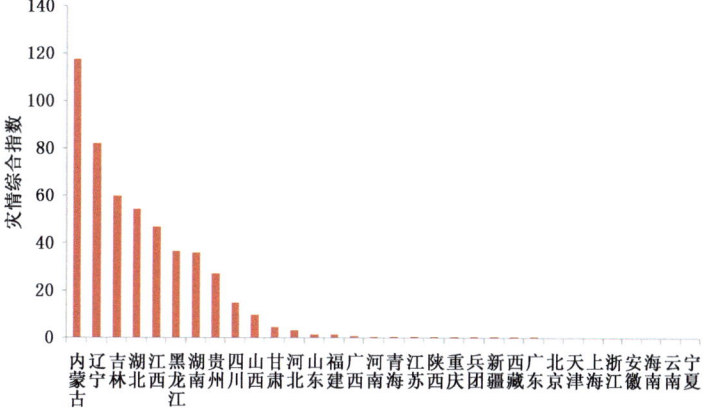

图 2.2.6 2018 年各省(区、市)干旱灾情综合指数(单位:%)

三、主要事件及影响

1. 内蒙古东部、东北中部和南部出现春夏连旱

4月中旬至6月下旬,东北大部及内蒙古东部降水量不足200毫米,降水量较常年同期偏少2~5成,局地偏少5成以上。上述地区气温普遍比常年同期偏高1~2℃,其中内蒙古东部偏高2~4℃。期间,黑龙江和吉林还出现高温天气,部分地区日最高气温超过38℃。温高雨少致使内蒙古东部、东北中部和南部干旱露头并发展,内蒙古东部、黑龙江东部、吉林西部、辽宁大部存在中至重度气象干旱(图2.2.7)。受干旱影响,旱区春耕春播进度比去年偏慢,部分地区播种困难、出苗率偏低、长势偏弱,对当地玉米及牧草生长造成较重影响。另外,干燥高温天气也导致上述地区森林草原火险等级偏高。辽宁和吉林部分地区土壤持续缺墒,春耕春播受阻,已播田块出现缺苗断垄,出苗率低。

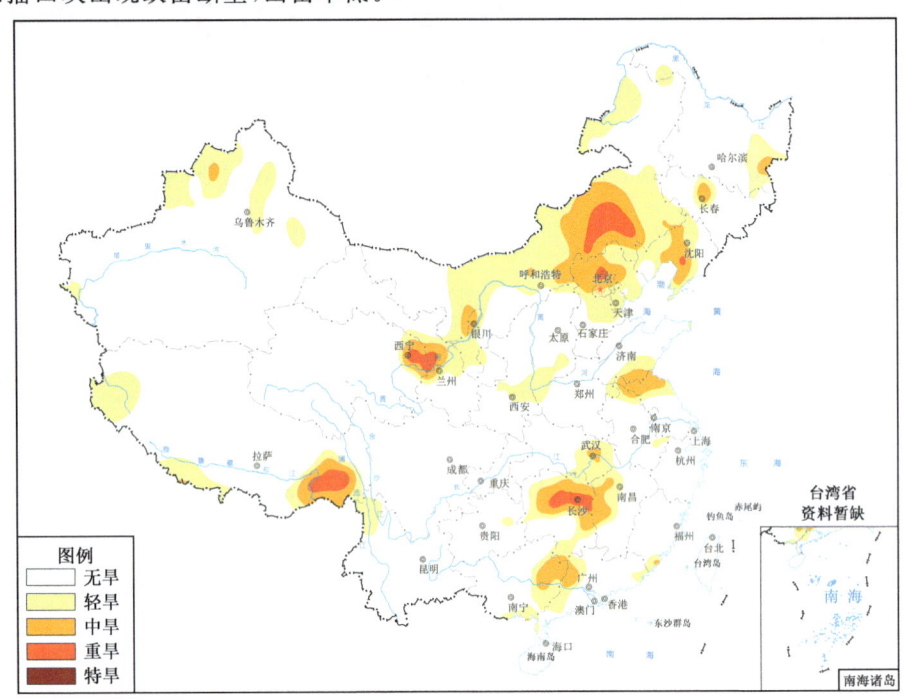

图 2.2.7 2018年6月23日全国气象干旱综合监测图

内蒙古自治区受灾草场面积达5.5亿亩,占草原总面积的40%以上,其中未返青草场面积2.69亿亩,尤其是巴彦淖尔市的草场受灾严重,受灾面积占全市牧区草场总面积的70%以上;截至6月30日,内蒙古全区受灾人口79万余人,干旱面积近40万平方千米(阿拉善盟除外),占总面积的46.5%,经济损失约7.9亿元,其中赤峰市、锡林郭勒盟等地灾情较重。

2. 江汉、江南、江淮等地出现阶段性干旱

8月中旬至9月中旬,江汉、江南大部地区降水量比常年同期偏少2~5成,江汉中部偏少5~8成;同期,上述大部地区气温偏高1~2℃,江汉中部和西部、江南中部和东部出现10~15天的高温天气,最高气温达38~40℃。高温少雨加上作物需水旺盛,土壤墒情迅速下降,致使江汉、江南西部和北部出现阶段性伏旱。旱区一季稻和玉米抽穗开花、棉花开花受到不利影响。

10月上旬至11月上旬,黄淮、江淮、江汉降水量偏少5~8成,其中黄淮中部和江淮北部偏少8成以上,气象干旱持续发展,黄淮南部和西部、江淮大部、江汉及陕西东南部、重庆北部等地存在中到重度气象干旱(图2.2.8),森林火险等级偏高。

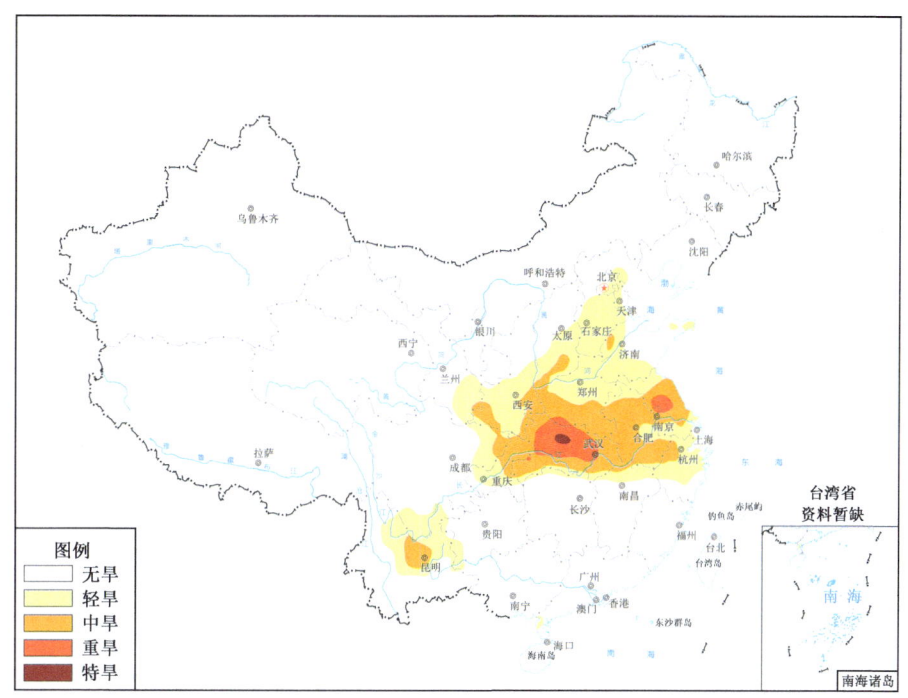

图2.2.8　2018年11月1日全国气象干旱综合监测图

10月份,河南省旱象初显,全省大部地区出现农业轻度干旱,分散居住在山区的部分群众发生因旱临时性吃水困难情况,因旱吃水困难人口主要集中在登封市、南阳市西峡县。截至11月1日,河南省22座大型水库蓄水较10月1日少蓄2.44亿立方米,108座中型水库蓄水较10月1日少蓄0.56亿立方米。全省地下水蓄变量较上月同期减少11.9亿立方米。截至10月中旬,安徽省旱情持续发展,对秋种及已播作物出苗有一定的不利影响;下旬全省大部尤其是淮北和沿江地区旱情加重,对秋种及已播作物苗期生长不利。

3. 北京发生秋冬春连旱

2017年10月23日至2018年3月16日,北京连续145天无降水,突破历史纪录(1970年10月25日至1971年2月15日,连续114天无降水)。由于长时间无降水,北京大部地区出现重度干旱。3月17日,北京地区自西向东出现明显雨雪天气,全市平均降水量3.1毫米,南郊观象台降水量4.1毫米,旱情得到缓和。

第三节　暴雨洪涝及其影响

2018年,全国平均降水量比常年偏多。降水冬季偏少,夏、秋季偏多,春季接近常年。2018年夏季,全国共出现21次暴雨过程,没有发生大范围流域性暴雨洪涝灾害。暴雨站日较常年略偏多。本年雨涝气候指数为4.7,较常年略偏高。初夏,南方连续强降水致多地内涝;夏季,我国北方多地发生暴雨洪涝;秋季多阴雨天气。

据统计,2018年全国因暴雨洪涝及其引发的滑坡、泥石流灾害共造成3526万人次受灾,死亡(含失踪)380人;农作物受灾面积395万公顷,其中绝收面积65.2万公顷;倒塌房屋6.4万间,直接经济损失1060.5亿元。

总体上看,2018年全国暴雨洪涝造成的受灾面积、死亡或失踪人数为近10年最少,直接经济损也较近10年平均明显偏少。与2017年相比,死亡和失踪人数、农作物受灾面积和直接经济损失均减少。2018年各类气象灾害中,暴雨洪涝灾害比较突出,造成的直接经济损失较重。2018年受灾较重的有四川、甘肃、云南、内蒙古、广东、黑龙江等省(区)。

一、基本特征

1. 暴雨洪涝分布

2018年主汛期(6—8月),全国平均降水量356.4毫米,较常年同期偏多10%。从降水量距平百分率空间分布来看,东北地区中北部、华北北部、西北中东部及内蒙古中西部、山东大部、安徽东北部、新疆西部、西藏中西部、四川东部、海南等地降水量偏多2成至2倍,局地偏多2倍以上。从6—8月降水量百分位数分布图上可以看出(图2.3.1),黑龙江中部、山东中部、安徽东北部、甘肃东南部、四川东部、广东西南部、海南大部达到了洪涝标准。

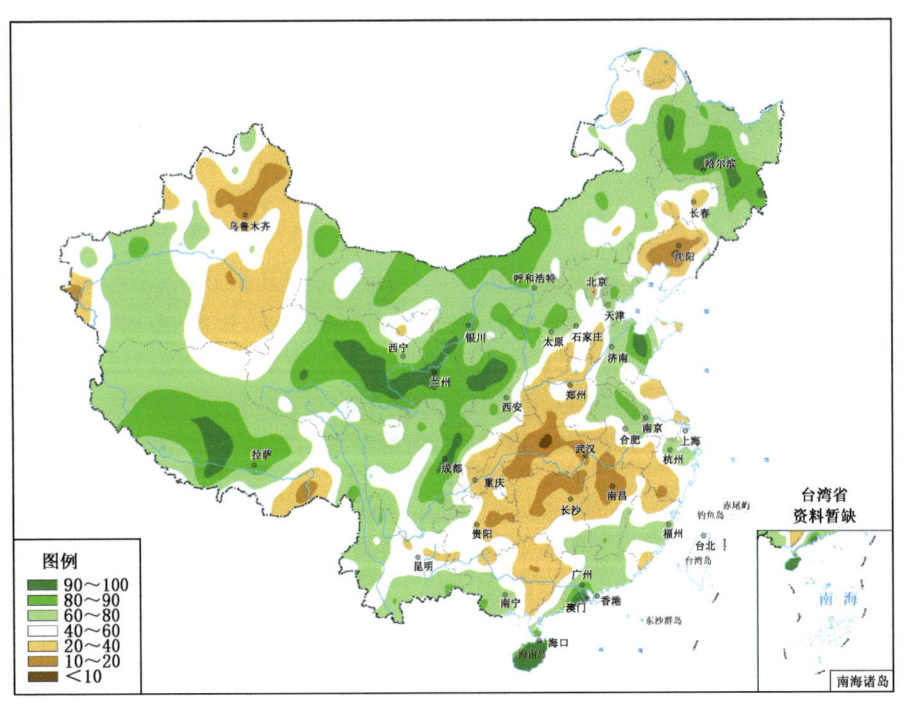

图 2.3.1 2018年夏季全国降水量百分位数分布图(单位:%)

从月降水量分析,4月海南北部、湖北中部,5月湖北北部、安徽中部、江苏中部,6月黑龙江中北部、山东北部、四川中部、海南北部,7月天津北部、山西北部、陕西北部、甘肃东部、四川中北部、海南西部,8月黑龙江东南部、内蒙古东南部、山东北部、安徽北部、浙江北部、海南北部、甘肃中部,9月江苏东南部、湖南北部、贵州东部、广西北部,10月广西东北部、广东西北部等地达到了一般洪涝或严重洪涝标准。

从旬降水量分析,6月上旬广东南部,7月中旬四川东部,8月中旬辽宁南部、山东中部和西南部、安徽北部、海南北部,8月下旬广东东南部等地达到一般洪涝或严重洪涝标准。

综合上述各项指标,2018年我国暴雨洪涝主要发生在黑龙江南部、内蒙古中部、山东中部、甘肃东南部、四川中东部、海南大部、广东南部等地。

2. 极端降水

2018年,全国共出现暴雨(日降水量≥50.0毫米)6106站日,比常年偏多2%(图2.3.2)。安徽中部、四川中东部、江西东北部、浙江西部、福建南部、广东中部和南部、广西中西部、海南大部等地暴雨日数普遍在5天以上,其中,广东南部、广西西部、海南等地有7~10天,局地10天以上。全国大部暴雨日数接近常年,仅山东中部、安徽东部、四川中东部、海南中北部等地的部分地区偏多3~5天。

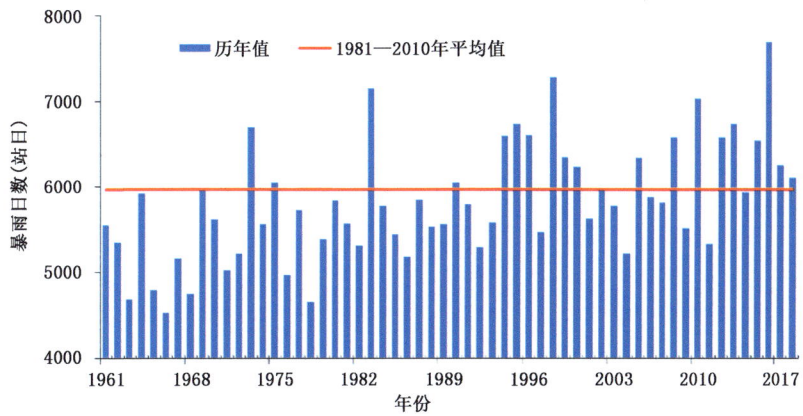

图2.3.2 1961—2018年全国年暴雨日数历年变化

年内,全国共有317站日降水量达到极端事件监测标准,68站日降水量突破历史极值。其中多站出现在暴雨历史少发地区,如辽宁普兰店(253.1毫米)、黑龙江伊春(133.1毫米)、内蒙古开鲁(135.1毫米)、甘肃广河(105.1毫米)、青海民和(67.6毫米)等;全国共51站连续降水量突破历史极值,主要分布在四川、新疆、山东、青海、内蒙古和河北等地,其中四川剑阁(717.2毫米)和江油(628毫米)连续降水量超过600毫米(图2.3.3)。

3. 雨涝气候指数

雨涝气候指数是根据日降水量等级与强降水日数的非线性关系计算得到。2018年雨涝气候指数为4.7,较常年(4.4)略偏大,雨涝形势较常年略偏强(图2.3.4)。

二、主要事件及影响

1. 夏季全国共出现21次暴雨过程,部分地区洪涝灾害严重

夏季,全国未发生大范围流域性暴雨洪涝灾害,但频繁降水造成多地江河水位上涨,农田渍涝、城市内涝严重。

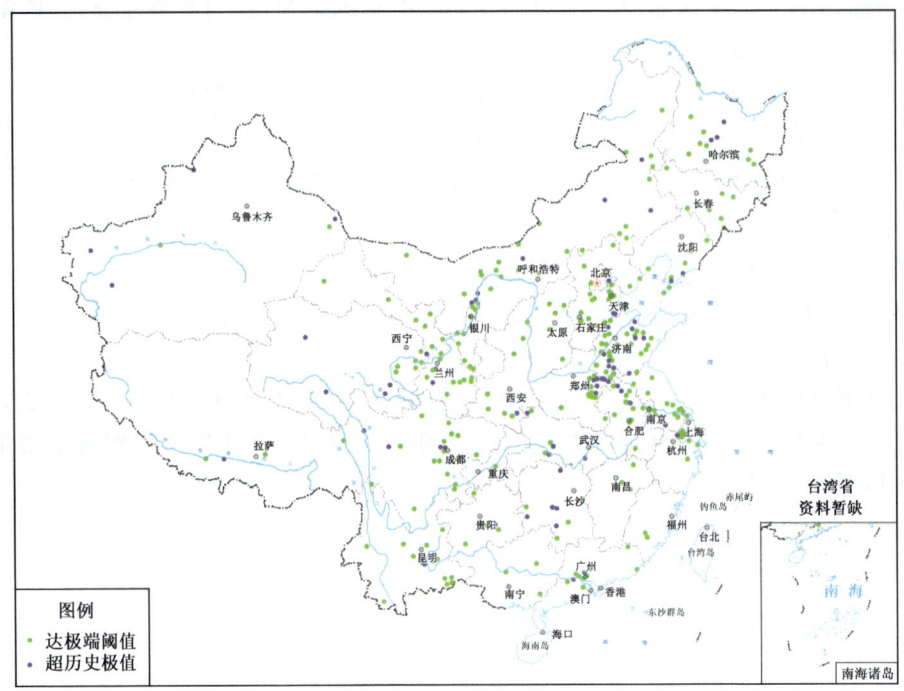

图 2.3.3　2018 年全国极端日降水量事件站点分布图

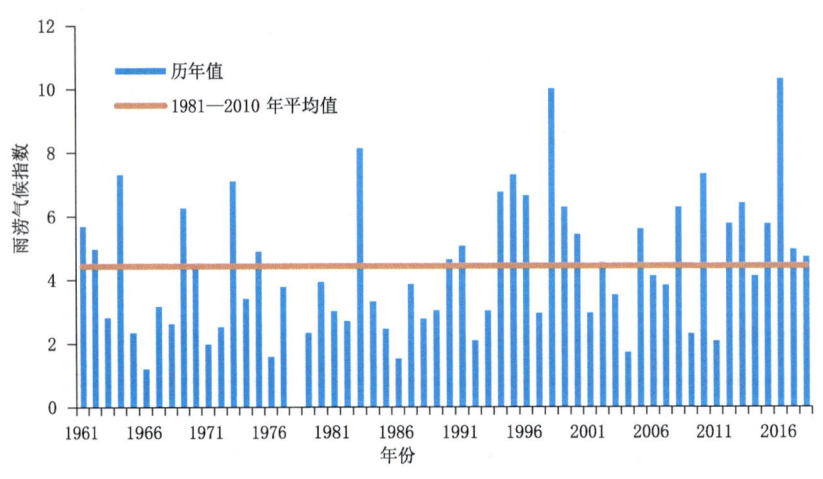

图 2.3.4　1961—2018 年全国雨涝气候指数历年变化

初夏,连续强降水致多地内涝。6 月 24—28 日,四川盆地西部、西北地区东南部至黄淮、江淮及云南、广西等地出现强降雨过程,四川盆地西部、甘肃东南部、山东大部、江苏东北部、安徽东北部及云南东南部、广西南部等地累计降雨量 100~250 毫米,四川雅安和乐山、山东泰安、江苏盐城、安徽蚌埠、云南红河、广西防城港和钦州等局地 250~460 毫米。强降雨天气引发广西、四川、云南、山东、河南部分地区出现洪涝灾害,造成 81 万人受灾,8 人死亡,5 人失踪,农作物受灾面积 4.6 万公顷,直接经济损失 13.2 亿元。

6 月 30 日至 7 月 8 日,长江中下游地区出现连续的强降雨过程。7 月 4—7 日,淮河以南大部地区降水普遍有25～100毫米,其中江西东部、安徽南部、江苏西南部、重庆东南部等地有100～250毫米,部分地区大暴雨,江西局部特大暴雨。强降雨过程导致部分地区发生内涝、中小河流洪水、山洪、滑坡和泥石流等灾害。降雨中心出现在江西景德镇,其中7月5—8日连续降水量达332毫米,为历史同期第二高,仅次于1993年的399毫米。受其影响,江西部分河流发生超警洪水,受灾较为严重。

夏季,我国多地发生暴雨洪涝。7月8—11日,主要降雨区位于四川及西北东部一带,降水量普遍有25～100毫米,四川盆地中部达100～250毫米,局部超过250毫米,四川广汉、彭州、青川日降水量突破建站以来历史极值。受上半月持续降雨影响,岷江、沱江、嘉陵江干流及部分支流发生较大洪水,四川、甘肃、陕西、重庆等地遭受洪涝及滑坡、泥石流地质灾害,其中四川、甘肃损失严重。

华北地区降水频繁,其中7月15—17日降水普遍有25～100毫米,部分地区超过100毫米。北京出现2018年入汛以来最强降雨过程,降水强度强、持续时间长,平均降雨量103.0毫米,全市有16个测站雨量超过200毫米,其中密云张家坟达386毫米,西白莲峪最大小时降水量达117.0毫米。强降水引发洪涝和山体滑坡等灾害,造成北京、河北、内蒙古等地遭受一定损失。

7月31日凌晨至上午,新疆哈密地区山区局地出现大到暴雨,其中伊吾县淖毛湖乡降水量达105.4毫米,伊州区沁城乡115.5毫米,伊州区沁城乡小堡区域1小时最大降雨量达29.5毫米,强降水引发洪水,造成农田、公路、铁路、电力和通信设施受损。6—8月黄河上游降水量280.8毫米,较常年(199.8毫米)偏多4成,为1961年以来第三多,其中7月20日兰州出现强降雨天气,受其影响,兰州市城区部分路段积水严重,暴雨引发的洪水沿马路顺势而下,多处低洼路段积水达到成年人腰部位置,多辆停靠在道路两侧的车辆被洪水冲走。

8月26日至9月1日,广东中东部沿海地区、福建中部沿海地区和广西南部、东部局地累计降雨量有300～500毫米,广东汕尾、揭阳、惠州、珠海等地600～900毫米,局部地区超过1000毫米。其中29日广东珠海、中山、江门、深圳、东莞、惠州、汕尾、揭阳8市,30日广东揭阳、汕头、汕尾、惠州、河源5市出现特大暴雨,惠州惠东局地达727～1034毫米,突破广东日雨量历史纪录。此次强降水过程共造成200万人受灾,5人死亡,2人失踪,农作物受灾面积7.1万公顷,直接经济损失22亿元。

2. 秋季多阴雨天气

秋季,西北地区南部、西南大部、江汉西部、江南大部、华南大部及黑龙江局部、吉林东部等地降水日数有30～50天,较常年同期偏多4～10天,部分地区偏多10天以上,秋雨明显(图2.3.5)。青川渝贵湘赣浙闽粤桂10省(区)秋季平均降水日数38.2天,较常年同期(31.1天)偏多7天,为1982年以来最多。连阴雨天气对湖南、江西、四川、重庆、贵州等地水稻、玉米等农作物的灌浆成熟、收获晾晒和小麦、油菜的播种等造成一定影响。湖北、湖南、重庆、陕西、云南、山东部分地区遭受暴雨洪涝、泥石流等灾害,造成较重的人员伤亡和经济损失。

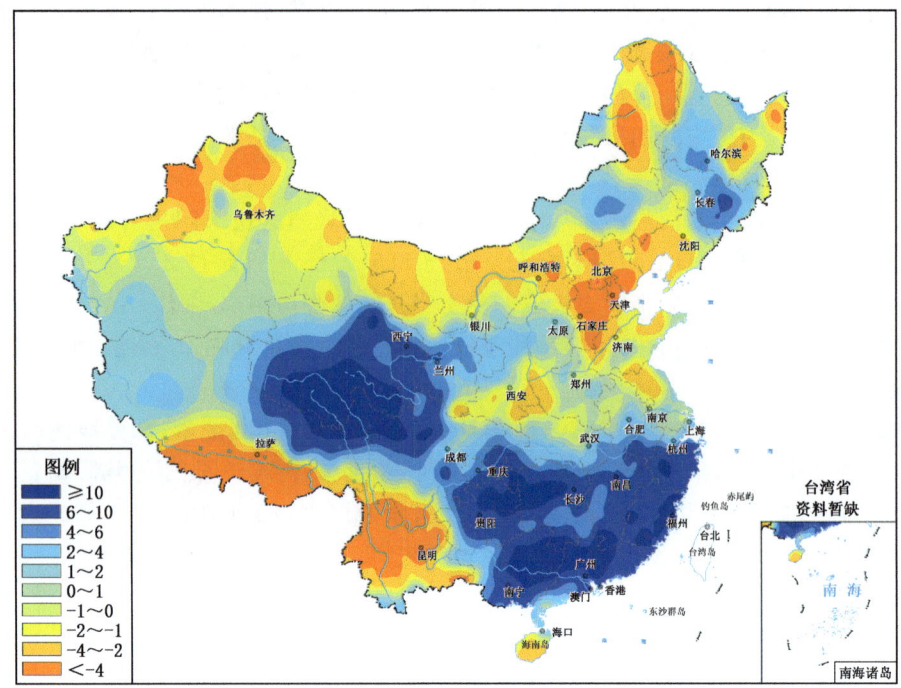

图 2.3.5　2018 年秋季全国降水日数距平分布图(单位:天)

第四节　台风及其影响

2018 年,西北太平洋和南海上共有 29 个台风(中心附近最大风力≥8 级)生成,生成个数较常年(25.5 个)平均值偏多 3.5 个。其中 1804 号"艾云尼"(Ewiniar)、1808 号"玛利亚"(Maria)、1809 号"山神"(Son-tinh)、1810 号"安比"(Ampil)、1812 号"云雀"(Jongdari)、1814 号"摩羯"(Yagi)、1816 号"贝碧嘉"(Bebinca)、1818 号"温比亚"(Rumbia)、1822 号"山竹"(Mangkhut)和 1823 号"百里嘉"(Barijat)共 10 个台风先后在我国登陆,登陆个数较常年(7.2 个)偏多 2.8 个。其中"温比亚"影响较大,其台风灾害影响综合评估指数(CIDT)为 8.6,影响等级均为重灾(气象行业标准 QX/T 170—2012)。

2018 年,影响我国的台风共造成 80 人死亡、3 人失踪,直接经济损失 697.3 亿元;与 1990—2017 年平均值相比,台风造成的直接经济损失偏多,死亡人数明显减少;影响较大的台风是"温比亚",受灾较重的地区是山东。2018 年年台风灾害影响综合评估指数(当年各台风 CIDT 之和)为 28.1,较 2000—2017 年平均值(26.8)偏高 1.3(图 2.4.1),则 2018 年台风灾害损失接近于常年。

一、基本特征

1. 生成个数较常年偏多,活跃程度较高

2018 年,在西北太平洋和南海上共有 29 个台风生成(表 2.4.1 和图 2.4.2),生成个数较常年(25.5 个)平均值偏多 3.5 个。2018 年台风累积气旋能量指数(Bell et al.,2000)为 8.7

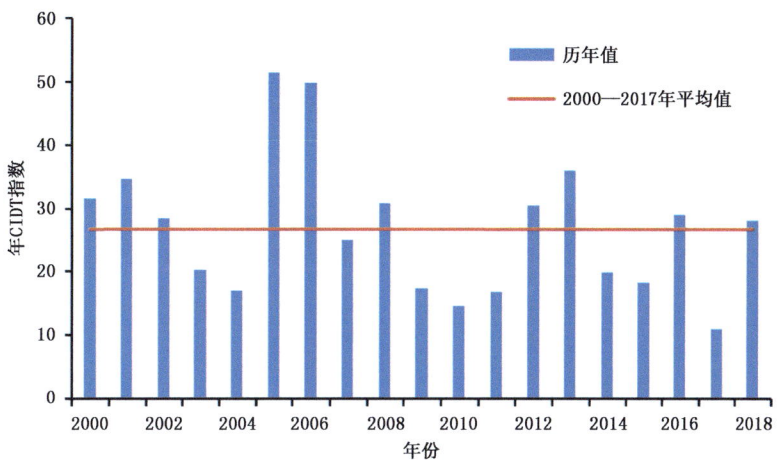

图 2.4.1 台风年灾害影响综合评估指数历年变化

×10^5,较常年明显偏高(6.0×10^5),表明 2018 年西北太平洋和南海上台风活跃程度较高(图 2.4.3)。

表 2.4.1 在西北太平洋和南海上 2018 年与常年各月及全年台风生成个数

时间	1月	2月	3月	4月	5月	6月	7月	8月	9月	10月	11月	12月	全年
2018年生成个数	1	1	1	0	0	4	5	9	4	1	3	0	29
常年生成个数*	0.33	0.10	0.30	0.60	1.03	1.70	3.70	5.80	4.87	3.60	2.33	1.13	25.5

* 为 1981—2010 年 30 年平均值。

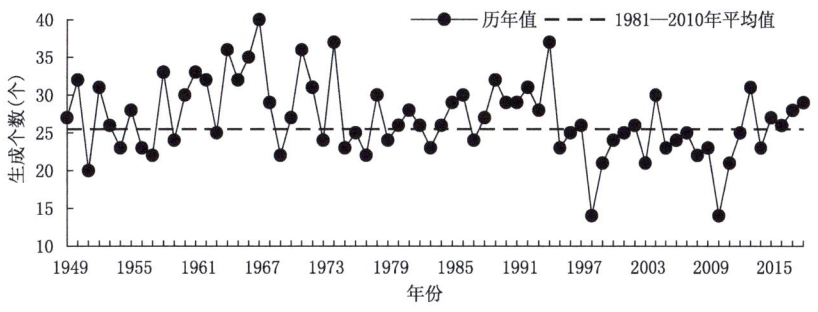

图 2.4.2　1949—2018 年在西北太平洋和南海上台风生成个数历年变化

2. 起编、停编时间均较常年偏早

2018 年最早开始编号的是 1801 号台风"布拉万"(Bolaven),其起编时间为 1 月 3 日,较常年(3 月 20 日)偏早 76 天,比 2017 年最早起编时间(4 月 23 日)早 110 天。

2018 年,最晚停止编号的是 1829 号台风"天兔"(Usagi),其停编时间为 2018 年 11 月 26 日,较常年(12 月 15 日)偏早 19 天。比 2017 年最晚停编时间(2017 年 12 月 26 日)早 30 天。

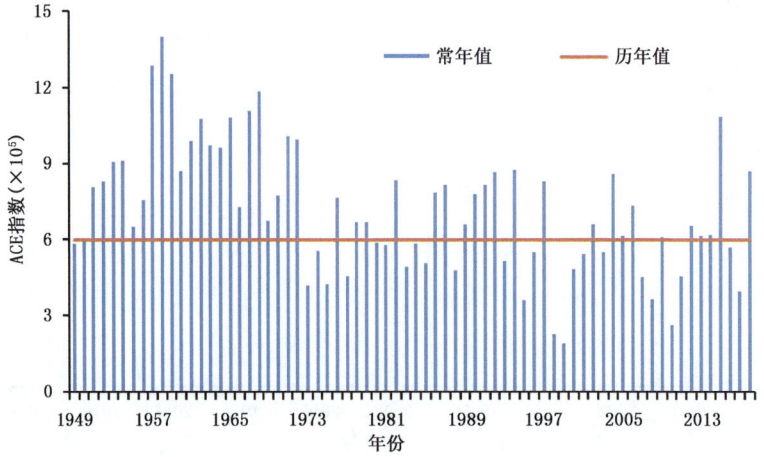

图 2.4.3　1949—2018 年台风累积气旋能量指数（ACE）历年变化

3. 登陆个数较常年偏多

2018 年共有 10 个台风（登陆时中心附近最大风力≥8 级）在我国沿海登陆（表 2.4.2 和图 2.4.4），登陆个数较常年（平均 7.2 个）偏多 2.8 个，较 2017 年登陆个数多 1 个。台风登陆比例为 34.5%，较常年值（28.7%）偏高 5.8%（图 2.4.5）。2018 年我国热带气旋年潜在影响力指数（尹宜舟等，2013）为 391，较常年（305）偏高 86，表明台风对我国的潜在影响较大（图 2.4.6）。

表 2.4.2　2018 年与常年 4—12 月在我国登陆台风个数

时间	4 月	5 月	6 月	7 月	8 月	9 月	10 月	11 月	12 月	总计
2018 年登陆个数	0	0	1	3	4	2	0	0	0	10
常年登陆个数*	0.03	0.07	0.63	2.00	1.93	1.77	0.53	0.13	0.03	7.2

* 为 1981—2010 年 30 年平均值。

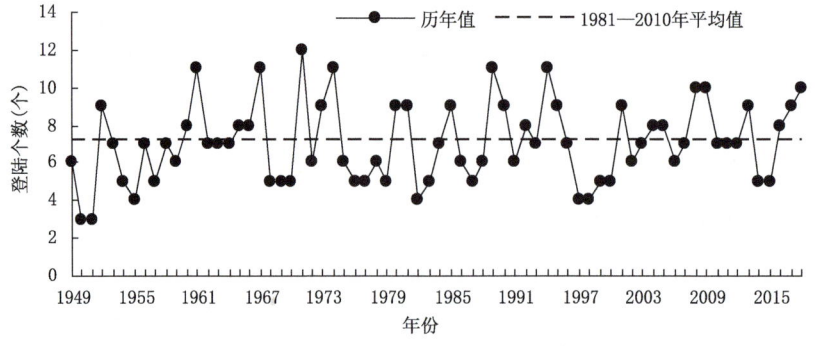

图 2.4.4　1949—2018 年在我国登陆台风个数历年变化

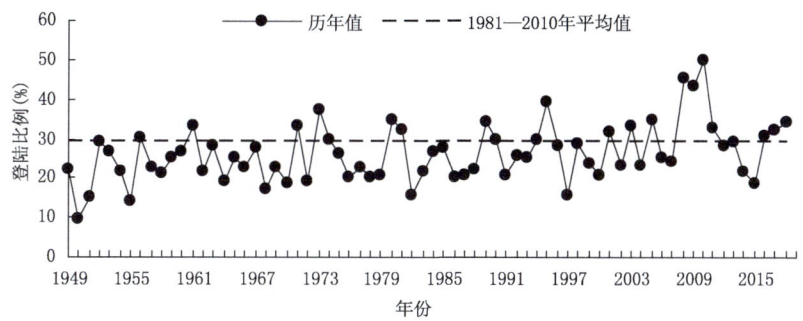

图 2.4.5　1949—2018 年台风在我国登陆比例历年变化

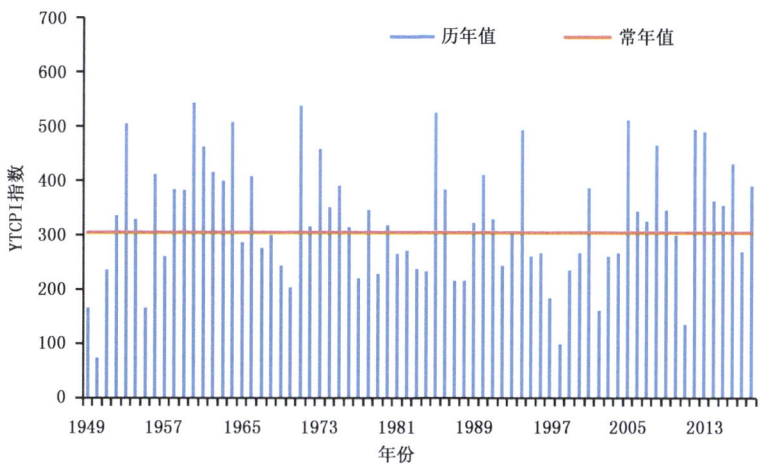

图 2.4.6　1949—2018 年我国热带气旋年潜在影响力指数(YTCPI)历年变化

4. 初末台登陆时间均较常年偏早

2018 年第一个在我国登陆的台风是 1804 号"艾云尼"(Ewiniar),其登陆时间为 6 月 6 日,较常年初台登陆时间(平均为 6 月 25 日)偏早 19 天。最后一个在我国登陆的台风是 1823 号"百里嘉"(Barijat),其登陆时间为 9 月 13 日,比常年末台登陆时间(平均为 10 月 6 日)偏早 23 天。

5. 台风登陆点偏北,登陆上海台风异常偏多

2018 年台风登陆点明显偏北,有 3 个台风("安比""云雀""温比亚")登陆上海,为 1949 年以来最多的年份(1949—2017 年共有 6 个台风登陆上海,包括二次登陆,而直接登陆的仅有 2 个)。

6. 登陆后北上台风多,影响范围广

"安比""摩羯""温比亚"这 3 个台风在一个月内相继在华东地区登陆并北上,历史罕见,给华东大部、华北东部、东北地区西部和南部等地带来大范围风雨影响。

7. 台风平均登陆强度偏弱,降水强度大

10 个登陆我国的台风中,仅有 2 个登陆时达强台风级("玛莉亚"和"山竹"),其余 8 个为热带风暴或强热带风暴级;平均登陆强度为26.3米/秒(10级),比多年平均32.8米/秒(12级)偏弱,但降水强度大,带来较强降雨影响。

二、影响评价

2018年影响我国的台风带来了大量降水,对缓解南方部分地区的夏伏旱和高温天气以及增加水库蓄水等十分有利,但由于登陆或影响时间集中,部分地区降水强度大、风力强,造成了一定的人员伤亡和经济损失。2018年台风气候指数为9.8,较常年值(4.1)偏高5.7,为1961年以来第二高,表明2018年我国台风危害程度高(图2.4.7)。

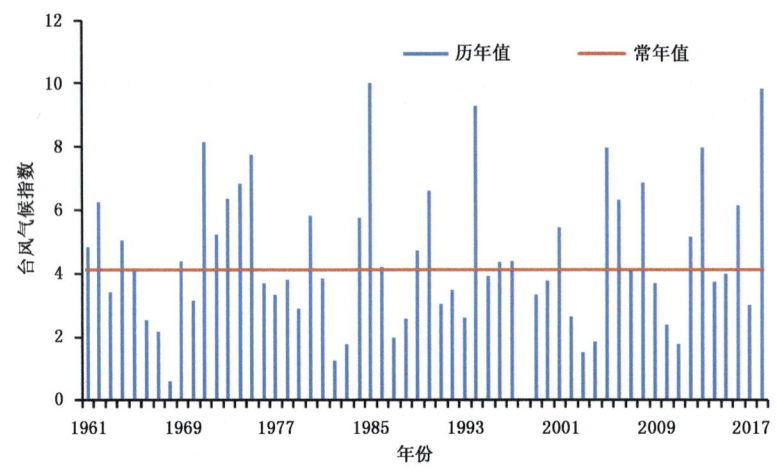

图 2.4.7　1961—2018年全国台风气候指数历年变化

据统计,2018年全国共有21个省(区、市)受到台风的影响,受灾人口近3260.6万人次,造成80人死亡、3人失踪,农作物受灾面积333.3万公顷,直接经济损失697.3亿元(表2.4.3)。其中死亡人数少于1990—2017年平均水平,但直接经济损失偏多。造成损失较重的主要是"温比亚"。总体而言,2018年台风造成直接经济损失比近10年的平均值偏多。

2018年第18号台风"温比亚"(强热带风暴级别)于8月15日14时在东海东南部海面生成,于17日04时05分在上海浦东新区南部沿海登陆,登陆时中心附近最大风力9级(23米/秒),中心最低气压985百帕。"温比亚"于18日下午减弱为热带低压,8月20日凌晨在山东北部变性为温带气旋,经过山东省后进入渤海再次发展为热带风暴,20日夜间在黄海北部海面进一步减弱,中央气象台于21日02时对其停止编号。"温比亚"是2018年第3个登陆上海的台风,也是1949年以来直接登陆上海的第5个台风。

受台风"温比亚"影响,浙江北部、上海、江苏大部、安徽、河南东部、山东、辽宁西南部等地普遍出现50毫米以上降水,其中江苏西部、安徽北部、河南东部、山东大部、辽宁东南部沿海达100~250毫米,部分地区超过250毫米,安徽灵璧(424.4毫米)、淮北(419.8毫米),河南夏邑(405.1毫米),河南商丘、宁陵、虞城、江苏丰县、山东鱼台、安徽萧县、宿州、山东青州等地降水量超过300毫米。从8月16日08时至17日16时,上海普降大到暴雨,局部大暴雨,闵行体育公园154.6毫米为最大,小时最大雨量46.6毫米。上海出现7~9级大风,沿江沿海地区最

表 2.4.3 2018年全国台风主要灾情统计表

国内编号及中英文名称	登陆时间(月.日)	登陆地点	最大风力(级)(风速,米/秒)	受灾地区	受灾人口(万人)	死亡人口(人)	失踪人口(人)	转移安置(万人)	倒塌房屋(万间)	受灾面积(万公顷)	直接经济损失(亿元)
1804号"艾云妮"(Ewiniar)	6.6 6.6 6.7	广东徐闻 海南海口 广东阳江	8(20) 8(18) 9(23)	广东	117.9	7	0	9.9	0.1	11.8	38.6
				江西	52.0	4	0	5.1	0.2	3.3	10.3
				湖南	15.9	2	0	0.3	0.0	0.9	1.1
				福建	3.2	0	0	0.2	0.0	0.2	1.2
				海南	5.8	0	0	1.9	0.0	1.5	0.7
1808号"玛莉亚"(Maria)	7.11	福建连江	13(38)	福建	83.8	0	0	20.9	0.0	3.4	31.2
				浙江	43.3	0	0	33.0	0.0	3.2	9.4
				湖南	9.5	0	0	0.0	0.0	1.2	0.6
				江西	5.7	1	0	0.3	0.0	0.5	0.4
1809号"山神"(Son-tinh)	7.17	海南万宁	9(23)	云南	27.6	0	0	0.0	0.0	2.0	0.0
				海南	24.5	0	0	4.1	0.0	0.1	1.3
				广西	0.3	0	0	0.0	0.0	0.0	0.0
1810号"安比"(Ampil)	7.22	上海崇明岛	10(28)	山东	94.6	1	0	0.0	0.1	9.2	5.7
				河北	58.0	0	0	0.3	0.0	4.8	3.3
				辽宁	27.2	0	0	0.0	0.0	2.3	1.7
				浙江	6.8	0	0	5.0	0.0	0.1	2.3
				天津	10.7	0	0	0.1	0.0	1.4	0.9
				江苏	8.8	0	0	1.0	0.0	2.1	0.7
				上海	19.6	0	0	18.4	0.0	0.3	0.4
				内蒙古	4.6	0	0	0.0	0.0	0.9	0.5
				北京	2.0	0	0	1.8	0.0	0.0	0.4
				吉林	1.1	0	0	0.0	0.0	0.6	0.0
1812号"云雀"(Jongdari)	8.3	上海金山	9(23)	浙江	18.4	0	0	1.0	0.0	1.3	4.0
				上海	14.8	0	0	14.7	0.0	0.2	0.2
1814号"摩羯"(Yagi)	8.12	浙江温岭	10(28)	山东	73.1	0	0	0.1	0.0	8.5	14.3
				江苏	52.9	2	0	0.1	0.0	4.3	2.7
				安徽	11.1	1	0	0.0	0.0	2.2	0.9
				河北	58.8	0	0	0.0	0.0	9.0	4.3
				辽宁	6.9	0	0	0.3	0.0	1.0	2.0
				河南	8.6	0	0	0.0	0.0	0.8	0.9
				上海	1.0	0	0	0.4	0.0	0.1	0.1
				浙江	24.9	0	0	23.6	0.0	0.0	0.0
1816号"贝碧嘉"(Bebinca)	8.15	广东雷州	9(23)	广东	41.0	4	2	13.2	0.1	9.7	19.4
				海南	17.2	0	0	9.1	0.0	1.5	3.8

续表

国内编号及中英文名称	登陆时间(月.日)	登陆地点	最大风力(级)(风速,米/秒)	受灾地区	受灾人口(万人)	死亡人口(人)	失踪人口(人)	转移安置(万人)	倒塌房屋(万间)	受灾面积(万公顷)	直接经济损失(亿元)
1818号"温比亚"(Rumbia)	8.17	上海浦东	9(23)	山东	529.4	30	1	22.1	1.1	63.6	239.3
				安徽	312.2	12	0	11.3	0.2	38.8	55.1
				河南	649.9	3	0	1.3	0.0	59.2	28.3
				江苏	174.6	7	0	1.7	0.2	18.5	20.9
				辽宁	124.0	0	0	0.6	0.0	20.6	25.1
				上海	5.4	0	0	5.2	0.0	0.1	0.2
				河北	1.6	0	0	0.0	0.0	0.7	0.2
				浙江	3.3	0	0	3.2	0.0	0.0	0.0
1819号"苏力"(Soulik)				吉林	20.5	0	0	1.8	0.0	4.8	15.6
1820号"西马仑"(Cimaron)				黑龙江	10.5	0	0	0.2	0.0	3.8	3.6
1822号"山竹"(Mangkhut)	9.16	广东台山	14(42)	广东	306.6	5	0	126.4	0.2	23.2	132.9
				广西	147.9	1	0	13.8	0.1	10.7	8.5
				海南	12.7	0	0	12.7	0.0	0.1	0.2
				湖南	2.8	0	0	0.0	0.0	0.1	0.5
				云南	0.5	0	0	0.0	0.0	0.1	0.2
				贵州	0.8	0	0	0.0	0.0	0.0	0.0
1823号"百里嘉"(Barijat)	9.13	广东湛江	10(25)	广东	6.3	0	0	1.5	0.0	0.6	0.5
			全年合计		3260.6	80	3	366.6	2.4	333.3	697.3

大阵风11～12级;江苏省有250个乡镇(街道)出现9级以上大风,42个乡镇(街道)风力达10级以上,其中常熟苏通大桥南、连云港高公岛、如东洋口镇阳光岛、大丰港口以及县气象局出现12级大风;山东北部、辽东半岛及渤海海域出现8～9级阵风,渤海南部、渤海海峡有10～11级。

台风"温比亚"影响范围广,自登陆后先后给上海、江苏、浙江、安徽、山东、河南、河北、辽宁8省(直辖市)带来强降雨和大风天气。据民政部统计,台风"温比亚"已造成上述8省(直辖市)44个市212个县(市、区)1800.4万人受灾,53人死亡失踪,农作物受灾面积201.5万公顷,直接经济损失369.1亿元。

第五节 雷电、冰雹与龙卷风及其影响

2018年全国共发生雷电灾害606起,其中造成火灾或爆炸12起;全国共有30个省(区、市)、1384个县(市)次出现冰雹或龙卷风,降雹次数比2001—2017年平均值(1627个县次)偏少。

受冰雹、龙卷风等强对流天气影响,全国累计1493万人次受灾,125人死亡,1人失踪;3000间房屋倒塌,29.8万间房屋不同程度损坏;农作物受灾面积240.7万公顷,其中绝收19.7万公顷;直接经济损失168.5亿元。2018年全国强对流天气造成的直接经济损失较2007—2017年平均值(326.6亿元)明显偏少,绝收面积为2007年以来最少,其他灾情指标均比2007—2017年平均值偏少,特别是受灾面积和死亡人数为2007年以来第二少。其中云南、贵州、内蒙古、江西、新疆、河南、山东等省(区)灾情较为突出。

一、基本特征

1. 雷电

2018年全国共发生雷电灾害606起,其中造成火灾或爆炸12起,造成人身事故57起,导致60人身亡、39人受伤。雷电灾害在全国造成大量电子设备、电力系统、建筑物受损,雷击造成建筑物损坏事件58起,办公和家用电子电器损坏事件363起,损坏电子电器设备6881件,造成直接经济损失约0.23亿元,间接经济损失约0.14亿元。一次造成百万元以上直接经济损失的雷电灾害1起。2018年雷电造成的灾害事故主要集中在电力、学校、石化和通信等行业,其中电力行业雷灾事故61起,通信行业16起,石化行业13起,学校10起。2018年雷电灾害事故、由雷灾造成的伤亡人数,以及导致的经济损失均延续了近年来的下降趋势。

我国沿海地区,尤其是南方沿海地区,仍是雷电灾害的多发区(图2.5.1)。2018年全年雷灾事故数过百的2个省份分别为广东和浙江,均为南方沿海省份,年雷灾事故数分别达到189起和161起。在年雷灾事故数排名前10的省份中,沿海省份有占70%,南方中部地区省份占20%。从雷击导致的伤亡人数方面来看,全年雷击伤亡超过8人的省区有5个,分别是青海

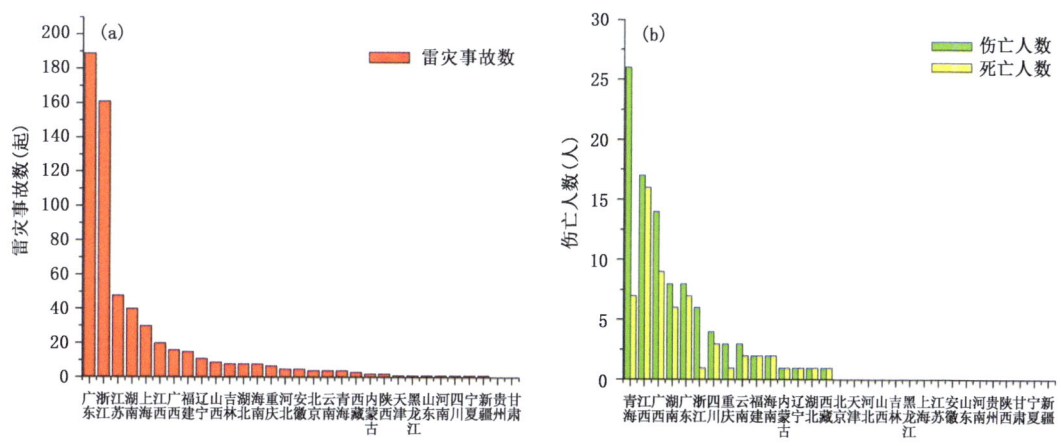

图2.5.1 2018年全国各省(区、市)雷灾事故频次(a)和雷击伤亡人数(b)分布

(26 人)、江西(17 人)、广西(14 人)、湖南(8 人)和广东(8 人)。雷击导致身亡人数最多的是江西(16 人),广西、青海和广东的身亡人数也较多,分别为 9 人、7 人和 7 人(图 2.5.1)。从伤亡分布来看,西部地区、南方沿海地区和南方中部地区较为突出。

在考虑人口权重后(表 2.5.1),在雷灾事故率方面,浙江、广东和上海等沿海省份排名靠前;而在雷击伤亡率方面,则是青海、江西和西藏分列前三位。在考虑人口权重后,西部地区省份的雷灾相关排名有显著的提升。

表 2.5.1　2018 年全国各省(区、市)每百万人口雷击死亡率、受伤率、伤亡率和雷灾事故发生率及其排序统计表

省份	人口数*（百万）	雷击死亡 死亡率(%)	排序	雷击受伤 受伤率(%)	排序	雷击伤亡 伤亡率(%)	排序	总雷灾事故 事故率(%)	排序
北京	13.82	0.00	16	0.00	10	0.00	16	0.29	13
天津	10.01	0.00	17	0.00	11	0.00	17	0.10	19
河北	67.44	0.00	18	0.00	12	0.00	18	0.07	23
山西	32.97	0.00	19	0.00	13	0.00	19	0.27	14
内蒙古	23.76	0.04	10	0.00	14	0.04	13	0.08	21
辽宁	42.38	0.02	13	0.00	15	0.02	14	0.26	15
吉林	27.28	0.00	20	0.00	16	0.00	20	0.29	12
黑龙江	36.89	0.00	21	0.00	17	0.00	21	0.03	26
上海	16.74	0.00	22	0.00	18	0.00	22	1.79	3
江苏	74.38	0.00	23	0.00	19	0.00	23	0.65	7
浙江	46.77	0.02	14	0.15	2	0.17	6	3.44	1
安徽	59.86	0.00	24	0.00	20	0.00	24	0.08	22
福建	34.71	0.06	8	0.00	21	0.06	11	0.43	10
江西	41.40	0.39	2	0.02	6	0.41	2	0.48	9
山东	90.79	0.00	25	0.00	22	0.00	25	0.01	28
河南	92.56	0.00	26	0.00	23	0.00	26	0.01	29
湖北	60.28	0.02	15	0.00	24	0.02	15	0.13	18
湖南	64.40	0.09	6	0.03	5	0.12	7	0.62	8
广东	86.42	0.08	7	0.01	9	0.09	9	2.19	2
广西	44.89	0.20	5	0.11	3	0.31	4	0.36	11
海南	7.87	0.25	4	0.00	25	0.25	5	1.02	5
重庆	30.90	0.03	12	0.06	4	0.10	8	0.23	16
四川	83.29	0.04	11	0.01	8	0.05	12	0.01	27
贵州	35.25	0.00	27	0.00	26	0.00	27	0.00	30
云南	42.88	0.05	9	0.02	7	0.07	10	0.09	20
西藏	2.62	0.38	3	0.00	27	0.38	3	1.15	4
陕西	36.05	0.00	28	0.00	28	0.00	28	0.06	24
甘肃	25.62	0.00	29	0.00	29	0.00	29	0.00	31
青海	5.18	1.35	1	3.67	1	5.02	1	0.77	6
宁夏	5.62	0.00	30	0.00	30	0.00	30	0.18	17
新疆	19.25	0.00	31	0.00	31	0.00	31	0.05	25
全国	1262.28	0.05		0.03		0.08		0.48	

*人口数来自于我国第五次全国人口普查。

2018年全国雷电灾情时间分布如图2.5.2所示。雷灾事故主要集中发生在5—8月。雷灾事故数在8月达到峰值,雷击受伤人数在7月份达到峰值,身亡人数则在5月达到峰值,峰值月占全年的比例分别为约23.76％、51.28％和28.33％。

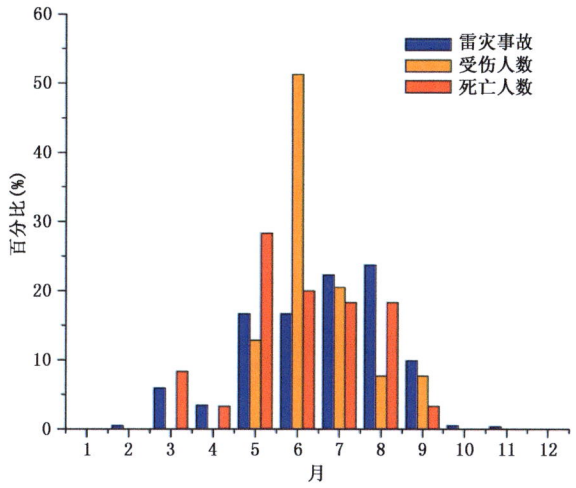

图2.5.2 2018年全国雷电灾害百分比月变化

2. 冰雹

(1)降雹次数偏多

2018年,全国30个省(市、区)遭受冰雹袭击。据统计,共有1384个县(市)次出现冰雹,降雹次数比2001—2017年平均值(1627个县次)偏少。

(2)初雹、终雹时间均偏早

2018年,全国最早一次冰雹天气出现在2月20日(江西省宜春市宜丰县),初雹时间较常年(平均出现在2月上旬)偏晚;最晚一次冰雹天气出现在12月11日(云南省西双版纳傣族自治州景洪市),终雹时间较常年(平均出现在11月中旬)也偏晚。

(3)降雹主要集中在春季和夏季

从降雹的季节分布来看,2018年春季出现冰雹最多,共有687个县(市)次,占全年降雹总次数的49.6％;夏季降雹次多,共有623个县次,占全年的45.0％;秋季共有64个县次降雹,占全年的4.6％;冬季只有10个县次降雹,仅占全年的0.7％。

从各月降雹情况来看,2018年6月最多,共263个县(市)次降雹,占全年的19.0％;5月次多,244个县次降雹,占全年的17.6％;3月、7月和4月分居第三、第四和第五位,分别有241个县次、239个县次、202个县次降雹,各占全年的17.4％、17.3％和14.6％。

(4)西南、华北、西北等地降雹较多

2018年,我国降雹较多的是西南、华北、西北等地。从各省分布来看,云南最多,降雹211县(市)次;贵州次多,降雹157县次;内蒙古居第三位,降雹92县次;新疆(87县次)、山东(85县次)、江西(80县次)、河南(76县次)、湖南(55县次)和甘肃(53县次)等省(区)降雹均超过50县次,局部受灾较重。

3. 龙卷风

(1)发生次数明显偏少

2018年,全国有10个省(自治区、市)22个县(市、区)发生了龙卷风(表2.5.2),龙卷风出现次数较2001—2017平均次数(每年56个县次)明显偏少。

(2)主要发生在夏季

从2018年龙卷风的季节分布来看,夏季最多,出现龙卷风14县次,占全年总数的63.6%;春季出现4县次,占全年的18.2%;秋季出现3县次,占全年的13.6%;冬季出现1县次,占全年的4.5%。从月际分布来看,8月龙卷风最多,发生12县次,占全年的54.5%;5月、6月和9月各发生2县次,各占全年的9.1%;3月、4月、10月和12月各发生1县次,各占全年的4.5%;其他月份未发生龙卷风。

(3)广东、山东、江苏发生相对较多

从2018年龙卷风发生的地区分布来看,广东最多,发生6县次,占全国龙卷风总数的27.3%;山东次之,发生5县次,占全国龙卷风总数的22.7%;江苏居第三位,发生4县次,占全国龙卷风总数的18.2%;江西、广西、浙江、吉林、内蒙古、天津、云南各有1个县次,分别占全国龙卷风总数的4.5%;全国其他地区未发生龙卷风。

表 2.5.2　2018年龙卷风简表

发生时间(月.日)	发生地点	发生时间(月.日)	发生地点
3.4—3.5	江西省赣州市石城县	8.18	江苏省徐州市铜山区、丰县
4.20	广西柳州市柳北区	8.23	广东省茂名市高州市
5.25	浙江省嘉兴市秀城区	8.31	广东省广州市番禺区
5.28	吉林省松原市长岭县	9.11	广东省东莞市
6.8	广东省广州市南沙区、佛山市南海区	9.17	广东省佛山市三水区
8.8	内蒙古鄂尔多斯市鄂托克前旗	10.10	江苏省南通市如皋市
8.13	天津市静海区	12.8	云南省昆明市安宁市
8.13	江苏省扬州市仪征市		
8.14	山东省烟台市莱州市、潍坊市昌邑市、东营市利津县、滨州市惠民县、枣庄市台儿庄区		

二、灾情特征

1. 全国灾情

2018年,全国因冰雹与龙卷风等强对流天气灾害共造成1493万人次受灾,125人死亡,1人失踪;3000间房屋倒塌,29.8万间房屋不同程度损坏;农作物受灾面积240.7万公顷,其中绝收19.7万公顷;直接经济损失168.5亿元。2018年全国强对流天气造成的直接经济损失较2007—2017年平均值(326.6亿元)明显偏少,绝收面积为2007年以来最少,其他灾情指标均比2007—2017年平均值偏少,特别是受灾面积和死亡人数为2007年以来第二少(图2.5.3)。

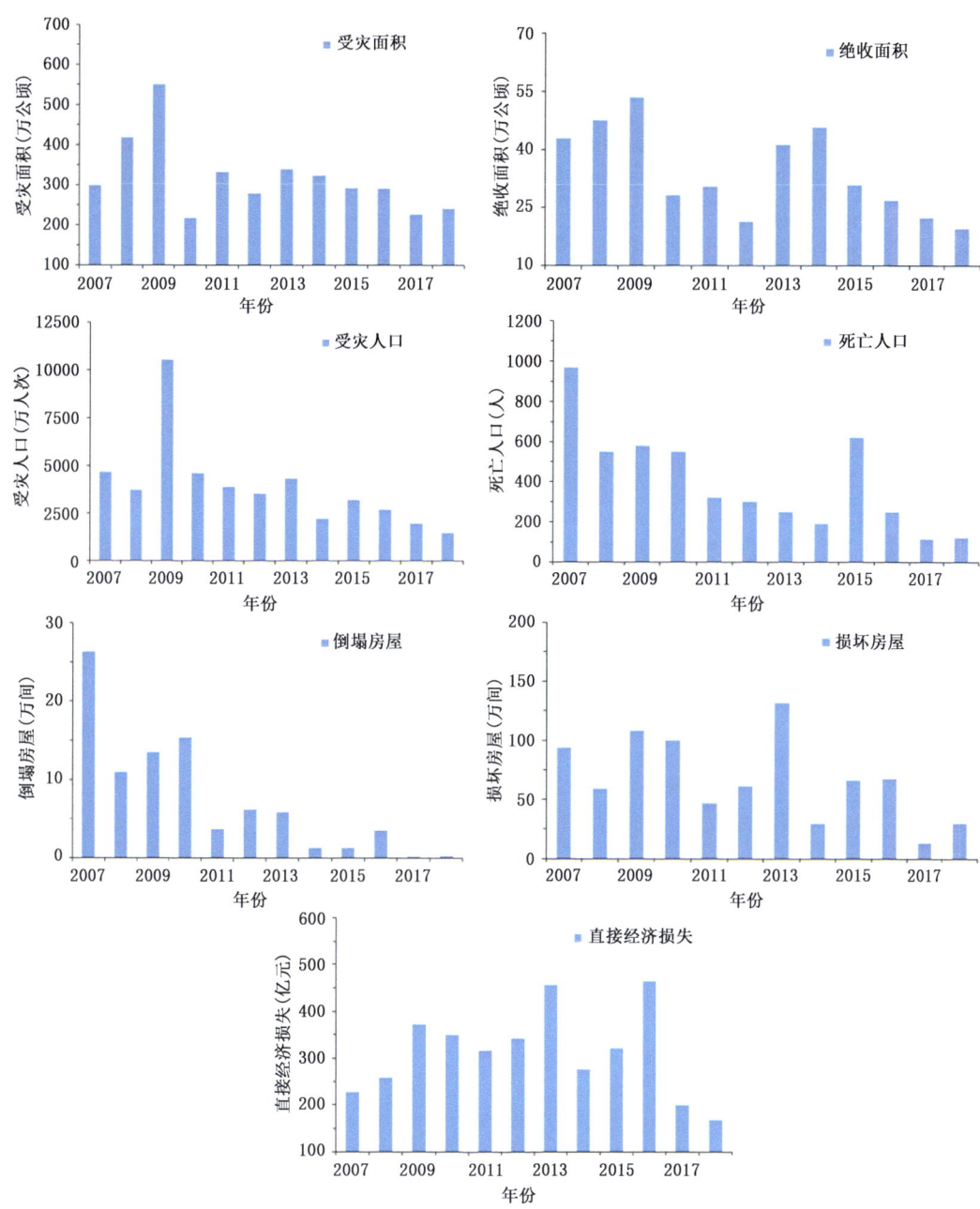

图 2.5.3 全国冰雹与龙卷风等强对流天气灾情指标

2. 各省（区、市）灾情

从 2018 年各省（区、市）灾情来看（图 2.5.4），2018 年因冰雹与龙卷风等强对流天气灾害受灾面积较大的省（区）为新疆、黑龙江、内蒙古，分别为 41.3 万公顷、38.5 万公顷和 20.5 万公顷；绝收面积较大的省（区）为新疆、贵州、黑龙江，分别为 3.5 万公顷、2.5 万公顷和 1.8 万公顷；受灾人口较多的省份为河北、贵州、河南，分别为 169.5 万人、161.4 万人和 136.3 万人；死亡人口较多的省（区）为江西、湖南、山东，数值分别为 28 人、10 人和 8 人；倒塌房屋较多的省份为江西、湖南、重庆，分别为 0.1 万间、0.1 万间和 0.1 万间；损坏房屋较多的省份为江西、湖南、贵州，分别为6.3万间、5.8万间和3.7万间；直接经济损失较大的省份为新疆、山东、贵州，分别为19.7亿元、18.6亿元和14.6亿元。

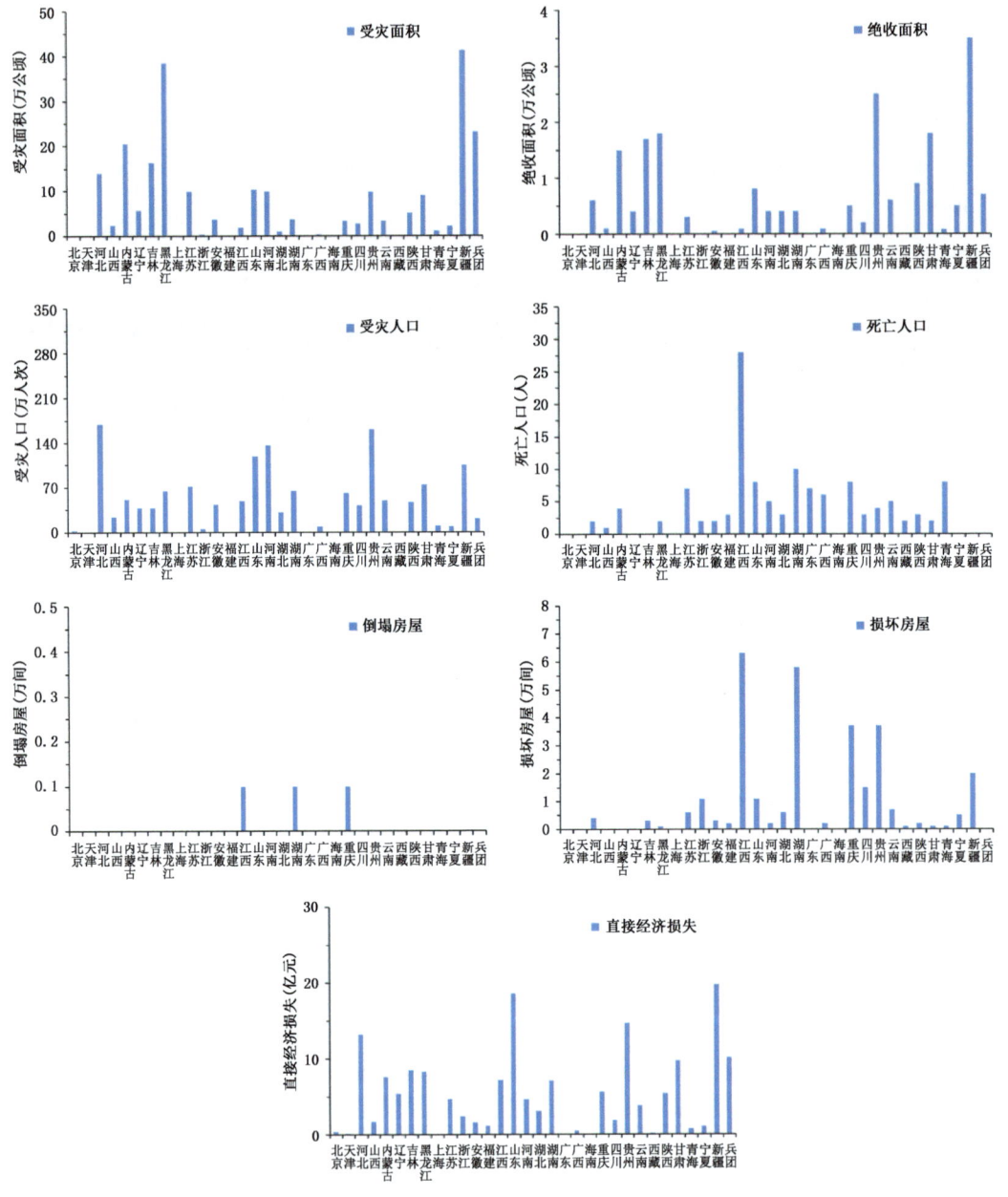

图 2.5.4 2018年各省(区、市)冰雹与龙卷风等强对流天气灾情指标

考虑受灾面积、绝收面积、受灾人口、死亡人口、倒塌房屋、损坏房屋、直接经济损失7种灾情指标，定义各省(区、市)灾情综合指数为各省(区、市)各灾情指标占全国比重（单位取%）之和。2018年的计算结果如图2.5.5所示，可以看出，受灾最为严重的省份为江西，之后依次为湖南、重庆，综合灾情指数分别为85.6、72.9和63.5。江西死亡人口占全国比重均为最大，为

22.4％；湖南、重庆倒塌房屋数占全国比重分别均为33.3％。另外新疆、贵州等省受灾也较为严重，两省绝收面积占全国比重较大。

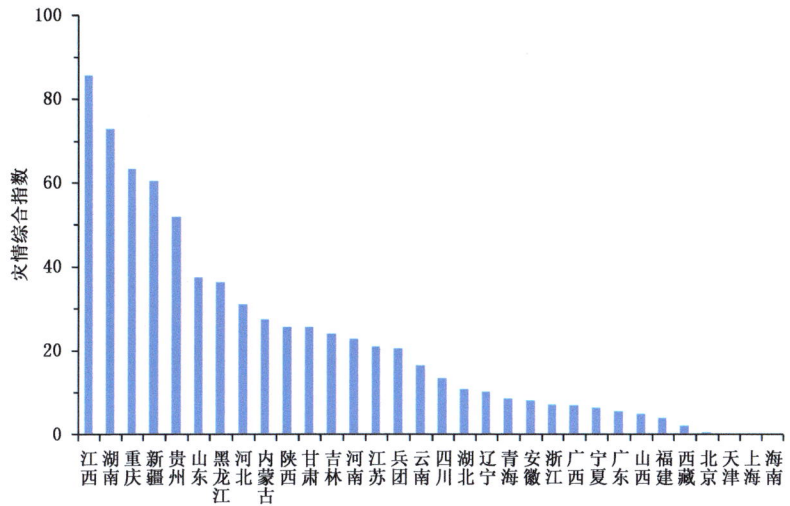

图 2.5.5　2018 年各省（区、市）冰雹与龙卷风等强对流天气灾情综合指数

三、主要事件及影响

2018 年全国主要雷电、冰雹与龙卷风事件见附录 B。

第六节　低温冷冻和雪灾及其影响

2018 年，全国低温冷冻和雪灾共造成 2495.3 万人次受灾，23 人死亡，农作物受灾面积 341.26 万公顷，绝收 45.61 万公顷，直接经济损失 434 亿元。与 2013—2017 年平均值相比，死亡人数、受灾面积、经济损失均偏多。总体而言，2018 年属低温冷冻及雪灾偏重年份。

一、基本特征

2018 年，全国平均霜冻日数（日最低气温≤2℃）114.6 天，较常年偏少约 7.0 天，为 1961 年以来第七少（图 2.6.1）。

2018 年，全国平均降雪日数为 12.8 天，比常年偏少 13.3 天，为 1961 年以来第三少（图 2.6.2）。

2018 年降雪日数分布图显示，东北东部和北部、内蒙古东部、新疆北部、青藏高原中东部大部地区降雪日数在 30～60 天，其中青海南部、西藏局部、四川西北部、新疆局部和内蒙古局部地区 60 天以上。与常年相比，除局部地区外全国大部分地区降雪日数偏少，东北北部和东部、内蒙古东部、新疆北部、青藏高原大部地区偏少 20～50 天，高原中部和东部部分地区、新疆西部和中部局部、内蒙古东部局部地区偏少 50～70 天，局部地区 70 天以上（图 2.6.3）。

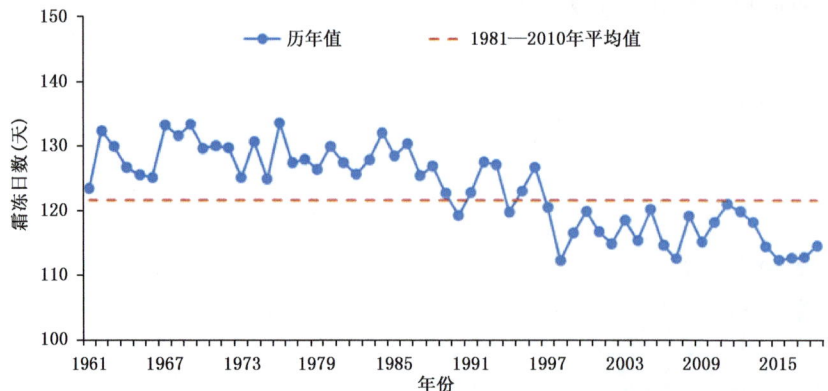

图 2.6.1　1961—2018 年全国平均霜冻日数历年变化

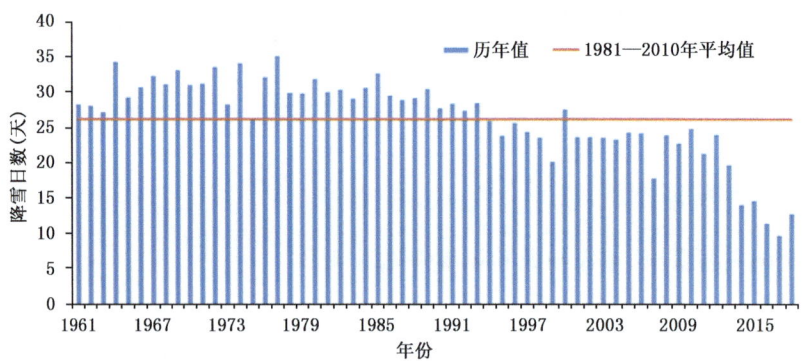

图 2.6.2　1961—2018 年全国平均年降雪日数历年变化

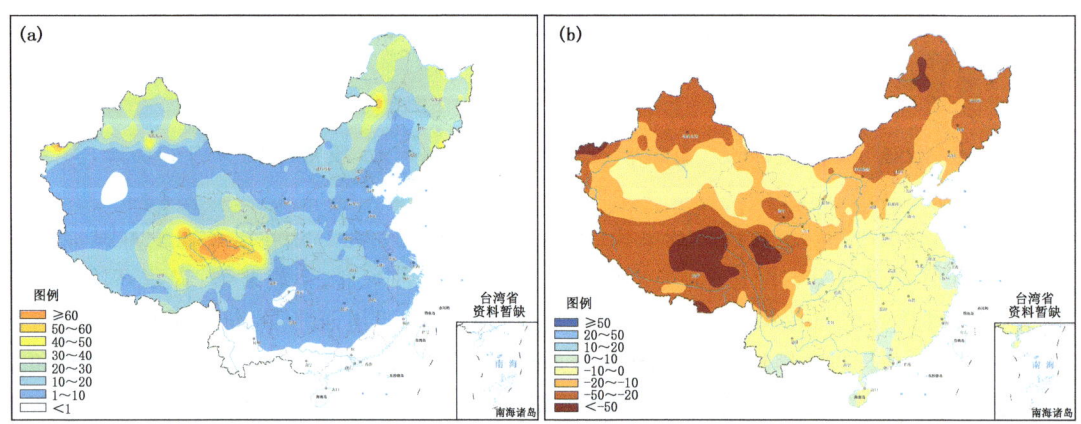

图 2.6.3　2018 年全国降雪日数(a)及距平(b)分布图(单位:天)

二、低温冷冻和雪灾的影响

2018年,我国主要低温冷冻和雪灾事件有:1月中东部地区出现3次大范围低温雨雪冰冻天气过程;4月初华北、西北、黄淮等地遭受低温冷冻;12月两次大范围低温雨雪天气过程影响河南、山东、安徽、江苏、浙江、贵州、湖北、湖南、江西、广东、广西、云南等地;2月多次冷空气和低温雨雪天气过程影响福建、广东、云南、贵州、四川、广西、浙江、甘肃等地;10月黑龙江和新疆遭受低温冷冻和雪灾;11月4次冷空气过程影响我国,新疆、青海、黑龙江等多地遭遇暴雪。

1. 1月中东部地区遭遇3次大范围低温冷冻和雨雪天气

1月中东部地区遭遇3次(3—4日、5—7日、24—28日)大范围雨雪天气,其中24—28日范围最广、持续时间最长、影响最为严重,内蒙古西部、陕西北部、山西北部、贵州东南部、广西西部等地降温幅度达12~14℃,局地超过14℃,黄淮西南部、江淮、江南北部累计降雪量有10~25毫米,其中湖南东北部、湖北中北部和东部、安徽中部和南部、江苏西南部、浙江北部等地超过25毫米。陕西中部、河南中南部、湖北中东部、安徽大部、江苏中南部、浙江北部积雪深度5~15厘米,局地达20~32厘米,造成江苏、浙江、安徽、江西、河南、湖北、湖南、广东、四川、重庆、贵州、云南、陕西、山西14省(市)868.5万人受灾,农作物受灾面积90.0万公顷,直接经济损失134.0亿元。

2. 4月初华北、西北、黄淮等地遭受低温冷冻

4月3—7日、13—16日、22—24日出现3次冷空气过程,其中3—7日过程影响范围最大、强度最强,为全国型寒潮过程。受其影响,西北东北部、华北、东北东部和南部、黄淮大部、江淮西部及内蒙古等地过程最大降温幅度在14℃以上,部分地区超过17℃,北京、河北、山西、陕西、甘肃、宁夏、安徽、山东8省(区、市)遭受较为严重的低温冷冻,共计806万人受灾,农作物受灾面积85.1万公顷,其中绝收面积23.3万公顷,直接经济损失超过150亿元。其中甘肃、山西受灾最为严重。西北东部、华北大部等地有1~3天最低气温降至0℃以下,经济林果遭受中至重度冻害,甘肃东南部、山西中南部、河南北部等地小麦受冻;陕南、江汉、江淮以及江南北部部分春茶遭受轻至中度冻害。山西3—7日的大范围雨雪、大风和强降温天气致使经济林果受冻严重,农作物受灾面积达134千公顷,直接经济损失17.4亿元,亦对设施农业和交通造成不利影响。

3. 12月两次大范围低温雨雪冰冻天气过程

12月有两次大范围低温雨雪天气过程:第一次过程发生在5—11日,具有降温幅度大、雨雪范围广、影响时间长,多地最低气温突破历史纪录的特点。内蒙古东北部和黑龙江西北部的最低气温跌至-36℃,其中黑龙江漠河5日的日最低气温达-42.7℃,0℃线压至长江以南。新疆、甘肃、北京等15个省(区、市)有50站次日最低气温突破12月同旬历史极值。黄淮、江淮、江南北部先后出现降雨转雨夹雪和降雪,河南、山东、安徽、江苏、浙江等地出现中到大雪,局地暴雪,山东南部、河南东南部、安徽北部和南部、江苏北部、浙江北部等地积雪深度有1~6厘米,安徽黄山13厘米,浙江临安11厘米;贵州和湖南西部局地出现2~4天冻雨。低温雨雪天气对交通运输、生产生活、设施农业等方面造成一定不利影响,大风和积雪造成部分设施温棚损坏,南方低温使油菜晚弱苗遭受霜冻害,阴雨天气影响了柑橘等经济林果采收。受雨雪、路面结冰等影响,贵州、湖南、浙江、安徽、江苏、山东、河南等多省高速公路封闭,湖南、贵州发生多起交通事故。贵州电线结冰,天柱县最大积冰直径达88毫米。第二次大范围低温雨雪天气过程发生在2018年12月25日至2019年1月1日,具有气温低、低温极端性强、持续时间长、雨雪冰冻过程明显的特点,我国中东部大部地区的最大降温幅度超过8℃,内蒙古中东部、辽宁东北部、广东、广西、云南东部的部分地区超过12℃。内蒙古东北部和黑龙江的部分地区日最低气温跌至－30℃以下,黑龙江北极村12月25日的日最低气温达－40.0℃,0℃线南压至华南北部及云南北部一带。我国中东部大部地区平均气温偏低4℃以上,河北、山西、内蒙古、贵州、湖南、西藏等地共60站发生极端低温事件,其中山西小店(－20.5℃)的日最低气温突破历史极值。江南西部和北部及四川东部、重庆西南部、贵州东部和南部、广西大部、云南东部等地累积降水量达10～25毫米,部分地区超过25毫米。29—30日,湖南中北部、湖北南部、江西北部和贵州东部等地出现暴雪,最大积雪深度达21厘米(湖南石门)。湖南、贵州、云南、广西等省(区)有160站发生冰冻。此次过程共造成江西、湖北、湖南、广东、广西、贵州、云南7省(区)38市(州)151个县(市、区)180.8万人受灾,1.1万人紧急转移安置,5.1万人需紧急生活救助;100余间房屋倒塌,近1300间房屋不同程度损坏;农作物受灾面积136.2千公顷,其中绝收面积5.9千公顷;直接经济损失12.4亿元。低温雨雪冰冻过程对交通运输、生产生活、设施农业等方面造成一定不利影响。农业方面:部分经济作物遭受霜冻害,积雪造成部分设施温棚损坏。交通方面:湖南、湖北、江西、江苏、安徽、贵州等地多条高速公路、国省干线的部分路段封闭,期间引发交通事故、航班延误取消、列车晚点等情况。电力通信方面,贵州、湖南等地输电线路、通信铁塔出现结冰,对电力通信产生一定影响,北京电网最大负荷再创冬季新高。

4. 2月5次冷空气过程影响我国,局地遭受低温冷冻及雪灾

2月5次冷空气过程影响我国(3—4日、10—12日、15—17日、21—22日、24—25日),其中10—12日冷空气过程影响范围广、强度大,中东部大部地区以及西北中东部等地降温幅度普遍在5～8℃,东北大部降温幅度达8～14℃,局部超过14℃。2月上旬,全国大部气温明显偏低,东北大部及内蒙古东部、贵州大部、云南东北部、四川中部、新疆西北部等地有降雪,部分地区降雪日数有3～5天。福建、广东、云南、贵州、四川、广西、浙江、甘肃等地局部遭受低温冷冻或雪灾,造成91.4万人次受灾,直接经济损失6.3亿元。

云南:1—6日,全省出现持续性低温雨雪天气,造成昆曲、昆石、嵩昆等高速公路封闭,昆明、昭通、丽江等城市道路结冰引发严重交通拥堵和大量交通事故。6日,昆明机场200余架次进出港航班取消,60余架次航班延误,6000余名旅客滞留机场。

黑龙江、吉林、辽宁、河北:28日,受持续强降雪影响,吉林省内所有高速公路关闭,河北、辽宁、黑龙江部分高速公路封闭。吉林长春机场关闭导致大面积航班延误和取消,1.3万名旅客滞留机场。

5. 10月黑龙江低温冷冻和新疆暴雪

10月7—8日和10—11日两次冷空气过程影响我国,其中7—8日,强冷空气过程影响东北、华北北部、内蒙古中南部及河套地区,过程累计降温8～12℃。黑龙江部分地区遭受低温冷冻灾害,绥化市海伦市、绥棱县3.3万人受灾,农作物受灾面积1.6万公顷,直接经济损失近2500万元。

10月17—18日,新疆经历暴雪和寒潮天气,暴雪出现在以乌鲁木齐为中心的天山山区及其两侧,积雪深度达5~20厘米,造成乌鲁木齐多处树枝被雪压断,造成多处电力故障和部分车辆受损,机场多架航班延误。17—18日,新疆乌鲁木齐为中心的天山山区及其两侧出现暴雪天气,积雪深度达5~20厘米,造成电力故障、部分车辆受损和机场航班延误。

6. 11月4次冷空气过程影响我国,新疆、青海、黑龙江等多地暴雪

11月共有4次冷空气过程影响我国(4—7日、16—17日、22—23日和28—29日)。其中4—7日累计降温幅度达到8℃以上的范围最大,东北、内蒙古中东部以及青海、西藏、新疆等地的部分地区累计降温幅度达10~12℃,局部地区超过12℃。受冷空气过程影响,新疆西北部、青海东部、甘肃南部、宁夏南部、陕西中西部、四川西北部、黑龙江大部、吉林东部等地累计降雪量达到10~25毫米,局部地区超过50毫米,其中新疆塔城77.3毫米、黑龙江牡丹江达74.0毫米。降雪导致青海省直接经济损失超过1130余万元;青海、新疆等地多条高速封闭、客运车辆停运、机场航班延误。

第七节　高温及其影响

2018年,我国共出现5次区域性高温天气过程。夏季高温覆盖范围广,全国平均高温(日最高气温≥35℃)日数10.2天,比常年同期偏多3.3天,为1961年以来同期第三多,仅次于2017年和2013年;日最低气温高,东北地区高温极端性强,中东部地区高温强度强、影响范围大、持续时间长。持续高温天气对人体健康、作物生长和用电负荷产生一定影响。

一、基本特征

1. 高温日数为1961年以来第三多

2018年夏季,全国平均高温(日最高气温≥35℃)日数为10.2天,比常年同期偏多3.3天,为1961年以来同期第三多,仅次于2017年和2013年(图2.7.1)。华北东南部、黄淮中部、江淮中西部、江汉大部、江南大部、华南北部及贵州东北部、重庆、四川东部、陕西东南部、新疆东部和南部、内蒙古西部等地高温日数有20~40天,浙江、江西、湖南、重庆及新疆等地的部分地区超过40天[图2.7.2(a)]。全国高温日数普遍较常年同期偏多,其中黄淮南部、江汉大部及重庆大部等地偏多15天以上[图2.7.2(b)]。

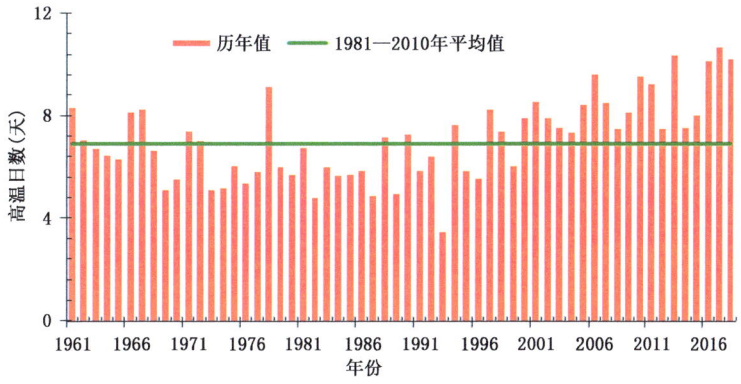

图2.7.1　1961—2018年全国夏季高温日数历年变化

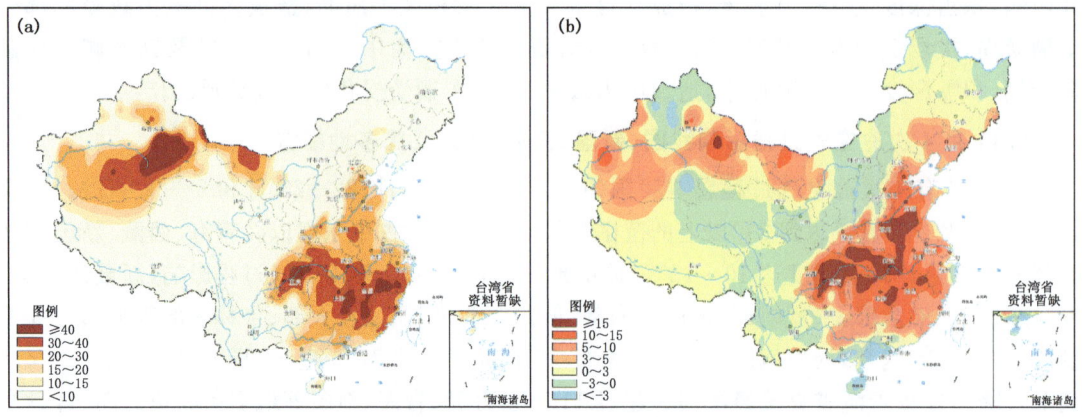

图 2.7.2　2018 年全国夏季高温日数(a)及其距平(b)分布图(单位:天)

2. 日最低气温高

2018 年夏季,华北东南部、黄淮中部、江淮、江汉东部及上海、江西东北部、湖南东部、广东中部和西南部、海南、广西东南部、重庆西南部等地日最低气温最大值超过 28℃,局部地区超过 30℃,陕西临潼和重庆合川分别达 32.1℃ 和 32℃。与常年同期相比,全国夏季日最低气温平均值普遍偏高,其中长江以北的大部地区偏高 1~2℃,部分地区偏高 2~4℃。

3. 东北地区高温极端性强

2018 年 7 月下旬至 8 月上旬,东北地区发生区域性极端高温事件。东北地区平均气温 25.1℃,较常年同期偏高 1.3℃,为 1961 年来同期最高。高温极端性强,辽宁和吉林有 47 站日最高气温突破历史极值。

4. 中东部地区高温强度强、影响范围大、持续时间长

2018 年 7 月 9 日至 8 月 16 日,黄淮大部、江淮、江汉、江南、华南北部等地发生区域性极端高温事件。湘鄂赣苏皖渝浙闽区域平均气温 29.3℃,较常年同期偏高 1.7℃,与 1966 年并列为 1961 年来第二高值,仅次于 2013 年;区域平均高温日数 18.7 天,较常年同期偏多近 1 倍,为 1961 年来第二多,仅次于 2013 年。此次高温过程持续时间 39 天,有 558 县受影响。其中,7 月 20 日高温影响范围最广,35℃以上高温面积达 160.7 万平方千米。

二、主要过程及其影响

2018 年,我国共出现 5 次较大范围的高温天气过程,具体为:5 月 15—27 日、6 月 25—30 日、7 月 9 日至 8 月 16 日、8 月 18—23 日、8 月 25 至 9 月 6 日。其中 7 月 9 日至 8 月 16 日高温天气过程强度强,持续时间长,影响最为严重,对人体健康、作物生长和用电负荷产生了不利影响。

1. 高温对人体健康的影响

2018 年夏季,中国中东部大部地区热指数达危险和极端危险的日数在 30 天以上,其中华北东南部、黄淮中南部、江淮、江汉、江南、华南、西南地区东北部及陕西东南部、海南等地有 50~70 天,浙江西南部、福建中部和西部、江西中部和东部、湖南中部和东北部、广东大部、广西中部和东部、海南东北部等地超过 70 天(图 2.7.3)。

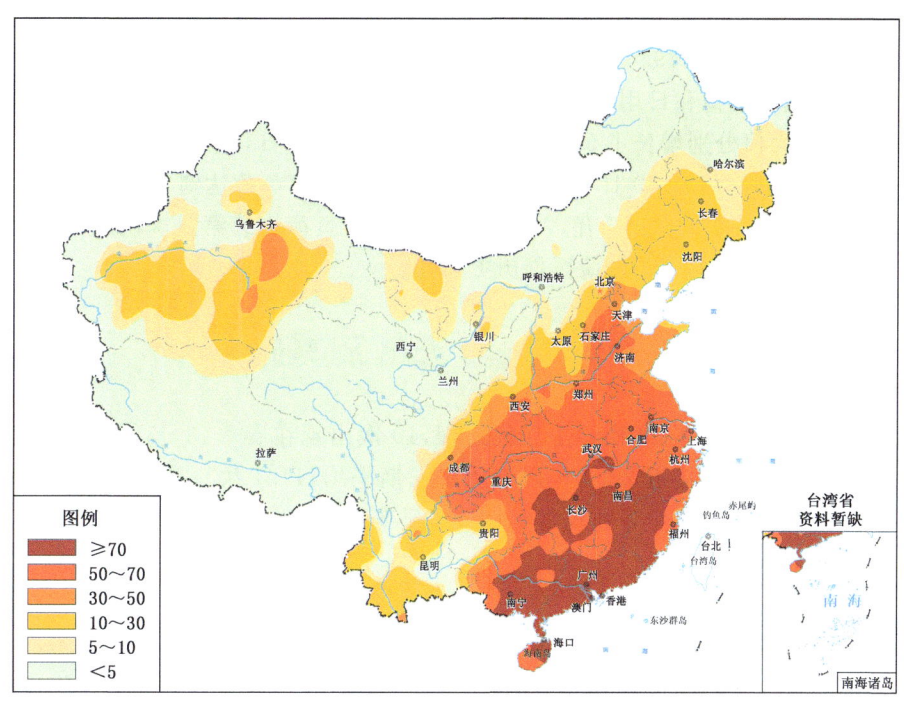

图 2.7.3　2018 年全国夏季热指数达到危险和极端危险日数分布图(单位:天)

受持续高温影响,安徽、河南、重庆、陕西、辽宁、北京等多地出现高温中暑病例。7月7—17日,合肥急救中心共接到中暑呼救56例;7月16—19日,郑州"120"接诊晕倒病患15人,疑似高温中暑8人。7月19日,重庆1名工人出现中暑症状,体温高达42℃。西安市出现多起中暑死伤事件。从7月28日开始,辽宁沈阳连续6天出现高温天气,中暑患者持续增加,入伏以来平均每天接诊中暑患者20~30人,7月29日接诊中暑患者95例,7月30日则突破了100例,创下历史新高。从7月30日开始,北京多家医院中暑患者增多。7月31日至8月3日,北京友谊医院接收10例中暑患者,其中4例重症患者均为青壮年男性。

2. 高温对农业的影响

受持续高温少雨影响,7月下旬黄淮中部及湖北北部、贵州北部、重庆南部等地出现中到重度气象干旱,局部有特旱。高温干旱对湖北部分地区的中稻孕穗、再生稻灌浆、棉花花铃生长等不利,还造成鱼塘水面蒸发加速、水质恶化。河南省部分地区作物发育期平均提前3~6天,豫中局部夏玉米提前进入抽雄期,高温会缩短夏玉米雌穗分化时间,影响开花期花生的花粉活力,对夏玉米、花生等作物结实粒数有一定不利影响。辽宁中北部和吉林东部等地高温少雨导致辽宁和吉林两省的部分地区出现农业干旱,高温和干旱对大豆、玉米等旱地作物生长有不利影响。7月底8月初,受持续高温天气影响,长江中下游及黔渝部分地区一季稻孕穗抽穗、晚稻移栽、棉花开花及蔬菜果树等作物生长受到不利影响,造成晚稻生长缓慢,一季稻穗分化、花粉发育和受精不良。

3. 高温对能源的影响

受持续高温天气影响,导致电网用电负荷和日用电量剧增,多地用电负荷创历史新高。安徽电网7月18日用电负荷达3854万千瓦,较去年最大负荷增长33万千瓦,2018年首次创历史新高。7月19日河南电网用电负荷首次突破6000万千瓦"大关",20日再创新高。7月20日,重庆电网统调负荷达到1953万千瓦,刷新去年1942万千瓦的最高纪录,创下历史新高,同日湖北电网统调用电负荷和日用电量分别达到3557.9万千瓦和7.3393亿千瓦时,比去年7月27日创下的最大值分别增长了5.11%和1.32%。7月23日,陕西电网最高负荷达到2385万千瓦,逼近历史最高。7月30日13时10分,浙江电网用电负荷达到7861万千瓦,超过7月26日创下的历史最高值7828万千瓦,7月以来全省用电负荷连续第三次刷新历史最高纪录,其中,温州、台州、丽水三地用电负荷再创历史新高。

第八节 沙尘天气及其影响

2018年,我国共出现了14次沙尘天气过程,10次出现在春季(3—5月)。2018年春季,我国北方沙尘过程总次数接近2000年以来历史同期平均(11.1次);沙尘首发时间较常年略偏早,较2017年晚14天;沙尘日数较常年同期明显偏少,为1961年以来同期第四少。

一、北方沙尘天气主要特征

2018年,我国共出现了14次沙尘天气过程,10次出现在春季(3—5月)(表2.8.1)。春季的10次沙尘过程中,有3次沙尘暴和7次扬沙天气过程。2018年春季沙尘天气过程总次数比常年(1981—2010年)同期(17次)偏少7次,接近2000—2017年同期平均(11.1次)(表2.8.2)。

表2.8.1 2018年全国主要沙尘天气过程纪要表(中央气象台提供)

序号	起止时间	过程类型	主要影响系统	影响范围
1	2月8—9日	扬沙	地面冷锋、蒙古气旋	内蒙古中西部、甘肃、青海东北部、宁夏、陕西中北部、山西、河北中南部、河南北部等地出现浮尘或扬沙,甘肃张掖和内蒙古额济纳旗局地出现沙尘暴
2	3月14—16日	扬沙	地面冷锋	新疆南疆盆地、内蒙古中西部、甘肃、青海东北部、宁夏、陕西中北部、山西、河北中南部、河南西部、湖北西部等地出现浮尘或扬沙
3	3月18—20日	扬沙	地面冷锋	新疆南疆盆地、内蒙古中西部、甘肃、青海东北部、宁夏等地出现浮尘或扬沙
4	3月26—29日	扬沙、沙尘暴	地面冷锋、蒙古气旋	新疆南疆盆地、甘肃河西、内蒙古中西部、宁夏北部、陕西北部、山西北部、河北中部、北京、天津、东北地区、河南中北部先后出现扬沙或浮尘,其中内蒙古锡林郭勒盟局地出现沙尘暴
5	4月1—3日	扬沙、沙尘暴	地面冷锋、蒙古气旋	新疆南疆盆地、甘肃河西、内蒙古中西部、宁夏、陕西北部、山西北部、河北西北部、辽宁西部、河南北部先后出现扬沙或浮尘,其中南疆盆地出现沙尘暴

续表

序号	起止时间	过程类型	主要影响系统	影响范围
6	4月4—6日	扬沙、沙尘暴	地面冷锋、蒙古气旋	新疆南疆盆地、甘肃、内蒙古、宁夏、陕西北部、山西北部、河北北部先后出现扬沙或浮尘,其中南疆盆地、内蒙古、甘肃河西等地出现沙尘暴
7	4月9—10日	扬沙	地面冷锋	内蒙古中西部、甘肃中部、宁夏、陕西北部、山西大部、河北南部、河南北部、山东西部等地出现扬沙或浮尘天气
8	4月13—14日	扬沙	地面冷锋、蒙古气旋	内蒙古中部、山西北部、北京、天津、河北北部等地出现扬沙或浮尘天气,内蒙古中部局地出现沙尘暴
9	4月16—17日	扬沙	地面冷锋、蒙古气旋	内蒙古东部、吉林西部、辽宁东部出现扬沙或浮尘天气
10	5月21—23日	扬沙	地面冷锋、蒙古气旋	新疆南疆盆地、甘肃西部、内蒙古中西部、宁夏北部、陕西北部、河北北部、辽宁西部、河南西部等地出现扬沙或浮尘天气,其中内蒙古西部局地出现沙尘暴
11	5月25—26日	扬沙	地面冷锋、蒙古气旋	新疆南疆盆地、内蒙古中西部、甘肃河西、宁夏北部、陕西中北部、山西、河北西北部、北京等地的部分地区有扬沙或浮尘天气
12	10月17—21日	扬沙	地面冷锋、蒙古气旋	新疆南疆盆地、青海西北部、甘肃西部、内蒙古西部等地出现扬沙或浮尘天气,其中新疆南疆盆地出现沙尘暴
13	11月25—26日	扬沙	地面冷锋、蒙古气旋	新疆北部、甘肃西部、内蒙古中西部、宁夏北部、陕西北部等地出现扬沙或浮尘天气,其中甘肃西部、内蒙古西部局地出现沙尘暴
14	12月1—3日	扬沙	地面冷锋、蒙古气旋	新疆南疆盆地、甘肃、内蒙古、宁夏、陕西、山西、河南西部、河北、北京、天津、东部地区西部等地出现扬沙或浮尘天气,内蒙古局地出现沙尘暴

表 2.8.2 2000—2018 年春季(3—5月)及各月全国沙尘天气过程统计表

时间	3月	4月	5月	总计
2000 年	3	8	5	16
2001 年	7	8	3	18
2002 年	6	6	0	12
2003 年	0	4	3	7
2004 年	7	4	4	15
2005 年	1	6	2	9
2006 年	5	7	6	18

续表

时间	3月	4月	5月	总计
2007年	4	5	6	15
2008年	4	1	5	10
2009年	3	3	1	7
2010年	8	5	3	16
2011年	3	4	1	8
2012年	2	6	2	10
2013年	3	2	1	6
2014年	2	3	2	7
2015年	5	3	3	11
2016年	3	3	2	8
2017年	2	2	2	6
2018年	3	5	2	10
2000—2017年总计	68	80	51	199
2000—2017年平均	3.8	4.4	2.8	11.1

1. 春季沙尘过程数较2000年以来历史同期略偏少

2018年春季（3—5月），我国共出现10次沙尘天气过程（7次扬沙，3次沙尘暴），较常年同期（17次）明显偏少，较2000—2017年同期平均（11.1次）（表2.8.2）偏少1.1次。其中沙尘暴过程有3次，较2000—2017年同期平均次数（6.1次）偏少3.1次，较2017年同期偏多2次（图2.8.1）。10次沙尘天气过程中有3次出现在3月，5次出现在4月，2次出现在5月，3月和5月低于常年，4月较常年偏多（表2.8.2）。

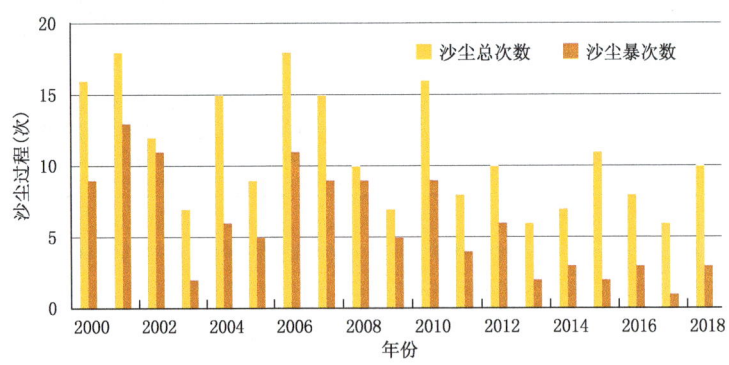

图2.8.1 春季全国沙尘天气过程次数及沙尘暴过程次数历年变化

2. 沙尘首发时间较常年略偏早

2018年我国首次沙尘天气过程发生时间为2月8日，较2000—2017年平均首发时间（2月14日）偏早6天，较2017年（1月25日）晚14天（表2.8.3）。

表 2.8.3 2000—2018 年全国历年沙尘天气最早发生时间表

年份	最早发生时间	年份	最早发生时间
2000	1月1日	2010	3月8日
2001	1月1日	2011	3月12日
2002	3月1日	2012	3月20日
2003	1月20日	2013	2月24日
2004	2月3日	2014	3月19日
2005	2月21日	2015	2月21日
2006	2月20日	2016	2月18日
2007	1月26日	2017	1月25日
2008	2月11日	2018	2月8日
2009	2月19日		

3. 沙尘日数偏少，为 1961 年以来同期第四少

2018 年春季，我国北方平均沙尘日数为 2.3 天，较常年(1981—2010 年)同期(5.1 天)偏少 2.8 天，比 2000—2017 年同期(3.4 天)偏少 1.1 天，为 1961 年以来历史同期第四少(图 2.8.2)。平均沙尘暴日数为 0.2 天，分别比常年同期(1.1 天)和比 2000—2017 年同期(0.7 天)偏少 0.9 天和 0.5 天，为 1961 年以来历史同期第二少(图 2.8.3)。

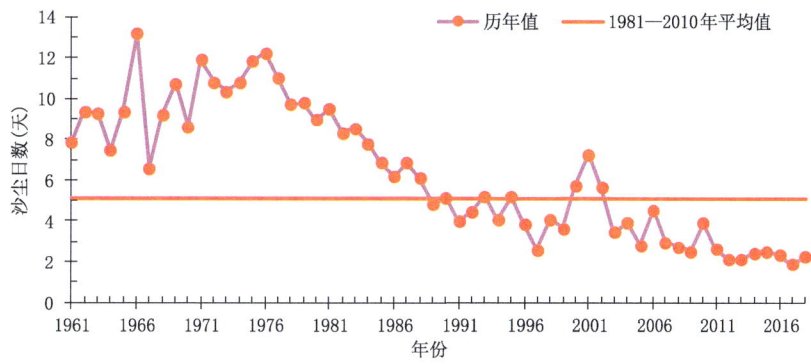

图 2.8.2 1961—2018 年春季(3—5 月)全国北方沙尘(扬沙以上)日数历年变化

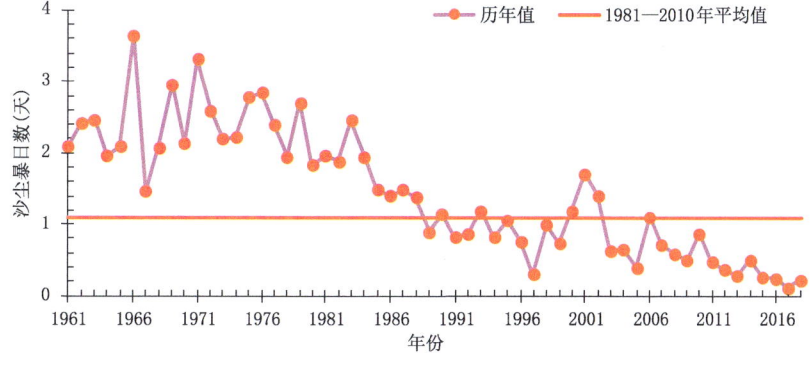

图 2.8.3 1961—2018 年春季(3—5 月)全国北方沙尘暴日数历年变化

从空间分布来看,2018年春季沙尘天气范围主要集中于西北大部、内蒙古西部和中部以及吉林西部、辽宁北部等地,其中南疆盆地和内蒙古西部及中部等地部分地区沙尘日数在10天以上,部分地区在20天以上,局部超过30天;东北西部和中部及内蒙古东部、甘肃北部、青海北部、陕西北部、山西北部、河北大部等地沙尘日数为1~10天(图2.8.4)。与常年同期相比,北方大部地区接近常年同期,新疆东南部、甘肃西北部、内蒙古西部和中部部分地区沙尘日数较常年偏多3~5天,部分地区偏多5天以上;而新疆西南部、西藏西部、陕西北部、内蒙古中部部分地区偏少5~10天,部分地区偏少10天以上(图2.8.5)。

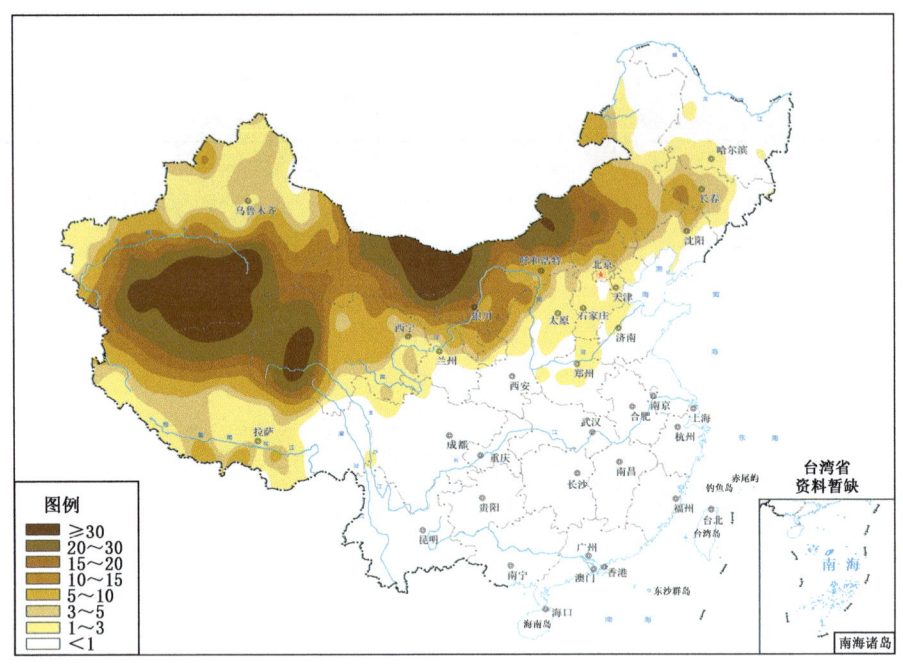

图 2.8.4　2018 年春季全国沙尘日数分布图(单位:天)

二、沙尘天气影响

2018年沙尘天气的影响总体偏轻。3月26—29日的沙尘暴天气过程是2018年沙尘范围最大的一次沙尘天气过程。

3月26—29日,新疆南疆盆地、甘肃河西、内蒙古中西部、宁夏北部、陕西北部、山西北部、河北中北部、北京、天津、东北地区、河南中北部先后出现扬沙或浮尘,其中内蒙古锡林郭勒盟局地出现沙尘暴。沙尘天气给当地居民的生产生活、出行及道路交通安全造成了一定影响。

第九节　雾和霾及其影响

2018年,我国雾主要分布在黄淮南部、江淮、江南以及内蒙古东北部、福建北部、广东西部、四川东南部、重庆、贵州、云南南部、新疆北疆等地,霾主要分布在京津冀豫鲁等地,对交通和人体健康影响大。

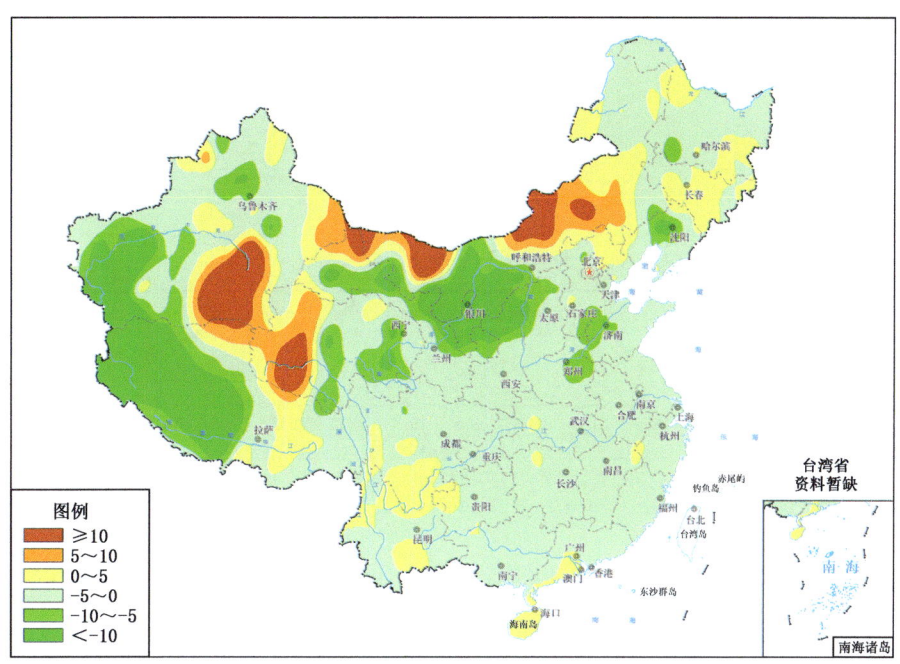

图 2.8.5　2018 年春季全国沙尘日数距平分布图(单位:天)

一、雾日分布特点

2018 年,我国雾主要出现在 100°E 以东地区,中东部地区、西南及新疆北部雾日数一般有 10～30 天,黄淮南部、江淮、江南以及内蒙古东北部、福建北部、广东西部、四川东南部、重庆、贵州、云南南部、新疆北疆等地在 30 天以上(图 2.9.1)。

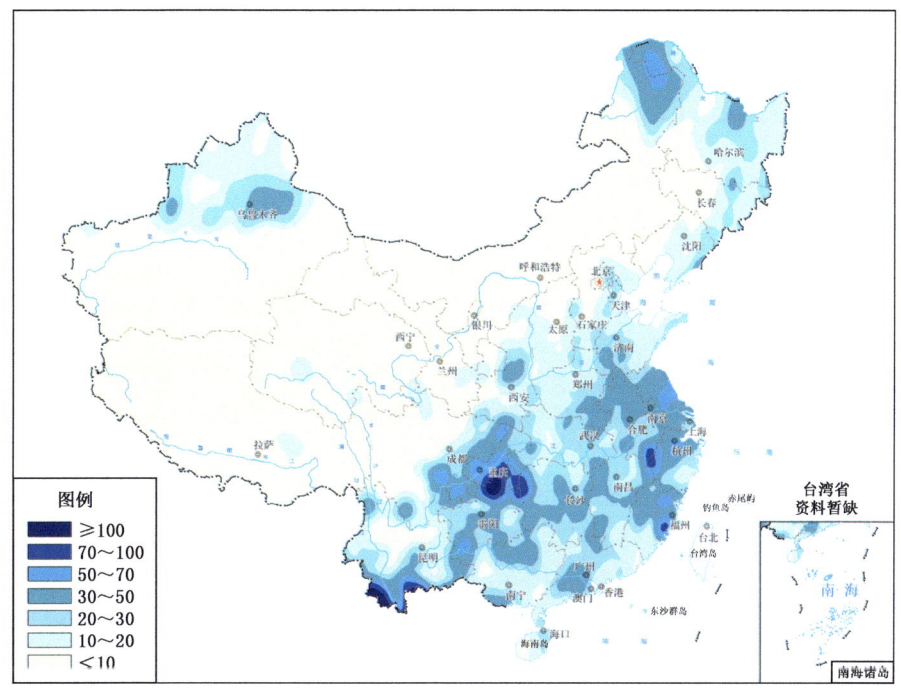

图 2.9.1　2018 年全国雾日数分布图(单位:天)

2018年，我国100°E以东地区平均雾日数21.6天，较常年同期偏少0.9天，接近常年同期（图2.9.2）。

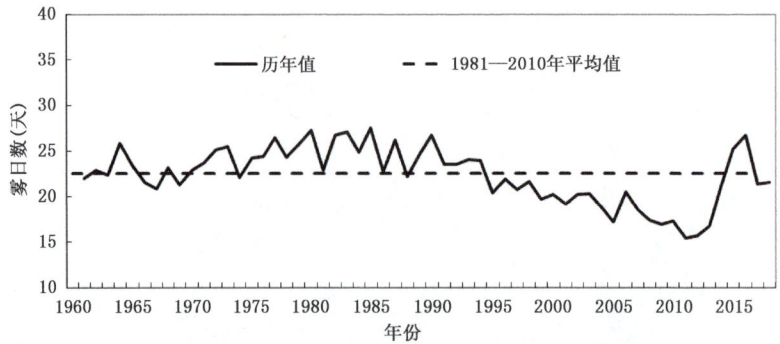

图2.9.2　1961—2018年全国100°E以东地区年均雾日数历年变化

从各月雾日数占全年的百分比可以看到（图2.9.3），2018年我国雾多发月份为3月、11月和12月，分别占全年雾日数的10％、12％和10％。

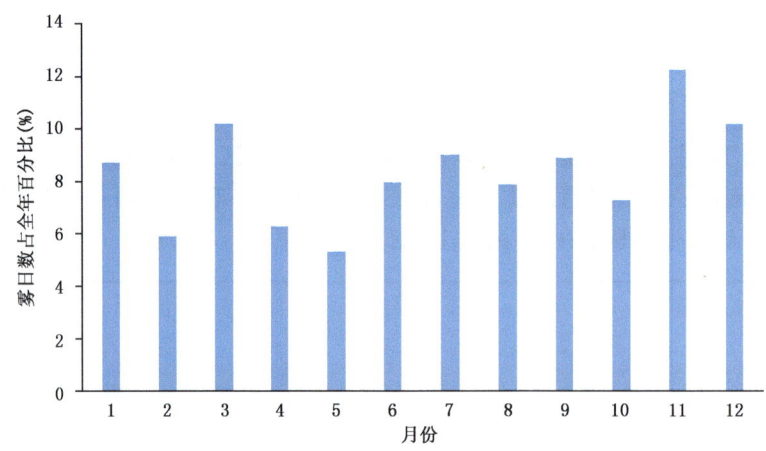

图2.9.3　2018年全国100°E以东地区各月雾日数占全年的百分比

二、霾日分布特点

2018年，我国霾主要出现在100°E以东地区，华北中部和南部、黄淮中部和西部、江淮以及湖南东部、江苏等地超过30天，京津冀豫鲁等地的部分地区超过50天，局地超过70天（图2.9.4）。

2018年，我国100°E以东地区平均霾日数18.7天，较常年同期偏多9.2天（图2.9.5）。

从各月霾日数占全年的百分比可以看到（图2.9.6），2018年我国霾多发月份为1月、2月和12月，分别占全年霾日数的20％、19％和16％。

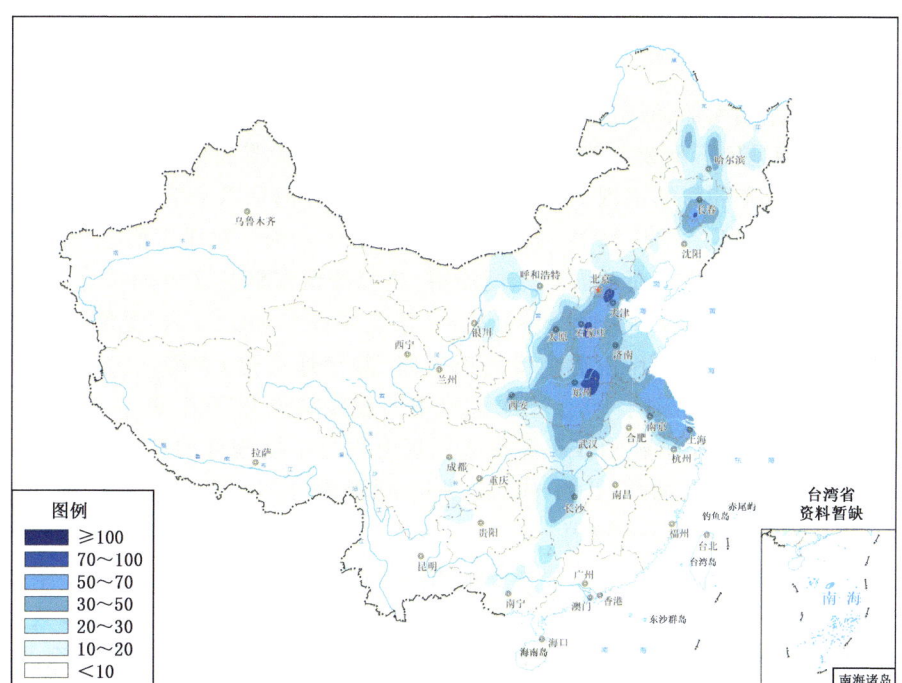

图 2.9.4　2018 年全国霾日数分布图(单位:天)

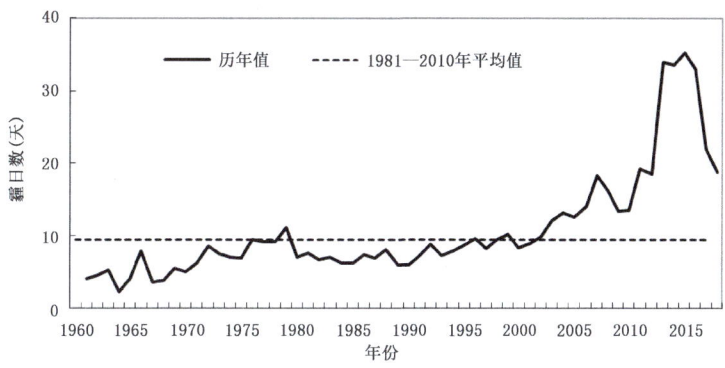

图 2.9.5　1961—2018 年全国 100°E 以东地区年均霾日数历年变化

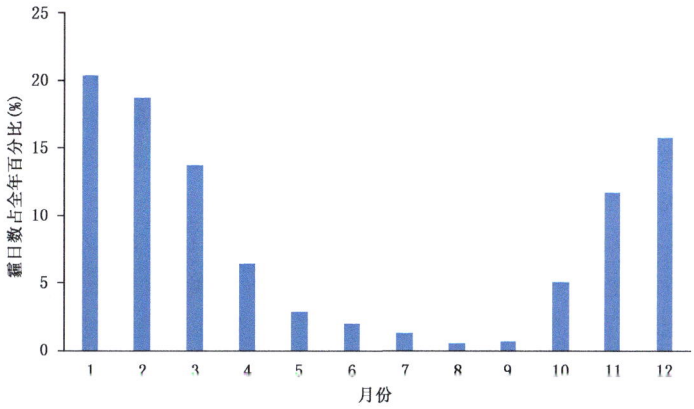

图 2.9.6　2018 年全国 100°E 以东地区各月霾日数占全年的百分比

三、雾和霾的影响

1月18日,山东西南部、河南中南部、江苏、安徽、湖北中部等地部分地区出现能见度不足1千米的雾,局地能见度不足200米,苏鲁豫等地多条高速因大雾局部封闭。

2月,春节期间,琼州海峡出现了自1950年海南有气象记录以来前所未有的持续8天大雾天气,渡轮因能见度不足停航12次,累计时间长达68.5小时。由于正值春节假期结束游客返程高峰期,琼州海峡南岸大量旅客和车辆滞留,高峰滞留车辆达2万辆、车队最长有20千米,滞留旅客近10万人,海口市交通严重拥堵,马路变成停车场。15日,受雾天气影响,沈海高速苏通大桥段禁止车辆通行,南通全市高速公路(除宁通高速)和跨江大桥全部关闭。25日,乌鲁木齐机场受雾天气影响,80余架次航班不同程度延误和取消,6000余名旅客滞留机场;受此影响,新疆喀什、库尔勒和莎车等支线机场也出现不同程度的航班延误和旅客滞留。28日,受雾天气影响,辽宁、河北、江西、湖北、湖南、新疆境内部分高速公路封闭,大连机场进出港航班出现一定程度的延误和取消。

10月12—15日和21—22日,京津冀等地出现两次雾霾天气,相对往年秋冬季雾霾偏轻。10月12日晚到15日,京津冀中南部及河南北部、山东等地出现轻至中度雾霾天气,受影响地区白天能见度2~6千米,夜间至早晨局地能见度低于1千米。10月21日早晨至22日,京津冀大部、黄淮中部出现轻到重度雾霾天气,22日早晨北京平原地区、河北保定一带重度霾,能见度3~7千米,最低能见度1~2千米,存在轻至中度污染,北京和河北中部等局地重度污染,$PM_{2.5}$浓度150~215微克/米^3。15日,四川成都多地遭遇雾天气,局地能见度较低,18个出港航班受到影响,约3600名出行旅客受阻。

11月24日至12月3日,华北和华东地区出现大范围雾和霾天气,持续时间长达10天,此次过程影响范围大、持续时间长、污染程度重,是今年以来影响最重的一次雾和霾天气过程。此次过程分为两个主要阶段,第一阶段为11月24—26日,主要发生在京津冀及其周边地区,部分地区能见度不足50米,中央气象台连续3次发布大雾橙色预警。河北南部、河南北部、山东中西部、安徽和江苏北部地区共37个城市日均浓度达到重度及以上污染水平,保定$PM_{2.5}$日均浓度最高达到364微克/米^3。京津冀及周边地区45个城市小时浓度达到重度及以上污染水平,北京、天津、石家庄等21个城市小时浓度达到严重污染水平,保定26日16时$PM_{2.5}$小时浓度最高达476微克/米^3。第二阶段为11月30日至12月3日,出现在京津冀及周边、汾渭平原和长三角等地区,河北中南部、河南、山东中西部、安徽和江苏北部、湖南和湖北部分地区共62个城市日均浓度达到重度及以上污染水平。京津冀及周边地区41个城市$PM_{2.5}$日均浓度达到重度及以上污染水平,安阳市日均浓度1天达到严重污染。太原、临汾、菏泽等8个城市小时浓度达到严重污染水平,12月1日临汾$PM_{2.5}$小时浓度最高达337微克/米^3。受其影响,京津冀鲁豫苏鄂徽湘多地发布预警信息,多个机场出现航班大量延误和取消,多条高速公路关闭;呼吸道疾病患者增多。

12月14日,成都双流机场遭遇雾天气袭击,被迫关闭了4个多小时,造成101个进出港航班延误,8000多名出行旅客受阻。17—18日,江西出现雾,覆盖范围广、能见度低,分别有72个、58个县(市)出现雾天气,17日的雾是2013年以来范围最广、强度最强的雾天气过程,其中有32个县(市、区)出现强浓雾(能见度低于200米),11个县(市、区)能见度低于100米,南昌17日和18日最低能见度仅为85米和78米,上饶最低能见度仅有10米。此次雾天气影响时间长、消散慢,导致南昌昌北机场航班大面积延误,江西省内多条高速公路关闭。21日上午,成都双流机场遭遇雾天气被迫关闭了4个多小时。23日,四川多地出现雾天气,成都、川南一带高速临时管制。

第十节 2018年全球气候事件概述

一、澳洲、南美、非洲及中东多国受干旱影响

2018年,受持续少雨影响,澳大利亚多地遭遇了严重干旱,尤其是东部、中部和西南部出现了破纪录旱情。东部出现了1965年以来最严重的干旱,新南威尔士州、昆士兰州、维多利亚州和南澳大利亚州等地部分地区已连续15个月降雨量低于平均水平,大片牧场和耕地被破坏,畜牧业遭受毁灭性打击。

在南美洲,2017年10月至2018年3月,乌拉圭、阿根廷、巴西等国家遭遇极端干旱,其中阿根廷北部和中部地区降水量较常年偏少43%,创历史新低,导致大豆、玉米等夏季作物大幅减产,经济损失达59亿美元。4—7月,巴西15个州遭遇干旱,其中东南部农业区旱情最重,皮拉西卡巴河一度干涸见底,导致农业减产和居民用水困难。

在非洲地区,受前期降水持续偏少的影响,1—5月南非中南部的多个省份发生干旱,为近23年来最严重的一次。西开普省是此次干旱的重灾区,并引发用水危机,部分地区甚至开始限量供水,开普敦的旱情更是历史罕见。南非水利研究委员会研究指出,南非6成以上的河流用水过度,其中近四分之一河流处于严重缺水状况。6月以来,随着南非雨季的到来,部分地区的严重旱情得到有效缓解。

在中东地区,阿富汗、巴基斯坦和伊朗等国受到不同程度的干旱影响。3月上旬至10月上旬,阿富汗发生极端干旱,200万人用水困难,农业和畜牧业产量较2017年下降50%~60%,140万人迫切需要粮食援助。巴基斯坦已连续5年降水量偏少3成以上,2018年更是较常年偏少62%,导致农业生产受到重大不利影响。

二、全球多地遭遇暴雨洪涝侵袭,南亚地区受灾最重

2018年区域性极端降水事件频发,给世界各地造成了严重人员伤亡和财产损失,其中南亚地区受灾最为严重。自5月季风雨季开始以来,异常暴雨天气在印度9个邦造成了不同程度的灾情,其中印度南部喀拉拉邦受灾最为严重。8月,印度西南部的喀拉拉邦降水量超过常年同期96%,8月9—22日降水量超过常年同期238%,局地单日降水量甚至超过了400毫米。持续性强降水引发了该地区1924年以来最严重的洪水,部分地区发生山体滑坡,导致540万人受灾,300余人丧生,140万人急需转移安置,经济损失超过43亿美元。

在东亚地区,6月28日至7月9日,日本西部地区由几乎静止的梅雨锋形成了持续性强降水天气,高知、德岛和岐阜等15个观测点累计雨量超过1000毫米,高知县安芸郡最大降雨量达1853毫米。强降雨造成河流、水库水位急速上涨,山洪、泥石流、滑坡等灾害群发性突出,导致多地民居、道路被毁,245人遇难,6767座房屋倒塌。本次灾害是日本35年来遭遇的最严重暴雨洪涝灾害。7月下旬至8月中旬,东南亚多国遭受大范围暴雨洪涝影响,老挝23.6万人受灾,143人死亡失踪;柬埔寨8.3万户受灾,18人死亡;越南13人死亡失踪。

在非洲地区,3—4月肯尼亚、索马里、埃塞俄比亚、坦桑尼亚等东非国家由于降水异常偏多引发洪涝灾害,造成肯尼亚120人丧生,23万人流离失所;9月尼日尔河由于连日暴雨引发河水暴涨,导致尼日利亚和尼日尔遭受洪水袭击,200万人受灾,200余人因灾丧生,超过56万人流离失所。

在中东地区,10—11月卡塔尔、阿联酋、科威特、约旦、伊拉克等国家遭遇强降水天气过程引发山洪灾害,导致一定人员伤亡和财产损失。

三、欧洲遭遇异常高温干燥天气,多地林火频发

2018年夏季,欧洲大部地区遭遇异常高温干燥天气,其中5—7月挪威、瑞典、芬兰、丹麦等北欧国家的高温和少雨同创历史纪录,瑞典南部局地降水量甚至不足历史最低纪录的一半。7月底至8月初,北极圈内多地观测到罕见的、创纪录的高温,部分观测站气温一度超过30℃;此外,芬兰连续25天温度超过25℃,德国连续18天超过30℃,爱沙尼亚连续8天超过30℃,英国和爱尔兰也受到了异常高温干旱影响。8月4日,葡萄牙局地温度超过44℃,全国超过40%的观测站温度突破历史极值。8月中旬以后,北欧的情况有所缓和,但法国、德国、荷兰、瑞士、波兰、捷克、拉脱维亚等欧洲国家的高温干燥天气仍在持续,多数国家自年初以来降水量屡创历史新低,长期高温干旱导致农业产量受到较大损失,法国1500人因高温热浪天气丧生。此外,欧洲中部莱茵河径流量为历史最低纪录,导致货运量相比2017年减少约25%;塞尔维亚局部地区河流运输一度中断。持续性高温干燥天气还导致欧洲多国森林火灾频发,瑞典、拉脱维亚、挪威、德国、英国、爱尔兰等地均遭受不同程度的林火侵袭,瑞典过火面积超过2.5万公顷;7月23日,希腊首都雅典周边发生林火,在强风作用下火势迅速传播,导致99人死亡,成为2009年以来全球范围内死亡人数最多的森林火灾。

在北美洲,夏季加拿大东部地区遭遇创纪录的高温热浪天气,7月上旬蒙特利尔、魁北克和安大略都遭遇35℃以上极端高温,蒙特利尔连续5天气温高达33℃,突破历史极值;魁北克86人死于高温热浪;不列颠哥伦比亚省发生大规模林火,过火面积达135万公顷。下半年,美国加州接连发生森林大火,7月"卡尔"林火造成1604座建筑被毁,8人丧生,保险损失超过15亿美元;8月"门多西诺"林火是加州史上最大规模林火,过火面积达18.6万公顷,数百座建筑被烧毁;11月,在强风和干燥天气的共同作用下,美国加州再次发生森林大火,其中北加州坎普山火重创山区小镇天堂镇,导致85人丧生,249人失踪,刷新近百年美国森林火灾的最高伤亡记录,另有超过19000座建筑物被烧毁。据统计,2018年美国林火共计造成240亿美元经济损失,刷新历史纪录。

在东亚地区,7月下旬至8月上旬,日本、韩国、朝鲜等地遭遇高温热浪袭击,其中日本东部地区遭遇史上最炎热的夏季,熊谷市最高气温达41.1℃,153人因高温丧生,8万余人中暑;朝鲜半岛洪川郡出现了41.0℃的高温,首尔最高气温达39.6℃,持续性高温天气导致韩国和朝鲜出现了大量高温中暑病例。

在中东和北非地区,高温创造了一系列历史记录。6月26日,阿曼沿海城市Quriyat夜间最低温度高达42.6℃,创造了全球最高的日低温纪录;7月上旬,北非地区的阿尔及利亚观测到51.3℃的高温,刷新国家最高温度纪录。

四、北美和欧洲遭受寒流和暴风雪侵袭

1月3—4日,爆发性气旋影响整个美国东海岸,部分地区气温打破近百年来最低气温记

录。其中,美国佛蒙特州的伯灵顿气温低至-28.9℃,与1923年的历史记录相比,还要低0.6℃;缅因州的波特兰则达到-23.9℃,打破1941年的历史纪录。由于爆发性气旋途经美国航班运输最为繁忙的路线,受冰雪天气影响,全美超过5000架次航班被取消,航班几乎全线停运,22人在寒流中丧生。

2月下旬至3月上旬,欧洲多国遭遇极寒天气影响,从北欧到地中海沿岸国家都降下大雪。2月下旬德国部分地区夜间气温下降至-24℃;爱沙尼亚气温低至-29℃,位列历史第二低位;瑞士高山地区甚至出现-40℃的低温。阿尔卑斯山脉降雪量远超常年,瑞士山区积雪深度达530厘米,位列历史第二高位;爱尔兰、法国、意大利、阿尔及利亚等地降雪量也较常年异常偏多;葡萄牙出现历史罕见的冻雨天气。低温和强降雪天气对欧洲各地交通和居民生活造成严重影响,多个欧洲机场被迫取消航班或延迟起降,交通严重受阻,寒流造成60余人死亡。

在南亚地区,1月3—13日,居住人口约2亿的印度北方邦遭遇创纪录的罕见严寒天气,最低气温降至-5℃,135人因低温丧生。

在非洲地区,8月初,南非、莱索托和斯威士兰等南部非洲国家遭遇强冷空气袭击,气温骤降并普降大雪,其中约翰内斯堡更是1981年以来第一次出现降雪。恶劣天气导致部分城市学校停课、交通受阻,电力供应一度中断。

在南美洲地区,6月,智利、玻利维亚、秘鲁等地遭遇罕见的寒潮侵袭,智利首都圣地亚哥出现降雪天气,玻利维亚气温低至-14℃,秘鲁积雪深度达40厘米;8月,乌拉圭、阿根廷等地遭遇冷空气过程,乌拉圭东南部出现降雪。

五、全球多地受热带气旋影响

2018年,北半球热带气旋活动异常活跃,四大风暴盆地共生成了74个热带气旋,远多于常年的63个;其中东北太平洋风暴盆地最为活跃,气旋累积能量指数(ACE)创历史新高。年内,南半球共生成热带气旋22个,与常年基本持平。

在东北太平洋地区,8月22—25日,5级飓风"雷恩"扫过夏威夷大岛,引发创纪录的极端强降水,96小时内降水量高达1321毫米,当地洪水泛滥;9月13日飓风"佛罗伦斯"登陆美国东海岸,极端强降水导致河水暴涨,20万户居民停电,北卡罗来纳州多条高速路和主干道中断,上万人前往临时避难所,53人遇难;10月10日4级飓风"迈克尔"在佛罗里达州墨西哥海滩登陆,登陆时中心附近最大风力17级以上,成为1992年以来登陆美国大陆的最强飓风。狂风、暴雨和风暴潮给美国东南沿岸各州造成大面积破坏,造成49人死亡,超70万户家庭断电,其中飓风"佛罗伦斯"和"迈克尔"在美国共计造成了490亿美元经济损失。

在西北太平洋地区,7月中旬,台风"山神"引发越南和老挝大规模洪灾,其中老挝发生溃坝导致55人死亡;8月下旬,台风"苏力"在朝鲜半岛引发洪水,导致朝鲜86人丧生;9月4日,台风"飞燕"先后在日本四国岛德岛县和本州岛兵库县登陆,成为1993年以来登陆日本的最强台风,引发近畿地区遭受暴风雨和海岸洪水侵袭,11人因灾死亡,1700余栋建筑受损,关西国际机场被淹,3000名旅客滞留;9月15—16日,最强台风"山竹"先后在菲律宾北部和中国广东登陆,登陆时中心最大风力17级以上,并引发高达6米的巨浪,强风暴雨共造成菲律宾和中国710万人受灾,133人死亡(菲律宾127人,中国6人),农作物受灾面积共计90万公顷,并在中国香港引发了创纪录的2.35米风暴潮;12月29日,台风"乌斯曼"在菲律宾中部登陆,强降水引发多地出现山体滑坡、崩塌、泥石流等地质灾害,导致122人遇难。

在印度洋地区,5月26日,特强气旋风暴"梅库纳"在阿曼南部沿海登陆,登陆时最大风力14级,引发了山洪和泥石流,造成当地24人丧生;10月11日,特强气旋风暴"蒂特利"在印度安得拉邦沿海登陆,狂风暴雨横扫印度东部地区,85人因灾死亡。

在南半球,1月和3月,马达加斯加分别遭受热带气旋"艾娃"和"厄里亚金"袭击,造成71人死亡,2万余人受灾;2月,南太平洋岛国汤加遭遇史上最强热带气旋"吉塔"袭击,强风暴雨导致大量房屋损毁和基础设施损坏,造成巨大经济损失,萨摩亚和斐济等周边国家也受到严重影响。

六、强对流天气袭击美国和欧洲

美国是世界上遭受龙卷风侵袭最为频繁的国家。2018年美国共计观测到1100余个龙卷风,较常年偏少10%,且整体强度偏弱。6月6日,得克萨斯州达拉斯周边地区因风雹造成13亿美元经济损失,6月18—19日,科罗拉多州丹佛周边地区因风雹造成22亿美元经济损失。

1月17—19日,爱尔兰、英国、荷兰、德国、波兰、比利时等欧洲国家遭遇风暴袭击,造成13人丧生。德国受灾最为严重,阵风风速一度高达203千米/小时。暴风雪导致气温骤降、路面结冰,200多条铁路受损,电力供应一度中断。

5月2—3日,印度北部的拉贾斯坦邦和北方邦先后遭遇沙尘暴、雷暴大风和暴雨天气袭击,风力达到7~8级,最大瞬时风力达12级左右,能见度普遍低于2千米,沙尘暴袭击时能见度不足1千米。强风将房屋、墙体吹倒,树木连根拔起。强风、沙尘、雷暴和暴雨造成印度140多人死亡,数百人受伤。

7月5日,泰国"艾莎公主"号和"凤凰"号两艘游船载有127名中国游客在返回普吉岛途中,突遇特大暴风雨,强风掀起6~7米的巨浪,致使这两艘游船分别在珊瑚岛和梅通岛发生倾覆。"艾莎公主"号游船上42人悉数获救,"凤凰"号游船上载有101人,其中87名中国游客中有40人获救、47人死亡。

9月下旬,突尼斯和利比亚遭遇"地中海风暴"引发短时强降水天气,突尼斯局地24小时降水量达205毫米,引发山洪灾害;29日风暴继续加强并向东移动,希腊、土耳其接连遭遇强风和暴雨袭击,导致渡轮停运、航班取消、电力中断。

10月13—14日,法国西南部遭遇短时强降水天气,6小时降水量突破400毫米,部分河流水位上升到百年来最高水平,洪水导致道路中断、桥梁垮塌,13人因灾丧生。

10月下旬,意大利、斯洛文尼亚、瑞士、奥地利、捷克等欧洲国家再次遭遇"地中海风暴"袭击,其中意大利受灾最重,局地阵风风速高达179千米/小时,24小时降水量406毫米,强风掀起10米巨浪袭击沿海地区,威尼斯水位上涨1.5米,创下近10年最高纪录,大量船只被摧毁;瑞士和奥地利部分地区的3日累计雨量也超过400毫米,引发局地洪涝灾害。

12月中旬,土耳其和塞浦路斯多次遭遇短时强降水天气,其中12月18日安塔利亚降水量高达490.8毫米,刷新国家单日降水记录。强降水引发城市内涝,大量农田被洪水淹没。

第三章 气候对行业影响评估

第一节 气候对农业的影响

2018年,我国早稻生育期内,大部时段热量充足、光照条件较好,无明显低温、阴雨、寡照天气,利于早稻生长发育及产量形成。晚稻、一季稻产区气候条件偏好,气象灾害偏轻,对农业生产比较有利。冬小麦和玉米全生育期内,光热充足,降水量接近常年同期或偏多,土壤墒情适宜,气象灾害偏轻,气候条件较好。棉区光照、气温和降水条件较好,农业气象灾害较轻,气候年景正常偏好。

一、气候对水稻的影响

(一)早稻

1. 农业气候条件评估

2018年早稻生长季内(2—7月),主产区(江南、华南)大部≥10℃积温较常年偏多,其中江南大部较常年偏多200℃·天以上,热量条件较为充足(图3.1.1(a));产区大部降水量较常年同期偏少(图3.1.1(b)),其中江南大部、华南南部偏少2~5成;日照时数较常年同期偏多。

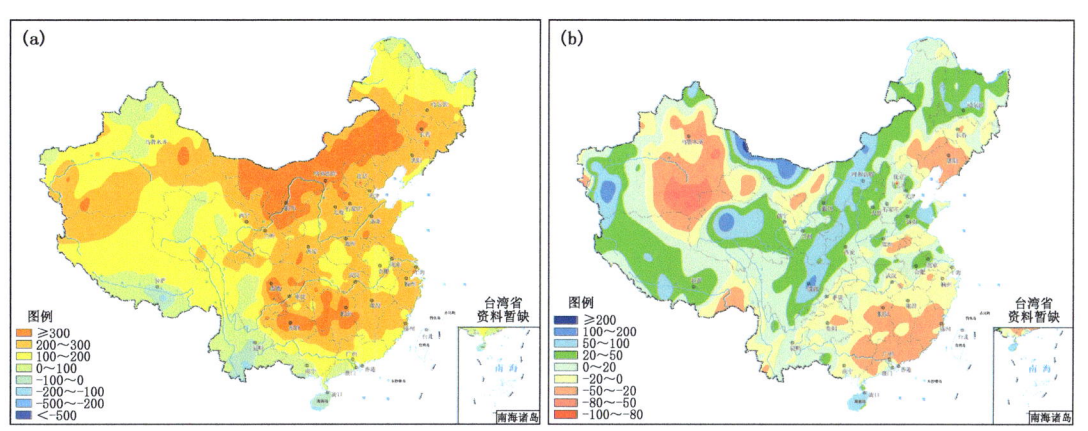

图3.1.1 早稻生长季(2018年2—7月)≥10℃有效积温距平(a,单位:℃·天)及降水量距平百分率(b,单位:%)分布图

2. 农业气象灾害评估

2018年3月,早稻育秧期广东、广西、湖南、湖北等地部分地区的强降水影响幼苗生长;4月,移栽期至拔节期江南南部和华南东部部分地区降水不足,一定程度上限制了早稻移栽面积

和生长发育;6月台风"艾云尼"带来的强风暴雨影响华南部分地区早稻授粉结实。

总体来看,2018年早稻生长季气候条件属于较好年景。

(二)晚稻

1. 农业气候条件评估

2018年晚稻生育期内(6—11月),主产区(江南、华南)大部≥10℃有效积温接近常年同期(图3.1.2(a));江南南部、华南西部降水量较常年偏多2～5成,其他地区接近常年或偏少(图3.1.2(b));产区大部日照时数偏少。

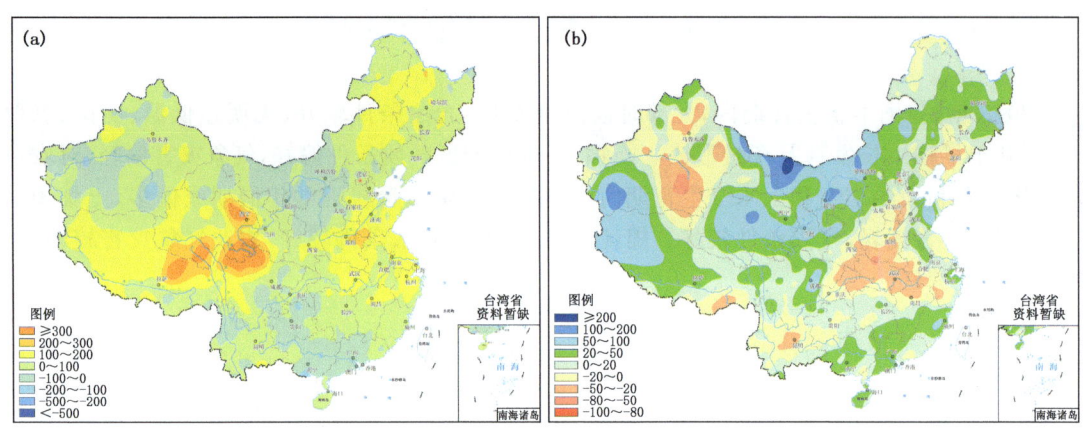

图3.1.2 晚稻生长季(2018年6—11月)≥10℃有效积温距平(a,单位:℃·天)及降水量距平百分率(b,单位:%)分布图

2. 农业气象灾害评估

2018年7月,江南部分晚稻区持续高温以及华南部分地区强降雨对晚稻育秧和移栽返青略有不利;8月上中旬,江南晚稻区出现≥35℃高温天气,不利于晚稻生长;8—9月,华南沿海、江南东北部等地先后受台风"温比亚""贝碧嘉""山竹""百里嘉"等影响,降雨强度较大,部分稻田反复受淹;9月,广西和广东北部等地出现轻度寒露风天气,对晚稻开花授粉略有不利。

总体来看,2018年晚稻产区气候条件属于正常偏好年景。

(三)一季稻

1. 农业气候条件评估

2018年一季稻主要生长季内(4月中旬至10月上旬),主产区(东北地区、江淮、江汉、江南东部、西南地区)大部≥10℃积温接近常年同期或偏多(图3.1.3(a)),其中东北北部较常年同期偏多200℃·天以上;东北南部、江汉、江南东部等地降水量较常年同期偏少,东北北部、江淮、西南等地接近常年同期或偏多(图3.1.3(b));东北地区北部、西南等地日照时数偏少,其他地区接近常年同期或略偏多。

2. 农业气象灾害评估

2018年6月,江汉西部、江南东南部局地出现强降水天气,部分一季稻遭受洪涝灾害;7月,长江中下游以及四川盆地东部出现持续性高温天气,部分一季稻遭受高温灾害;8月,云南西部和南部持续阴雨寡照导致水稻等生育进程推迟、开花授粉及灌浆不良;9—10月,西南地

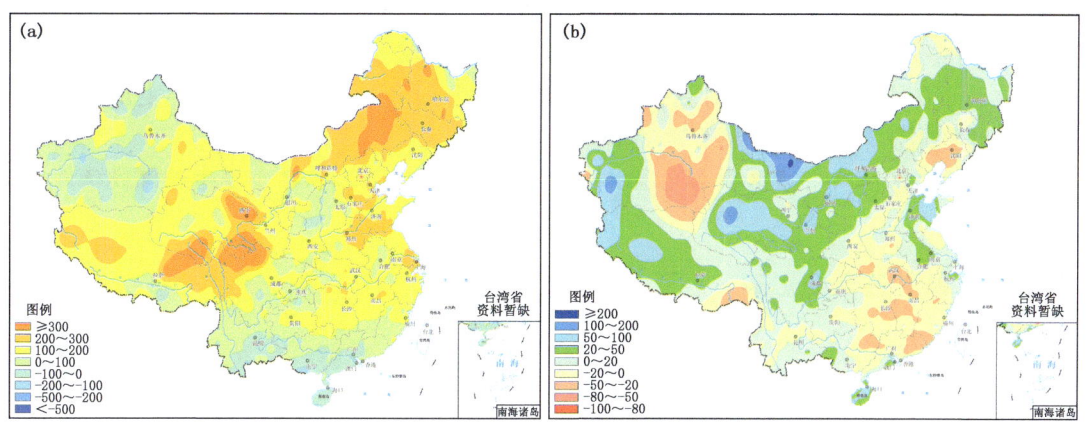

图 3.1.3　一季稻生长季(2018 年 4 月中旬至 10 月上旬)≥10℃有效积温距平(a,单位:℃·天)及降水量距平百分率(b,单位:%)分布图

区大部阴雨寡照天气较多,不利于一季稻成熟、收获和晾晒,对产量和品质造成一定影响。

总体来看,2018 年一季稻产区气候年景好于常年。

二、气候对冬小麦的影响

1. 农业气候条件评估

2018 年我国冬小麦全生育期内(2017 年 10 月至 2018 年 6 月),大部地区热量充足,活动积温普遍较常年同期偏多,其中江淮、黄淮、陕西中部等地偏多 200℃·天以上(图 3.1.4(a));降水资源充足,除河北北部、江苏北部、山东南部等较常年同期偏低外,其他大部地区偏多 2~5 成,部分地区偏多 5 成以上(图 3.1.4(b));大部日照时数接近常年。

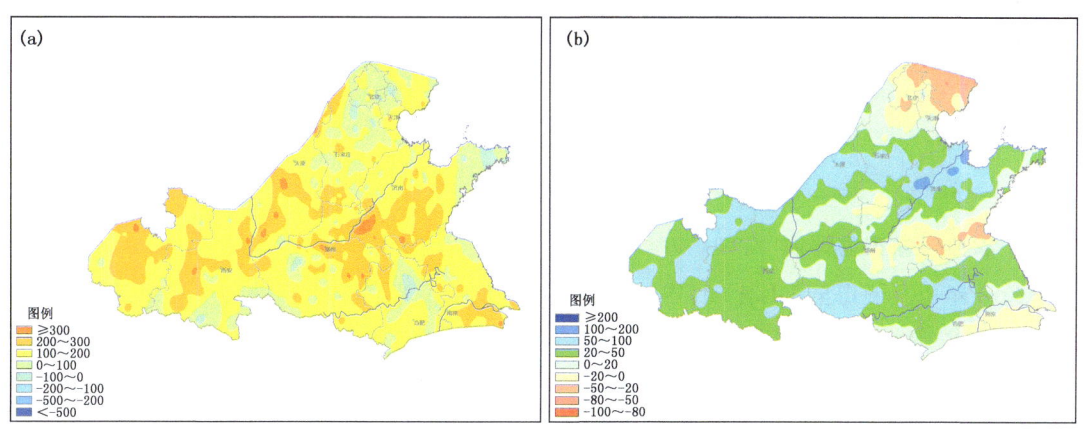

图 3.1.4　冬麦区 2017 年 10 月至 2018 年 6 月≥0℃有效积温距平(a,单位:℃·天)及降水量距平百分率(b,单位:%)分布图

2. 农业气象灾害评估

2017 年 10 月,秋播期冬麦区大部墒情利于冬小麦播种出苗,但黄淮西部、江淮、江汉等地持续阴雨导致秋播进度缓慢;11 月上旬,气温偏高利于冬小麦分蘖扎根以及晚弱苗苗情转化

升级,中旬开始多次冷空气过程利于冬小麦抗寒锻炼;冬季,北方冬小麦产区大部水热适宜,降雪利于北方冬麦区保温增墒,对冬小麦安全越冬有利;2018年春季,冬麦区光热充足,降水及时,总体利于冬小麦生长,但5月冀鲁豫部分地区发生的强对流天气导致冬小麦出现倒伏;6月夏收期间,北方冬麦区多晴好天气,总体利于冬小麦收晒。

总体来看,2018年冬麦区大部光温水匹配较好,气象灾害较轻,冬小麦生长气候条件好于常年。

三、气候对玉米的影响

(一)春玉米

1. 农业气候条件评估

2018年我国春玉米全生育期内(4—9月),产区热量充足,≥10℃有效积温东北大部、甘肃等地普遍较常年同期偏多200℃·天以上,江汉较常年偏多100~200℃·天,西南接近常年或略偏多(图3.1.5(a));降水量除辽宁大部偏少外,产区大部接近常年同期或偏多(图3.1.5(b));东北大部、西南南部日照时数大部偏少,西南北部日照时数略偏多。

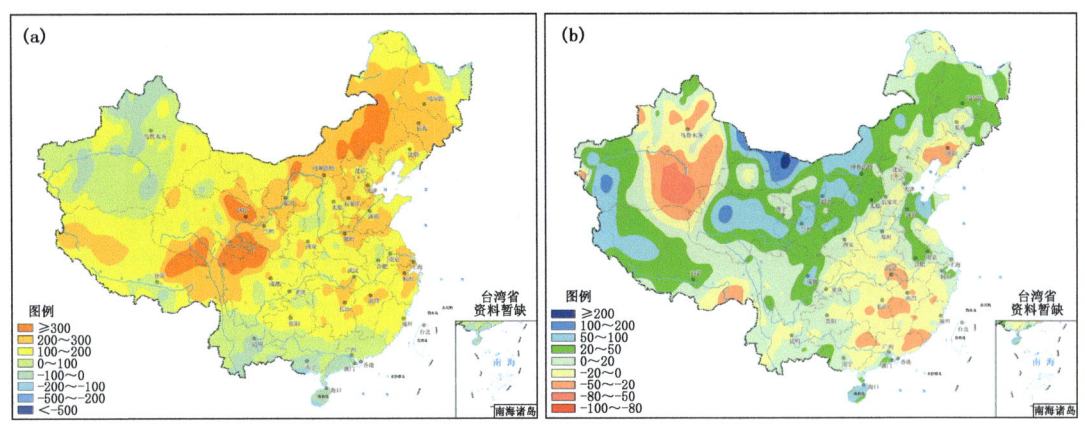

图3.1.5 春玉米生长季(2018年4—9月)≥10℃有效积温距平(a,单位:℃·天)及降水量距平百分率(b,单位:%)分布图

2. 农业气象灾害评估

2018年4月下旬至5月上旬,吉林西南部和辽宁西北部等地出现缺墒干旱以及陕西中部多雨,春播缓慢;6月,云南中部和南部、贵州西部降水偏多,阴雨日数有16~20天,日照偏少3~8成,阴雨寡照天气不利作物健壮生长和干物质积累,影响春玉米开花吐丝;7月,黑龙江南部、吉林西部降雨日数有11~20天,部分地区降水强度较大、日照偏少3~8成,低洼农田出现渍涝,不利于玉米雌穗分化;8月,受台风"温比亚""苏力"及冷空气等影响,东北东部出现局地强降雨同时伴有短时强降水、大风冰雹等强对流天气,部分地区出现农田内涝和洪涝灾害,局地出现农作物倒伏,影响玉米灌浆乳熟;9月,东北、西北、西南等地出现阴雨寡照天气,不利于春玉米成熟收晒。

总体来看,2018年春玉米生长季气候条件属于正常偏好年景。

(二)夏玉米

1. 农业气候条件评估

2018年我国夏玉米全生育期内(6—9月),主产区华北热量充足,大部地区≥10℃有效积温较常年同期偏多100℃·天以上,其中河南东部、山东西部等地偏多200℃·天以上(图3.1.6(a));河南大部、河北南部降水量较常年同期偏少,山东大部、安徽北部等地偏少(图3.1.6(b));大部地区日照时数接近常年。

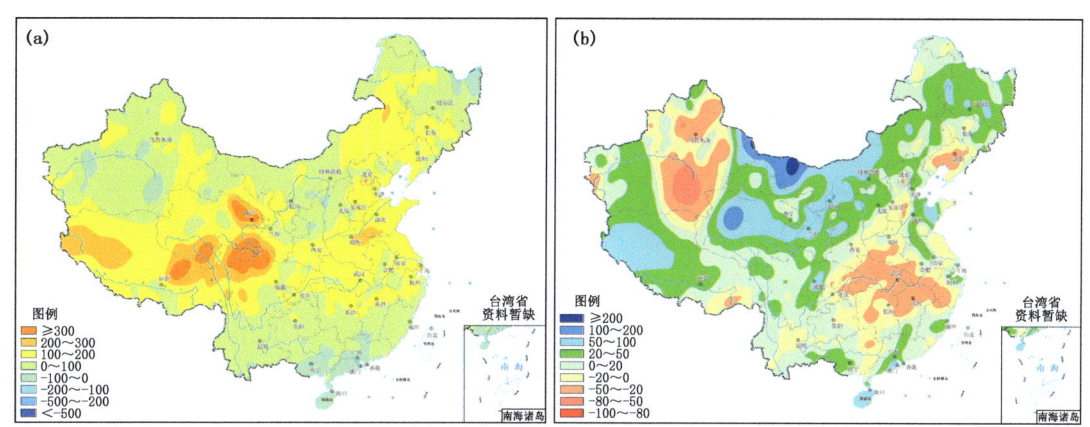

图3.1.6 夏玉米生长季(2018年6—9月)≥10℃有效积温距平(a,单位:℃·天)及降水量距平百分率(b,单位:%)分布图

2. 农业气象灾害评估

2018年6月,江汉西部和黄淮东部等地部分地区出现暴雨洪涝灾害,对夏玉米播种造成一定不利影响;7月,华北北部降雨日数为11~15天,降水量较常年同期偏多1~4倍,部分地区降水强度较大、日照偏少3~5成,对夏玉米健壮生长略有不利;8月,华北、黄淮等地出现4~10天高温天气,陕西南部、山西西南部高温日数达11~20天,高温对处于抽穗开花阶段的夏玉米不利,影响夏玉米开花授粉,导致结实不良;9月,华北大部气温接近常年,土壤墒情适宜,利于玉米灌浆成熟。

总体来看,2018年夏玉米气候条件属于正常偏好年景。

四、气候对棉花的影响

1. 农业气候条件评估

2018年棉花生育期内,棉区(新疆、黄河流域、长江流域)大部热量充足,新疆大部≥10℃积温接近常年同期或略偏多,华北、江汉、江淮等地≥10℃积温较常年同期偏多,其中河南部分地区偏多300℃·天以上(图3.1.7(a));棉区大部降水偏少,其中新疆南部、华北南部、江汉等地部分地区偏少2~5成(图3.1.7(b));新疆大部、华北北部日照时数略偏少,华北南部、江汉、江淮日照时数略偏多。

2. 农业气象灾害评估

2018年6月,江汉西部、江南东南部局地出现强降水天气,雨日数达16~20天,部分棉花

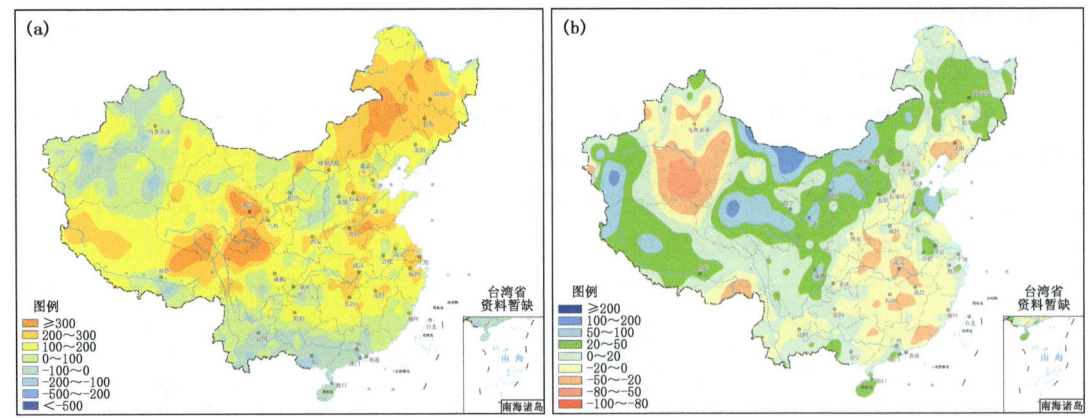

图 3.1.7 棉花生长季(2018 年 4—10 月)≥10℃有效积温距平（a,单位:℃·天）和降水距平百分率(b,单位:%)分布图

遭受洪涝灾害;6月中下旬,黄淮北部等地部分棉花遭受风雹灾害;7月,新疆南部、长江中下游大部地区出现10天以上高温天气,导致棉花落花落铃增加;8月上中旬,长江中下游地区持续高温,对棉花开花具有不利影响;9月,新疆北部气温较常年同期偏低2～4℃,不利于棉花吐絮;长江中下游大部地区多晴少雨,气温接近常年同期或偏高1～2℃,日照时数接近常年,光温条件利于棉花裂铃吐絮;10月,棉区大部气象条件较好,利于棉花吐絮采摘。

总体来看,2018年我国棉区光照、气温和降水条件较好,农业气象灾害较轻,气候年景正常偏好。

第二节 气候对水资源的影响

2018年我国水资源总量状况属于比较丰富等级。除辽宁属比较欠缺年份外,其余大部分省(区、市)为正常和比较丰富年份,黑龙江、四川、甘肃、青海、宁夏为异常丰富年份。

一、年降水资源量

1. 全国年降水资源状况

2018年全国降水资源量为63 936.8亿立方米,比常年偏多4173.6亿立方米,比2017年偏多2404.4亿立方米。从我国年降水资源丰枯评定指标来看,2018年属于丰水年份(图3.2.1)。与1964年、1983年、1990年、2012年等接近。

2. 各省(区、市)年降水资源

2018年全国年降水量分布不均。由表3.2.1可见,海南居全国第一,年降水量有1963.1毫米,其次为广东(1778.9毫米)和浙江(1554.1毫米)。新疆的年降水量为全国最少,仅有173.5毫米,内蒙古和宁夏分别为378.1毫米和390.8毫米。

与2017年相比,全国大部分省(区、市)增多,四川、山东增幅超高150毫米,其中四川增幅最大为207.2毫米;仅广西、湖北等11省(区、市)减少,其中广西减幅最大为307.3毫米,湖北减幅为256.8毫米。

第三章 气候对行业影响评估

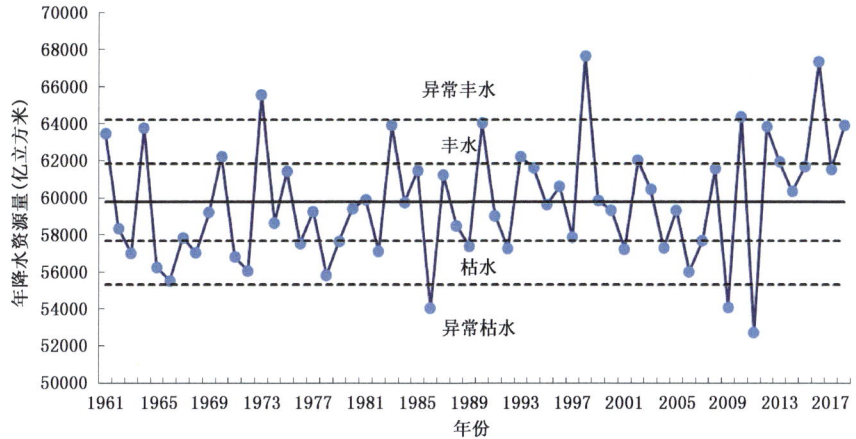

图 3.2.1　1961—2018 年全国年降水资源变化趋势（平均值为 1981—2010 年）

表 3.2.1　2018 年各省（区、市）年降水资源量、平均年降水量与 2017 年对比表

省（区、市）	年降水资源量 （亿立方米）	与 2017 年相比 （亿立方米）	平均年降水量 （毫米）	与 2017 年相比 （毫米）
北　京	92.5	−11.7	550.7	−69.8
天　津	63.7	4.9	563.4	43.8
河　北	903.5	4.8	481.4	2.6
山　西	753.8	−146.0	482.3	−93.4
内蒙古	4379.8	1062.1	378.1	91.7
辽　宁	781.7	20.6	537.3	14.2
吉　林	1317.1	221.7	702.8	118.3
黑龙江	2975.3	557.5	654.0	122.6
上　海	82.7	3.6	1312.8	57.5
江　苏	1186.6	69.9	1162.2	68.5
浙　江	1602.3	95.2	1554.1	92.4
安　徽	1864.9	55.4	1336.9	39.7
福　建	1898.6	54.7	1532.4	44.2
江　西	2560.8	−315.3	1542.7	−190.0
山　东	1202.5	261.1	784.4	170.3
河　南	1219.5	−65.1	738.7	−39.4
湖　北	2064.2	−477.5	1110.4	−256.8
湖　南	2823.2	−299.7	1332.9	−141.5
广　东	3143.3	120.8	1778.9	68.4
广　西	3549.7	−727.3	1499.7	−307.3
海　南	667.4	11.2	1963.1	32.8
重　庆	934.9	−115.5	1134.6	−140.1
四　川	5640.1	1005.8	1161.9	207.2
贵　州	2169.6	27.0	1231.3	15.3
云　南	4397.5	−131.9	1115.8	−33.5
西　藏	6034.7	552.6	501.9	46.0
陕　西	1290.2	−257.5	628.1	−125.4
甘　肃	2033.2	307.6	509.8	77.1
青　海	3462.0	508.9	479.0	70.4
宁　夏	202.4	28.3	390.8	54.5
新　疆	2857.4	74.8	173.5	4.5

根据各省(区、市)年降水资源丰枯的等级指标(表 3.2.2),得到 2018 年各地年降水资源的丰枯状况(图 3.2.2)。2018 年,黑龙江、四川、甘肃、青海、宁夏为异常丰水年份,内蒙古、吉林、江苏、山东、海南、西藏为丰水年份;仅辽宁属于枯水年份;其余大部分省(区、市)均属正常年份。

表 3.2.2 各省(区、市)年降水资源丰枯评定指标(单位:亿立方米)

	指标 1	指标 2	指标 3	指标 4
北 京	118.1	104.0	79.3	65.3
天 津	80.1	69.6	51.3	40.8
河 北	1183.0	1056.0	833.8	706.7
山 西	901.5	816.6	667.9	583.0
内蒙古	4483.9	4061.4	3322.1	2899.6
辽 宁	1207.0	1065.0	816.5	674.4
吉 林	1393.4	1264.0	1037.6	908.2
黑龙江	2875.5	2619.8	2172.3	1916.6
上 海	93.4	83.2	65.3	55.0
江 苏	1276.3	1151.0	931.8	806.5
浙 江	1815.3	1669.1	1413.3	1267.1
安 徽	2065.7	1869.0	1524.6	1327.8
福 建	2474.8	2245.3	1843.6	1614.0
江 西	3351.1	3048.1	2517.8	2214.7
山 东	1293.3	1130.2	844.8	681.7
河 南	1560.0	1384.3	1076.8	901.1
湖 北	2700.7	2454.3	2023.0	1776.5
湖 南	3490.0	3221.7	2752.2	2484.0
广 东	3826.3	3471.8	2851.5	2497.0
广 西	4381.3	3988.0	3299.7	2906.4
海 南	722.3	657.7	544.6	480.0
重 庆	1093.4	1005.8	852.5	764.9
四 川	5185.2	4895.4	4388.1	4098.3
贵 州	2362.1	2210.6	1945.5	1794.0
云 南	4893.2	4581.4	4035.7	3723.8
西 藏	6560.2	6011.5	5051.4	4502.8
陕 西	1622.9	1451.8	1152.2	981.1
甘 肃	1917.0	1749.5	1456.3	1288.7
青 海	3100.9	2881.5	2497.5	2278.1
宁 夏	180.4	160.3	125.3	105.3
新 疆	3438.1	3060.1	2398.6	2020.6

注:全国 2000 多个站;年降水资源量(R)丰枯等级划分标准为:$R>$指标 1 为异常丰水;指标 1$\geqslant R\geqslant$指标 2 为丰水;指标 2$>R>$指标 3 为正常;指标 3$\geqslant R\geqslant$指标 4 为枯水;指标 4$>R$ 为异常枯水。

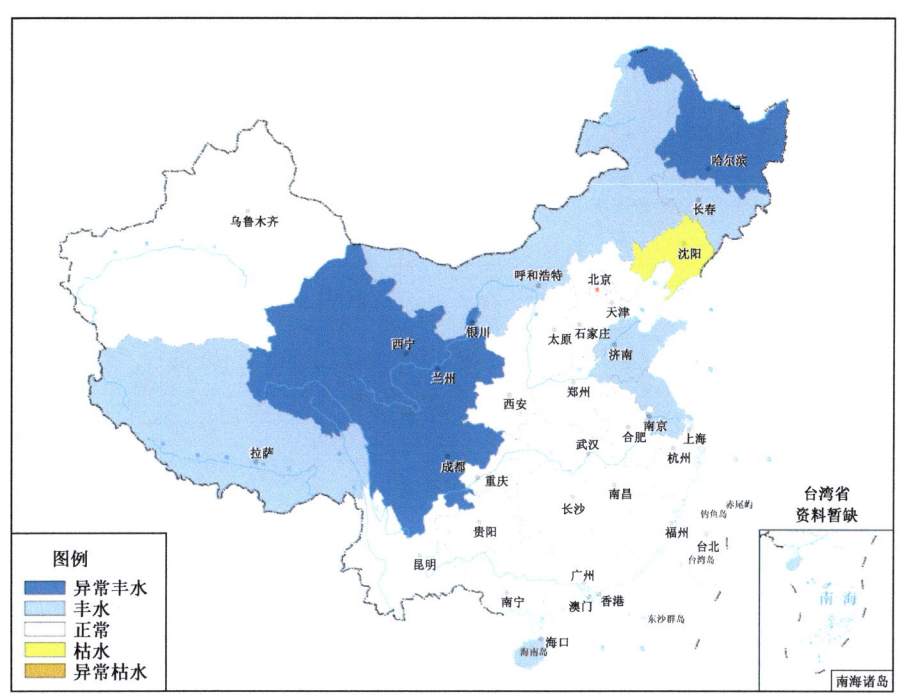

图 3.2.2　2018 年全国年降水资源丰枯评估等级分布图

二、年水资源总量

1. 全国及各省(区、市)水资源量

经统计,2018 年全国水资源总量 29 131.3 亿立方米,属于比较丰富年份。各省(区、市)水资源量状况评估结果如下:黑龙江、四川、甘肃、青海、宁夏为异常丰富年份,内蒙古、吉林、江苏、山东、海南、西藏为比较丰富年份;仅辽宁属于比较欠缺年份;其余大部分省(区、市)均属正常年份(表 3.2.3)。

表 3.2.3　2018 年全国及各省(区、市)水资源总量评估结果和采用的指标及参数(单位:亿立方米)

	年水资源总量 (方法一)	评估结果	指标 1	指标 2	指标 3	指标 4
北　京	26.7	正常	37.7	31.6	21.0	15.0
天　津	14.8	正常	22.4	17.6	9.1	4.2
河　北	146.9	正常	230.6	192.5	126.0	88.0
山　西	98.1	正常	121.1	107.9	84.8	71.5
内蒙古	657.6	比较丰富	682.1	582.8	408.9	309.5
辽　宁	206.1	较为欠缺	494.3	398.1	229.7	133.5
吉　林	491.4	比较丰富	533.8	462.1	336.6	264.9
黑龙江	1134.3	异常丰富	1075.2	924.0	659.4	508.2
上　海	43.2	正常	53.4	43.6	26.5	16.8
江　苏	490.0	比较丰富	558.9	462.8	294.5	198.4
浙　江	1051.6	正常	1271.3	1120.6	856.8	706.0
安　徽	888.1	正常	1052.4	801.4	600.6	418.5

续表

	年水资源总量（方法一）	评估结果	指标1	指标2	指标3	指标4
福建	1072.3	正常	1566.7	1369.7	1025.0	827.9
江西	1416.5	正常	2070.3	1819.6	1381.0	1130.4
山东	379.1	比较丰富	428.2	339.9	185.4	97.1
河南	376.7	正常	573.4	471.9	294.2	192.7
湖北	878.2	正常	1376.9	1183.8	845.8	652.7
湖南	1677.2	正常	2146.2	1957.6	1627.4	1438.8
广东	1842.3	正常	2325.4	2074.7	1635.9	1385.1
广西	1841.7	正常	2399.9	2135.9	1673.9	1409.8
海南	413.6	比较丰富	471.5	403.2	283.8	215.5
重庆	536.3	正常	658.6	591.0	472.6	405.0
四川	3159.9	异常丰富	2856.7	2663.3	2325.0	2131.6
贵州	1077.3	正常	1204.0	1104.3	929.8	830.1
云南	2189.9	正常	2544.7	2321.5	1931.1	1708.0
西藏	4562.2	比较丰富	4746.2	4554.3	4218.5	4026.6
陕西	359.2	正常	516.6	435.6	293.9	212.9
甘肃	269.6	异常丰富	254.3	232.2	193.7	171.7
青海	894.3	异常丰富	778.4	707.9	584.6	514.1
宁夏	11.5	异常丰富	10.9	10.4	9.5	9.0
新疆	924.5	正常	1004.9	952.5	860.8	808.4
全国	29131.3	比较丰富	30155.1	28738.8	26260.2	24843.8

注：全国2000多个站；年水资源总量（W）丰枯等级划分标准为：W＞指标1为异常丰富；指标1≥W≥指标2为比较丰富；指标2＞W＞指标3为正常；指标3≥W≥指标4为较为欠缺；指标4＞W为异常欠缺。

根据联合国水资源短缺状况评估指标和等级，2018年我国人均年水资源量为2098.3米^3/人，水资源短缺状况为脆弱等级。水资源极缺的区域主要分布在天津、北京、宁夏、上海、河北、山西、山东、河南、辽宁，均不足500米^3/人，其中天津、北京、宁夏、上海、河北不足200米^3/人；江苏、陕西属于缺水区域；甘肃、安徽、湖北、广东属于水资源紧张等级；重庆、吉林、浙江、湖南属于水资源脆弱等级（图3.2.3）。

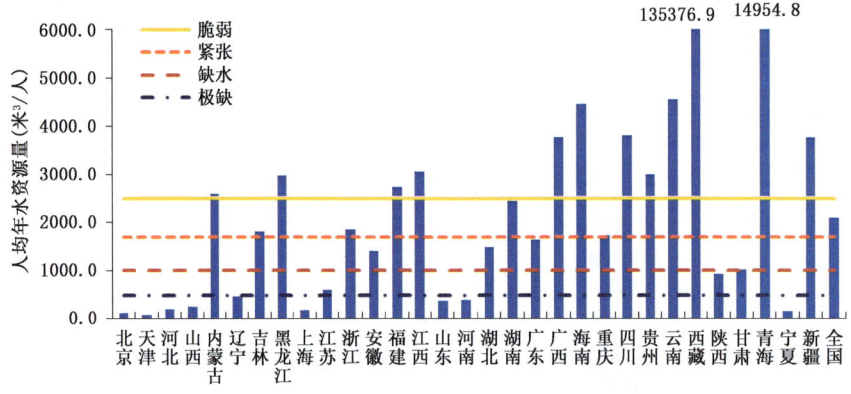

图3.2.3 2018年全国及各省（区、市）水资源短缺状况评估

2. 十大流域水资源量

2018年,十大流域中仅有辽河和东南诸河流域地表水资源量较常年同期(1981—2010年)偏少;其他流域(松花江、海河、黄河、淮河、长江、珠江、西南诸河和西北内陆河)接近常年同期或偏多(图3.2.4)。

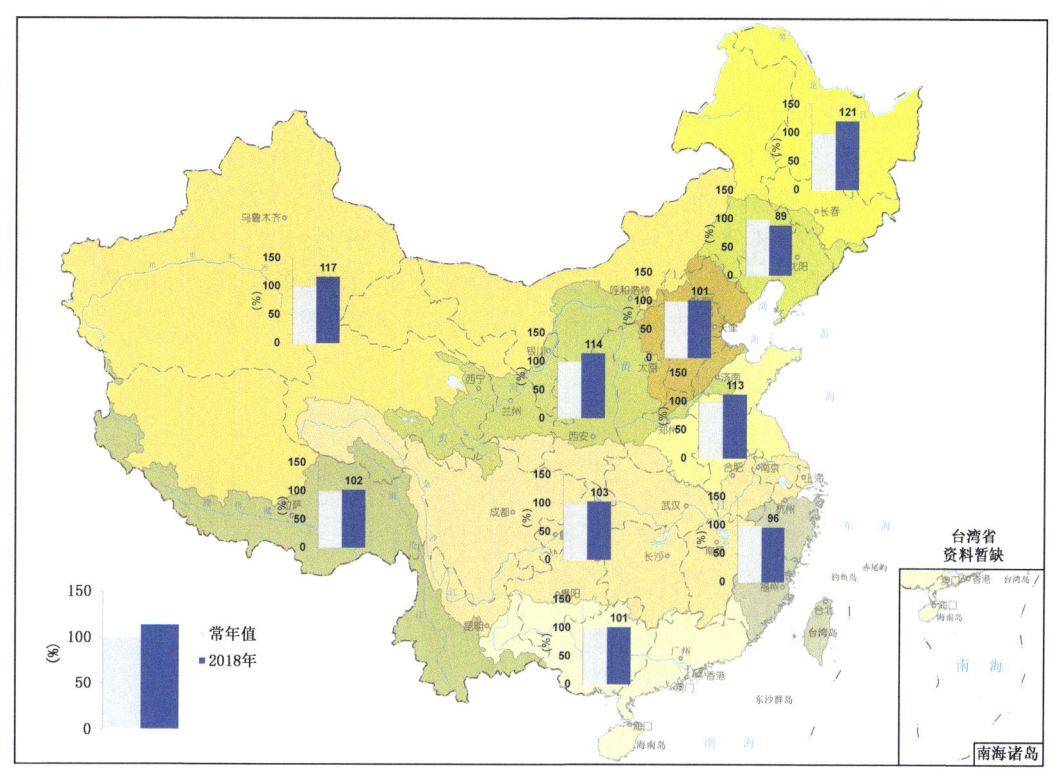

图3.2.4　2018年十大流域地表水资源量相当于常年百分比分布图

辽河流域地表水资源量约为345亿立方米,较常年偏少11.1%;东南诸河流域1703亿立方米,较常年偏少3.6%;松花江流域地表水资源量1242亿立方米,较常年偏多20.9%,西北内陆河流域369亿立方米,偏多16.5%;黄河流域550亿立方米,偏多14.2%;淮河流域905亿立方米,偏多12.9%;长江流域10 667亿立方米,偏多2.7%;西南诸河流域5312亿立方米,偏多2.2%;海河流域116亿立方米,偏多1.4%;珠江流域4538亿立方米,偏多0.8%。

三、气候对水资源影响

1. 3月下旬至5月上旬,华南大部地区降水持续偏少,局地水资源受影响

3月下旬至5月上旬,华南大部地区降水持续偏少,福建大部、广东东部和中部等地降水量较常年同期偏少5~8成,部分地区偏少8成以上,上述地区出现了中到重度气象干旱,部分地区达特旱,对当地的水库蓄水和人民生产生活造成了一定不利影响。其中福建4月份主要水库总来水量比2017年同期偏少74.4%,比常年同期偏少76.6%,水库来水总体属特枯;统调水电发电量比2017年同期减少70%。

2. 10月河南干旱导致区域水资源短缺

10月份,河南省旱象初显,全省大部分地区出现轻度干旱,山区部分群众发生因旱临时性吃水困难情况,因旱吃水困难人口主要集中在登封市、南阳市西峡县。截至11月1日,河南省22座大型水库蓄水较10月1日少蓄2.44亿立方米,108座中型水库蓄水较10月1日少蓄0.56亿立方米。全省地下水蓄变量较上月同期减少11.9亿立方米。

3. 全国年降水量偏多有利于大部分水库蓄水

通过对75个大1型水库(个别为大2型(1亿～10亿立方米))上游流域年降水量的统计分析表明,全国有53%的水库上游流域平均年降水量较常年偏多,甘肃、贵州、黑龙江、江苏、宁夏、青海、山东、山西、陕西、四川、天津、西藏的全部及安徽、广东、广西、河北、河南、湖南、吉林、辽宁、内蒙古等省(区)部分水库较常年偏多,对水库蓄水有利;其余47%的水库上游流域平均年降水量较常年偏少,包括北京、福建、湖北、江西、新疆、云南、浙江、重庆的全部水库及安徽、广东、广西、河北、河南、湖南、吉林、辽宁、内蒙古的部分水库(图3.2.5)。

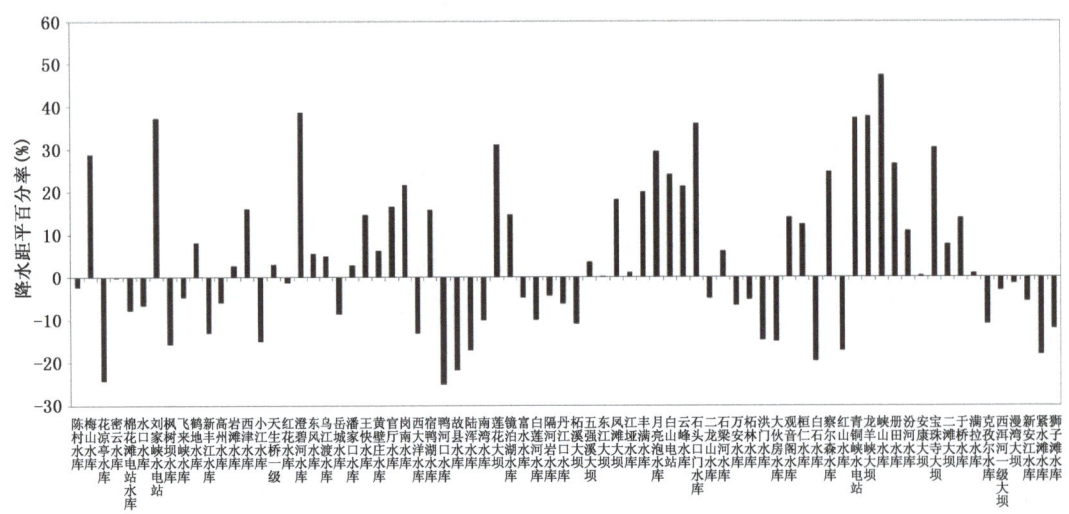

图3.2.5　2018年75座大1型水库年降水量距平百分率

第三节　气候对生态的影响

2018年植被生长季(5—9月)全国平均气温19.94℃,较2001—2010年同期偏高0.42℃。全国大部地区气温较接近常年同期或偏高,其中河北东南部、山东中西部、河南中东部、安徽北部、江苏北部、四川北部部分地区、青海东南部及江西、湖南、内蒙古等地局部地区偏高1～2℃(图3.3.1(a))。全国平均降水量502.6毫米,较2001—2010年同期偏多10.5%。辽宁、河南、湖北、江西、广西、西藏北部、新疆东部等地部分地区降水量偏少2～5成,黑龙江大部、吉林东部和西部、河北东部和北部、陕西中部和北部、天津、山东中部、安徽中东部、浙江东北部、海南、广西西南部、四川中东部、西藏西部、新疆西南部、青海大部、甘肃西部和东部、宁夏、陕西北部及内蒙古大部等地偏多2～5成,其中黑龙江、山东、浙江、四川、西藏、新疆、青海、甘肃、宁夏及内蒙古的部分地区等偏多5成至1倍,内蒙古西部偏多1倍以上;全国其余大部分地区降水量接近常年同期(图3.3.1(b))。

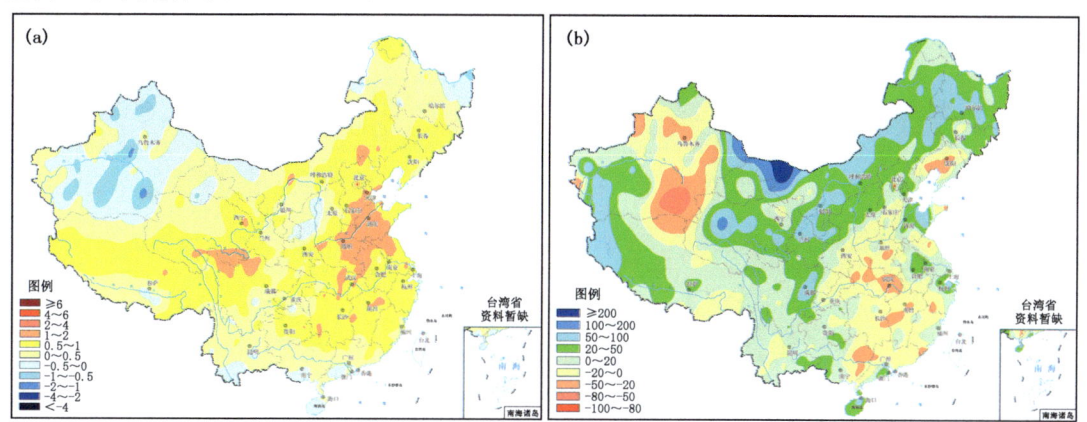

图3.3.1 2018年植被生长季(5—9月)全国平均气温距平(a,单位:℃)
与全国降水量距平百分率(b,单位:%)分布图

从整个植被生长季来看,东北中西部、华北西部和北部、西北东部、西南东部、华南西部及内蒙古中东部等地降水量较2001—2010年同期偏多,有利于植被生长;辽宁中部、河北南部、安徽、湖北等地降水量较2001—2010年同期偏少,不利于植被生长。从单个月份降水条件来看,6月,辽宁中部、河北大部、山东北部、江苏北部和南部、安徽大部、湖北部分地区、浙江北部和南部等地降水量较2001—2010年同期偏少2～5成及以上,不利于植被生长;7月,辽宁大部、山东南部、河南中东部和西部部分地区、安徽中部和北部等地降水量偏少2～5成及以上,不利于植被生长;8月,内蒙古东北部、四川西部、湖北等地降水量较2001—2010年同期偏少2～5成及以上,不利于植被生长。此外,2018年7月中下旬至8月中旬,黄淮大部、江淮、江汉、江南、华南北部等地气温异常偏高,发生区域性极端高温事件,不利于植被生长。

MODIS增强型植被指数(EVI)监测显示:2018年5—9月,秦岭及淮河以南大部分地区、东北大部、华北大部、黄淮大部及内蒙古东北部植被覆盖较好或好;西北大部、青藏高原北部和西部及内蒙古中西部等地植被覆盖较差(图3.3.2(a))。与2001—2010年同期相比,东北中西部、华北西部和北部、西北东部、西南东部、江南中西部、华南中西部及内蒙古中东部等地植被长势偏好;内蒙古东北部、辽宁中部、河北东部和南部、陕西中部、河南中北部、山东北部和南部、安徽中北部、江苏中南部、浙江北部、湖北中部、四川西部、西藏东南部及云南中西部等地植被长势偏差;全国其余地区植被长势与2001—2010年同期平均相当(图3.3.2(b))。

第四节 气候对大气环境的影响

2018年,东北大部、华北北部及内蒙古、山东半岛东部、青海南部、西藏中部、四川西北部和南部、云南东部和西北部、海南等地大气对污染物的清除能力较强;新疆西部局地大气对污染物的清除能力较差;全国其余大部地区大气对污染物的清除能力一般。京津冀、长三角、珠三角地区的平均大气自净能力指数均低于常年,除汾渭平原外,低自净能力日数多于常年。年内,共有5次大范围霾天气过程,京津冀地区均受到影响,空气质量达到重度污染以上级别。其中,11月24日至12月3日霾天气过程与雾和沙尘天气产生叠加效应,污染及其影响较重;

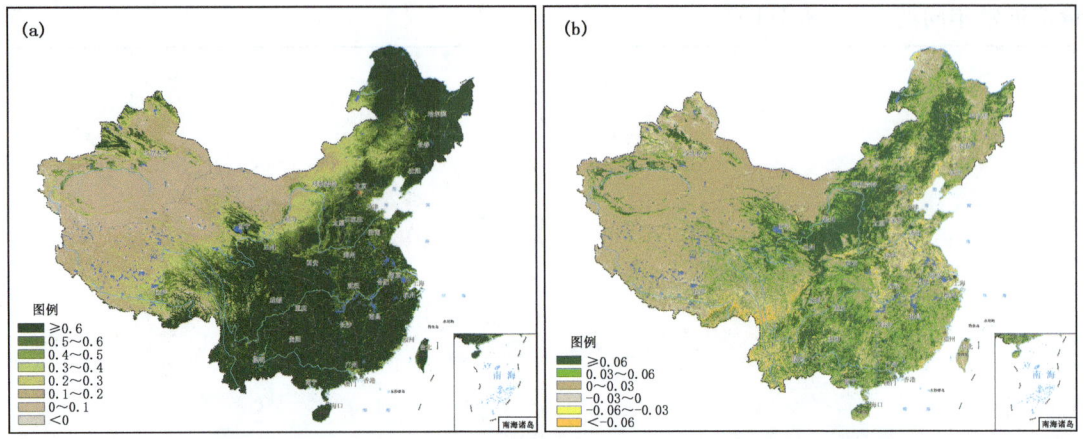

图 3.3.2 2018 年植被生长季(5—9 月)全国植被指数(a)与植被指数差异
(2018 年植被生长季与 2001—2010 年同期平均水平之差)(b)分布图

在有效应急措施的作用下,3 月 11—14 日北京市霾天气过程造成的污染程度相对减轻。

一、基本特征

1. 1961 年以来全国大气自净能力变化

全国大气污染防控重点地区的京津冀、长三角、珠三角和汾渭平原年平均大气自净能力指数呈下降趋势,低自净能力日数(大气自净能力指数低于 1.4(吨/(天·千米²)))呈上升趋势(表 3.4.1 和图 3.4.1)。1961—2018 年,京津冀、长三角和汾渭平原地区均表现为年平均大气自净能力指数下降、低自净能力日数增加;珠三角地区 2000 年以前大气自净能力指数和低自净能力日数变化不明显,但 2000—2018 年大气自净能力指数以 0.05(吨/(天·千米²))速率下降,低自净能力日数以 3.4 天/年速度增加。

表 3.4.1 2018 年大气污染防控重点地区大气自净能力和低自净能力日数变化特征

地区	大气自净能力指数		低自净能力日数	
	变化速率 (吨/(天·千米²·10 年))	距平百分率(%) (2018 年相对 1981—2010 年)	变化速率 (天/10 年)	距平百分率(%) (2018 年相对 1981—2010 年)
京津冀	−0.3	−16.3	7.3	45.1
长三角	−0.3	−11.7	6.8	23.6
珠三角	−0.2	−18.4	8.5	54.4
汾渭平原	−0.3	−7.3	6.3	−5.9

2. 2018 年全国大气自净能力特征

大气自净能力反映大气对污染物的通风扩散和降水清除能力。2018 年,东北大部、华北北部及内蒙古、山东半岛东部、青海南部、西藏中部、四川西北部和南部、云南东部和西北部、海南等地的大气自净能力指数在 4.5(吨/(天·千米²))以上,大气对污染物的清除能力较强;新疆西部局地大气自净能力指数小于 2.5(吨/(天·千米²)),大气对污染物的清除能力较差;全国其余大部地区为 2.5~4.5(吨/(天·千米²)),大气对污染物的清除能力一般(图 3.4.2)。

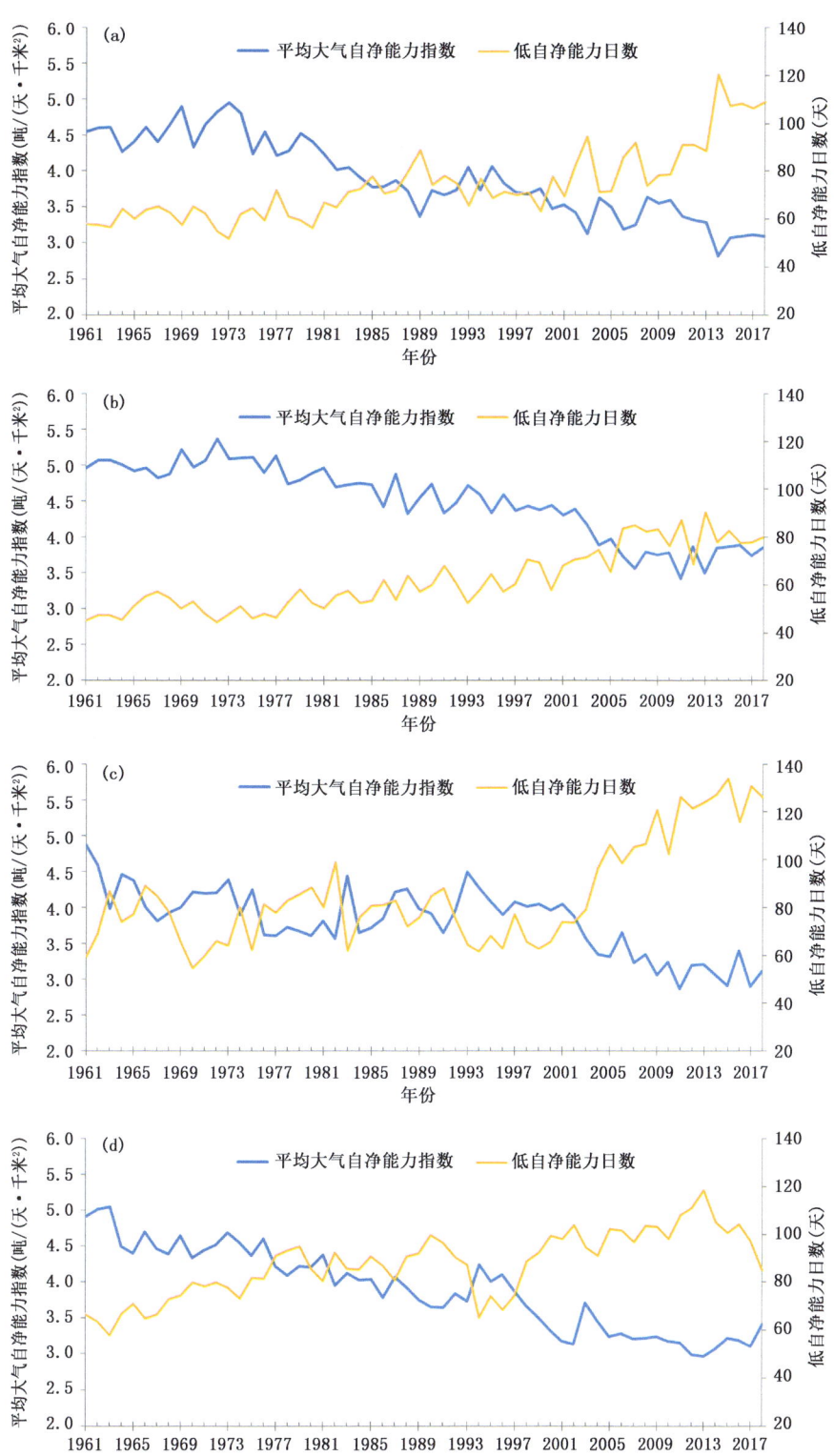

图 3.4.1　1961—2018 年京津冀(a)、长三角(b)、珠三角(c)和汾渭平原(d)地区年均大气自净能力和低自净能力日数历年变化

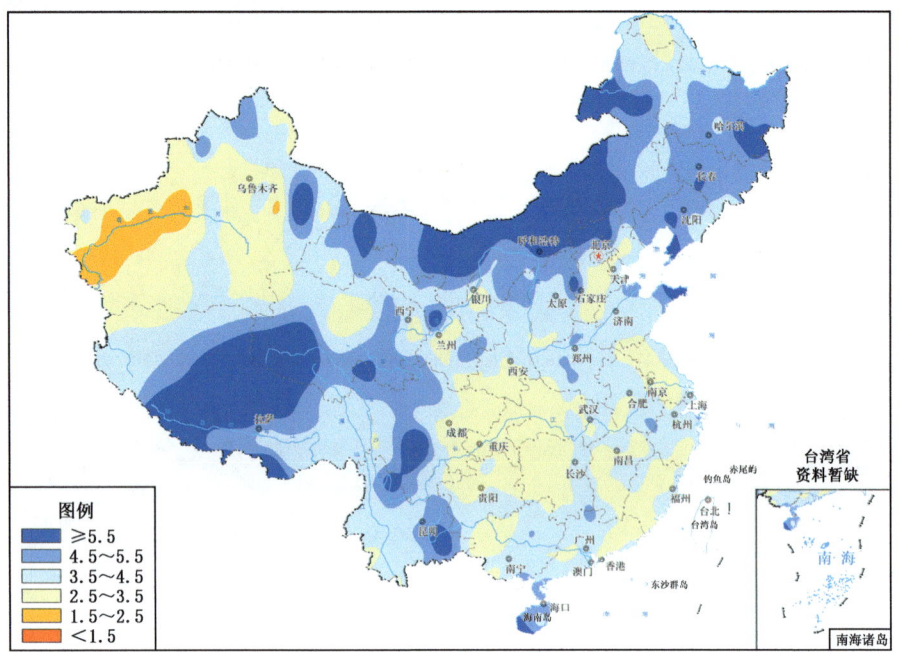

图 3.4.2　2018 年全国年平均大气自净能力指数分布图(单位：吨/(天·千米^2))

低自净能力日数较多代表该地区大气对污染物的清除能力较差的日数偏多。2018 年,西南东部、江南西部、江汉西部、华南东部以及河北中南部、新疆西南和中东部等地低自净能力日数一般多于 90 天,局部大于 120 天,大气对污染物的清除能力较差的日数偏多;平均大气自净能力指数在 4.5 吨/(天·千米^2)以上的地区低自净能力日一般少于 60 天,其他地区在 60~90 天(图 3.4.3)。与常年同期相比,我国华北东部、黄淮大部、江淮东部、西北中部以及浙江东南

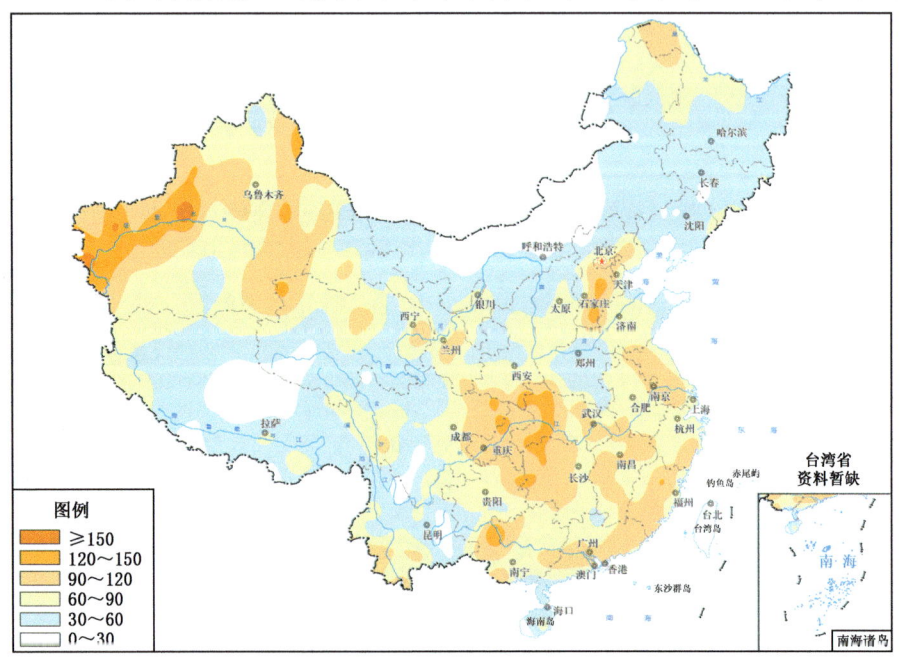

图 3.4.3　2018 年全国年低自净能力日数分布图(单位：天)

部、福建南部、广东东部、江西南部、湖南西南部、贵州大部、广西西部,云南东部、南部和西部,宁夏大部以及陕西南部等地的低自净能力日数偏多 5 天以上,其中北京、河北南部、山东大部、江苏大部、浙江南部、湖南西南部、贵州大部、云南西部和南部、广西西部、海南大部以及福建、广东和江西交界、新疆和青海交界地区等地偏多 10~20 天,局部地区偏多 20 天以上,上述地区大气对污染物的清除能力相对较差(图 3.4.4)。

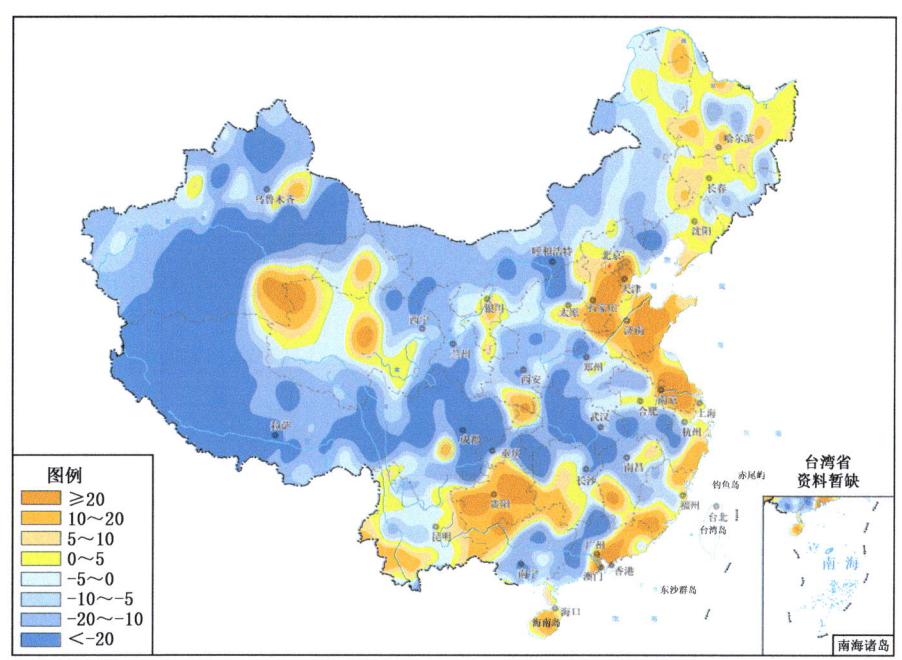

图 3.4.4 2018 年全国年低自净能力日数距平分布图(相对 1981—2010 年平均值)(单位:天)

二、典型事件分析

2018 年我国共发生 5 次大范围的霾天气过程事件,次数与 2017 年持平,但明显少于 2016 年。全国大范围的霾天气过程中,京津冀地区都在主要影响范围之内,空气质量达到重度污染以上级别。从京津冀地区的气象条件来看,5 次大范围的霾天气过程平均大气自净能力指数在 1.1~2.1(吨/(天·千米^2)),除 3 月 11—14 日过程之外,最长连续低自净能力日数均在 2 天及以上,持续不利的大气对污染物的清除条件是重污染发生的重要原因之一;11 月 12—15 日过程空气平均相对湿度较高,为 81.8%,有利于污染物的二次化学转化(表 3.4.2)。

11 月 24 日至 12 月 3 日过程持续时间较长,影响范围覆盖了京津冀及山东大部、河南大部、安徽北部、山西中南部、陕西关中、辽宁中西部等地。该时间段内江淮、黄淮出现大雾天气,且 11 月 25—26 日受冷空气影响北方地区出现了 1 次沙尘天气,河北和北京等地出现扬沙或浮尘天气,霾、雾和沙尘天气的叠加效应使得 26 日北京、石家庄和保定的 AQI 分别达到 267、306 和 410,达到重度污染或严重污染级别。

2018 年全国"两会"于 3 月在北京召开,3 月 11—14 日,北京地区出现了一次重污染天气,3 月 10 日 22:00 北京发布空气重污染橙色预警,启动了应急响应措施和区域应急联动等措施。此次过程中 11 日和 13 日北京的大气自净能力指数分别为 0.3 吨/(天·千米^2)和 0.7

吨/(天·千米²),气象条件较为不利,但是北京市的 $PM_{2.5}$ 日均浓度并未达到严重污染级别,且未出现 $PM_{2.5}$ 小时浓度爆发性增长现象。通过与具有相似气象背景的 2013 年 3 月 14—17 日北京的重污染天气过程对比研究发现,2018 年过程的 $PM_{2.5}$ 峰值浓度较 2013 年过程显著下降 25.4%;其过程 $PM_{2.5}$ 平均浓度较 2013 年过程减低 39.8 微克/米³;重度以上污染($PM_{2.5}$ 小时浓度≥150 微克/米³)持续时间较 2013 年过程减少 16.4%;$PM_{2.5}$ 浓度增长趋势较 2013 年平缓且未出现爆发性增长现象;评估还发现 2018 年 3 月 11—14 日减排措施使 $PM_{2.5}$ 浓度下降了 58 微克/米³。由此可见,在相对不利的气象条件影响下,有效的减排措施使得此次过程的污染程度得到了较好的控制。

表 3.4.2 2018 年大范围霾天气过程京津冀地区的气象条件

霾天气过程	持续时间(天)	平均大气自净能力指数(吨/(天·千米²))	最长连续低自净能力日数(天)	平均相对湿度(%)	平均混合层高度(米)
1月13—22日	10	1.7	4	55.2	573.2
3月11—14日	4	2.1	0	60.0	972.1
11月12—15日	4	1.4	2	81.8	537.3
11月24日至12月3日	10	1.5	4	66.0	557.9
12月19—22日	4	1.1	4	50.3	491.6

第五节 气候对能源需求的影响

2017/2018 年冬季采暖季,北方冬季平均气温较常年同期偏高,采暖度日较常年同期偏少,采暖需求减少;北方大部采暖初日较常年略偏晚,采暖结束日期较常年偏早,平均采暖期长度比常年偏少 11 天。北方 15 省(区、市)中,北京、辽宁、吉林、黑龙江冬季平均气温较常年同期偏低,其他省份温度均高于常年同期;除银川、石家庄、郑州采暖能耗降低外,北方大部分省会城市整体呈增加趋势,增幅为 0.8%~14.5%。2018 年夏季,全国大部地区平均气温较常年同期偏高,降温耗能相应也较常年同期偏高。

一、气候对北方冬季采暖耗能影响

1. 采暖季气温

2018 年采暖季(2017 年 11 月至 2018 年 3 月),北方地区平均气温为 −4.1℃,较常年(1981—2010)同期偏高 0.4℃,较 2017 年偏低 0.9℃(图 3.5.1)。1961—2018 年采暖季北方地区的平均气温整体呈上升趋势,上升速率约为 0.2℃/年。

2. 采暖期长度及采暖度日

(1)采暖初日和终日

2018 年北方地区大部城市采暖初日较常年偏晚,乌鲁木齐、长春、郑州等地采暖初日偏晚天数较长,其中郑州采暖初日较常年偏晚 21 天;北京、天津、哈尔滨等城市采暖初日提前 6~10 天。北方地区大部分城市采暖结束日期较常年偏早 2~24 天,其中哈尔滨、乌鲁木齐、兰州、呼和浩特、银川、长春等采暖结束日期提前 15~24 天(表 3.5.1)。

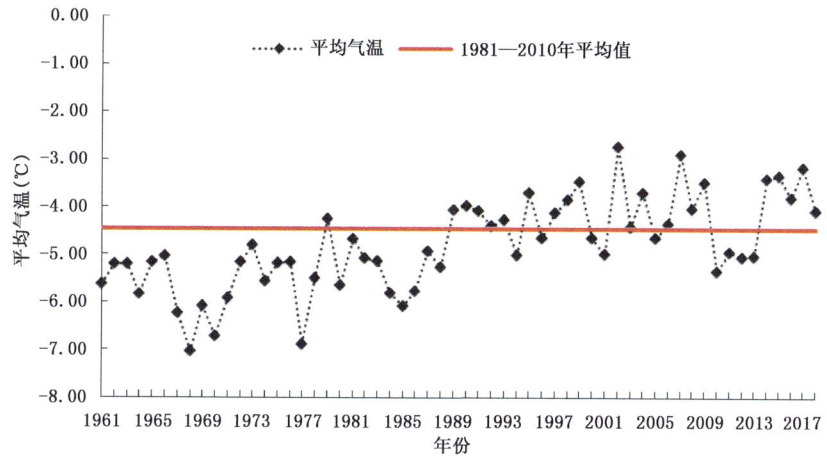

图 3.5.1　1961—2018 年采暖季(11 月至次年 3 月)北方地区平均气温变化

表 3.5.1　2017/2018 年北方省会城市采暖初、终日期和采暖长度及距平(单位:天)

站点	初日(年-月-日)	初日距平	终日(年-月-日)	终日距平	采暖期长度	采暖期长度距平
哈尔滨	2017-10-14	−10.4	2018-03-22	−19.2	160	−8.9
乌鲁木齐	2017-11-08	8.3	2018-03-17	−14.5	130	−22.8
西宁	2017-10-27	2.2	2018-03-23	−11.5	148	−13.8
兰州	2017-11-14	2.6	2018-02-28	−15.6	107	−18.2
呼和浩特	2017-10-28	0.4	2018-03-18	−14.7	142	−15.1
银川	2017-11-10	2.8	2018-02-26	−24.1	109	−26.8
石家庄	2017-11-24	2.7	2018-03-10	4.6	107	1.9
太原	2017-11-11	0.5	2018-03-19	−1.9	129	−2.4
长春	2017-11-08	10.5	2018-03-24	−14.9	137	−25.4
沈阳	2017-11-08	2.8	2018-03-24	−7.9	137	−10.8
北京	2017-11-11	−6.0	2018-03-10	−2.9	120	3.0
天津	2017-11-11	−7.0	2018-03-19	4.7	129	11.7
济南	2017-11-29	−2.7	2018-02-22	−2.2	86	0.5
郑州	2017-12-25	20.9	2018-02-13	−10.9	51	−31.8
北方平均	—	—	—	—	138.9	−11.6

注:初、终日距平负值表示日期提前,正值表示日期推迟;采暖长度距平负值表示缩短,正值表示延长。

(2)采暖期长度

2018 年北方地区大部分地区由于采暖初日偏晚、采暖终日偏早,导致平均采暖期长度偏短(表 3.5.1)。北方地区平均采暖期长度为 139 天,较常年少 11 天,乌鲁木齐、银川、长春、郑州等城市偏少 23~32 天。1961—2018 年北方地区平均采暖期长度变化显示,1961—1995 年北方地区平均采暖期长度较长,1996—2018 年北方地区平均采暖期长度呈显著缩短趋势,较常年平均长度偏短(图 3.5.2)。

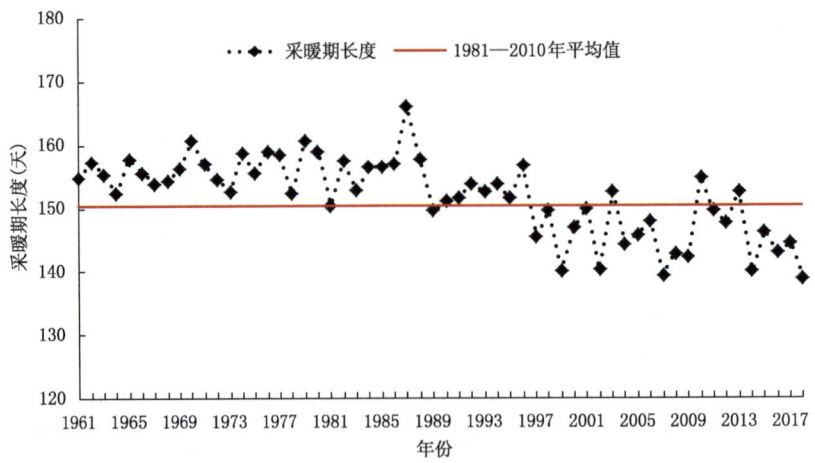

图 3.5.2　1961—2018 年北方地区平均采暖期长度变化

(3) 采暖期度日

2018 年北方地区采暖季平均气温偏高、采暖期偏短，采暖需求减少。2018 年北方地区采暖期度日总量为 1489.4℃·天，较常年偏少 48.2℃·天（图 3.5.3）。1961—2018 年北方地区采暖期度日总量变化显示，1961—1988 年采暖期度日总量较高，1989—2018 年采暖期度日总量显著降低，近 5 年采暖期度日总量均在常年值以下。

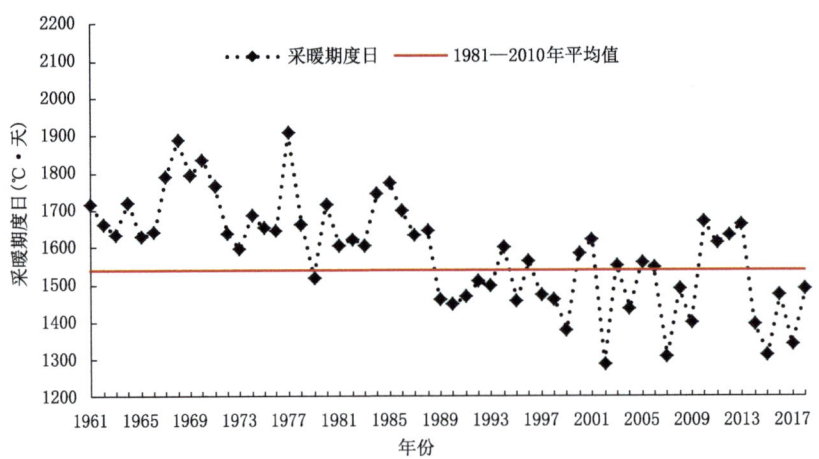

图 3.5.3　1961—2018 年北方地区采暖期度日总量变化

3. 温度变化对北方冬季采暖影响评价

(1) 单站采暖耗能

表 3.5.2 显示，2017 年 12 月，北方省会城市哈尔滨、西宁、长春、沈阳气温较常年同期偏低 0.4~2.9℃，采暖耗能有所增加，其中哈尔滨增加幅度高达 14.8%；其余十多个城市气温偏高 0.3~2.5℃，采暖耗能显著降低，减幅为 4.3%~31.6%，石家庄采暖耗能降低幅度较大。2018 年 1 月，兰州、银川、太原气温较常年同期略偏高，采暖耗能降低；其余城市气温均偏低，采暖耗能增幅为 0.6%~23.5%，乌鲁木齐由于气温偏低造成的采暖耗能增幅尤为显著。

2018年2月,除乌鲁木齐、郑州气温较常年同期偏高,采暖耗能减幅分别为2.3%和33.9%;其余城市气温均偏低0.2~3.9℃,其中北京、沈阳、哈尔滨、西宁、兰州采暖耗能增幅接近或超过20%。从整个冬季来看,除银川、石家庄、郑州略偏高以外,北方地区大部分省会城市气温普遍偏低;其中,郑州采暖耗能降幅为16.6%,哈尔滨、西宁、沈阳增幅较高达10.4%~14.5%。

表 3.5.2 2017/2018 年北方部分站点月、冬季气温距平(℃)和采暖耗能变率(%)

站点	12月		1月		2月		主采暖期	
	气温距平	耗能变率	气温距平	耗能变率	气温距平	耗能变率	气温距平	耗能变率
哈尔滨	-2.85	14.75	-1.93	8.04	-3.91	20.68	-2.90	14.49
乌鲁木齐	2.46	-17.53	-4.27	23.50	0.37	-2.34	-0.48	1.21
西宁	-0.52	4.33	-0.38	3.28	-2.28	25.79	-1.06	11.13
兰州	0.6	-8.01	0.42	-3.89	-1.57	26.58	-0.18	4.89
呼和浩特	0.76	-6.23	-1.05	6.05	-1.44	11.34	-0.24	3.72
银川	0.69	-7.42	0.31	-2.47	-0.25	2.97	0.25	-2.31
石家庄	1.1	-31.64	-0.37	5.07	-0.57	12.13	0.05	-4.82
太原	0.31	-4.25	0.14	-1.30	-0.58	7.83	-0.04	0.76
长春	-0.83	5.38	-0.9	4.23	-2.42	14.88	-1.38	8.16
沈阳	-0.44	3.66	-1.41	8.47	-2.26	19.10	-1.37	10.41
北京	0.82	-12.89	-0.12	1.82	-1.12	19.12	-0.14	2.68
天津	0.69	-12.01	-0.39	4.94	-0.9	14.79	-0.14	2.57
济南	0.69	—	-0.69	11.26	-0.22	6.43	-0.07	8.84
郑州	1.94	—	-0.03	0.64	1.18	-33.89	1.03	-16.63

注:—表示数据缺失。

(2)区域采暖耗能

北方15省(区、市)冬季采暖耗能评估结果显示(图3.5.4),青海、河南、山西、宁夏四省冬季平均气温较常年同期略高,采暖能耗降幅为1.7%~10.8%;其他省份冬季平均气温较常年同期偏低,采暖耗能增加,辽宁、陕西、吉林、黑龙江增幅较高,为8.8%~12.6%。从冬季各月来看,2017年12月,除辽宁、黑龙江、吉林平均气温较常年同期偏低0.2~2.3℃外,采暖耗能增加2.2%~10.5%;其他省份温度均偏高0.1~2℃,采暖耗能减少0.5%~32.4%,其中河南减幅最为显著。2018年1月,北方15省(区、市)除青海省以外,其他各省平均气温偏低0.2~2.5℃,采暖耗能增幅为0.5%~22.2%。2018年2月,除河南和青海省外,其余省市平

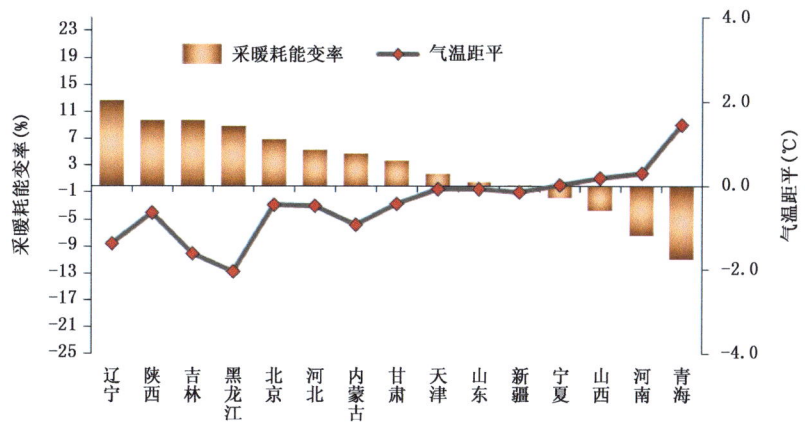

图 3.5.4 2017/2018 年冬季北方 15 省(区、市)采暖耗能变率和气温距平变化

均气温偏低 0.2～3.4℃，采暖耗能整体减幅为 2.0%～21.5%。

二、气候对夏季降温耗能的影响

2018 年夏季，全国大部地区平均气温较常年同期偏高，降温耗能相应也较常年同期偏高。据统计，2018 年夏季全国用电量为 18 668 亿千瓦时，同比增长 7.9%，其中 6 月、7 月和 8 月用电量分别为 5663 亿千瓦时、6484 亿千瓦时和 6521 亿千瓦时，同比分别增长 8.0%、6.8% 和 8.8%。

6 月，银川、兰州、呼和浩特、北京、天津、郑州、乌鲁木齐、南京、石家庄、长春、上海、南昌、重庆等地气温较常年同期偏高明显，降温耗能偏高 60% 以上；太原和沈阳气温较常年同期略偏高，但降温耗能偏高幅度达 90% 以上；贵阳气温较常年同期偏低明显，降温耗能偏低 43%；其余省会城市降温耗能变化幅度介于 -10%～50% 之间。7 月，除广州、福州、海口、南宁、呼和浩特外，全国大部分省会城市平均气温较常年同期偏高，降温耗能也普遍偏高，其中长春、沈阳、哈尔滨、银川、太原等地降温耗能偏高 114%～245%（图 3.5.5）。8 月，全国大部分省会城市因平均气温偏高降温耗能均偏高，其中，太原、呼和浩特、郑州、银川、北京、兰州降温耗能偏高 112%～207%；南宁、贵阳、广州、海口、哈尔滨气温较常年同期偏低，降温耗能减少 15% 以上。

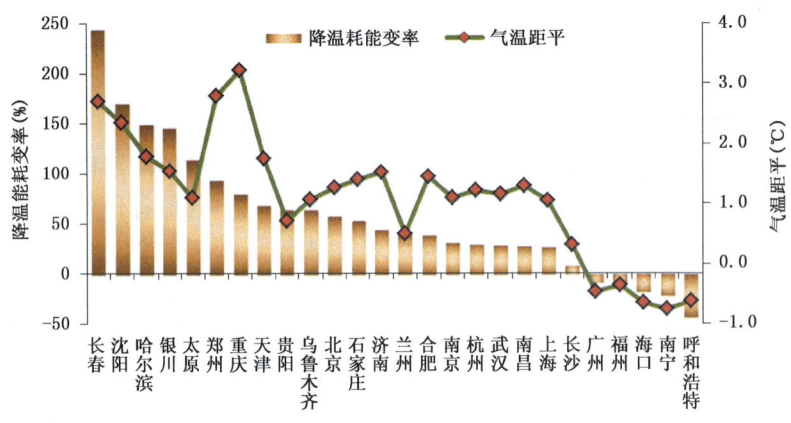

图 3.5.5　2018 年 7 月主要城市降温耗能变率和气温距平变化

第六节　气候对人体健康的影响

2018 年，全国平均舒适日数 126.5 天，比常年偏少 6.4 天。除春季舒适日数较常年同期偏多 4.5 天外，其他 3 个季节偏少 1.2～4.6 天。

一、舒适日数基本特征

1. 年舒适日数

2018 年，全国平均舒适日数 126.5 天，比常年（132.9 天）偏少 6.4 天（图 3.6.1）。全国大部地区年舒适日数偏少，其中西北东部、西南东北部及新疆西南部和东北部、山西大部、河北中部和东北部、河南西部、湖北西部、江西西北部、西藏中部偏南等地偏少10～30天,局部超过20天;全国其余大部接近常年同期或偏多,内蒙古中部和东北东北部、青海中部和西北部、西藏东南部、云南中部和东南部等地舒适日数略偏多10～20天,其中局部超过20天(图3.6.2)。

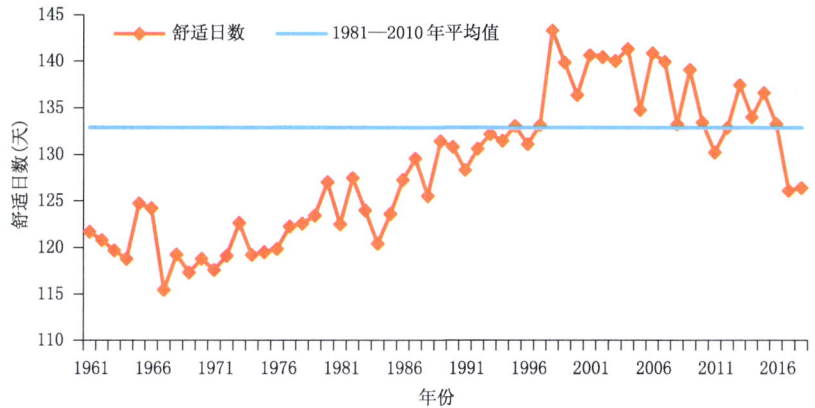

图3.6.1　1961—2018年全国平均年舒适日数历年变化

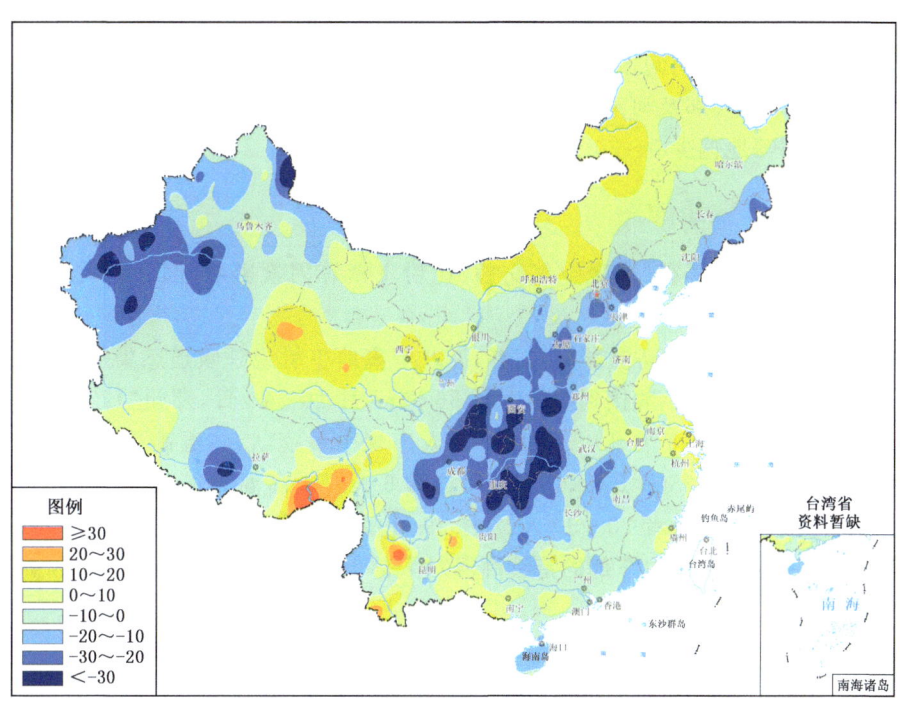

图3.6.2　2018年全国年舒适日数距平分布图(单位:天)

2. 四季舒适日数

(1)冬季舒适日数较常年同期偏少

2017/2018年冬季,全国平均舒适日数有20.5天,较常年同期(25.1天)偏少4.6天。西北地区西部和东南部、华北西南部和东北部、黄淮西北部、江汉西部和东南部、江南西北部及西藏北部和中部等地偏少5～20天,局部超过20天;全国其余大部地区接近常年同期或偏多,浙江东南部、安徽西部、湖南东北部、贵州西南部、云南西北部、西藏东南部等地偏多5~10天,局部超过10天。

(2)春季舒适日数较常年同期偏多

2018年春季,全国平均舒适日数有32.4天,较常年同期(27.9天)偏多4.5天。华北大部、黄淮、江淮、江汉大部、江南西部和东北部及新疆西南部和中东部、内蒙古中西部和东南部、宁夏大部、陕西南部、四川东部、重庆西南部、贵州、湖南中北部等地舒适日数较常年同期偏多5~20天,局地超过20天;全国其余大部地区接近常年同期或偏少,其中华南东南部和海南偏少5~10天,局部超过10天。

(3)夏季舒适日数较常年同期偏少

2018年夏季,全国平均舒适日数有48.8天,较常年同期(50天)偏少1.2天。除新疆北部、青海中北部、甘肃中部、内蒙古中部和东部、四川中部、西藏东部、云南东南部等地舒适日数较常年同期偏多5~20天,局地超过20天外,全国其余大部地区接近常年同期或偏少,其中东北中南部、西北东南部、华北大部、黄淮、江淮、江汉、江南东北部和西北部及四川东部、重庆北部、贵州中部等地偏少0~20天,局部超过20天。

(4)秋季舒适日数较常年同期偏少

2018年秋季,全国平均舒适日数有26.3天,较常年同期(29.9天)偏少3.6天。除华南南部等地舒适日数较常年同期偏多5~10天外,全国其余大部地区接近常年同期或偏少,其中华北大部、西南中东部的大部及河南西部、湖北西部、湖南西部、江西西北部、新疆中南部部分、内蒙古西部和中南部等地偏少5~20天。

二、气候对人体健康的影响

冬春季,大部地区受雾霾、冷暖空气交替、花粉飞絮等因素影响,部分呼吸系统疾病患者增多。

2018年6—8月,受持续高温影响,江苏、湖北等多地中暑或呼吸道感染等疾病患者增多。7月7—17日,合肥急救中心共接到中暑呼救56例;7月16—19日,郑州"120"接诊晕倒病患15人,疑似高温中暑8人。7月19日重庆一工人出现中暑症状,体温高达42℃;西安市出现多起中暑死伤事件。7月28日开始,辽宁沈阳连续6天出现高温天气,中暑患者持续增加,入伏以来平均每天接诊中暑患者20~30人,7月29日接诊中暑患者95例,7月30日则突破了100例,创下历史新高。8月中东部的持续高温对人体健康产生一定影响,医院因高温致热射病、热伤风和肠胃炎患者急剧增长。

第七节 气候对交通的影响

一、气候对交通运营的影响

2018年,全国交通运营不利日数(10毫米以上降水、雪、冻雨、雾及扬沙、沙尘暴、大风天气日)除西藏南部、新疆西南部、甘肃西部、青海中北部和宁夏中部等地少于20天外,其余大部地区普遍在20天以上,其中江南、华南大部地区以及重庆、云南南部、湖北中部、河南南部等地超过60天(图3.7.1)。

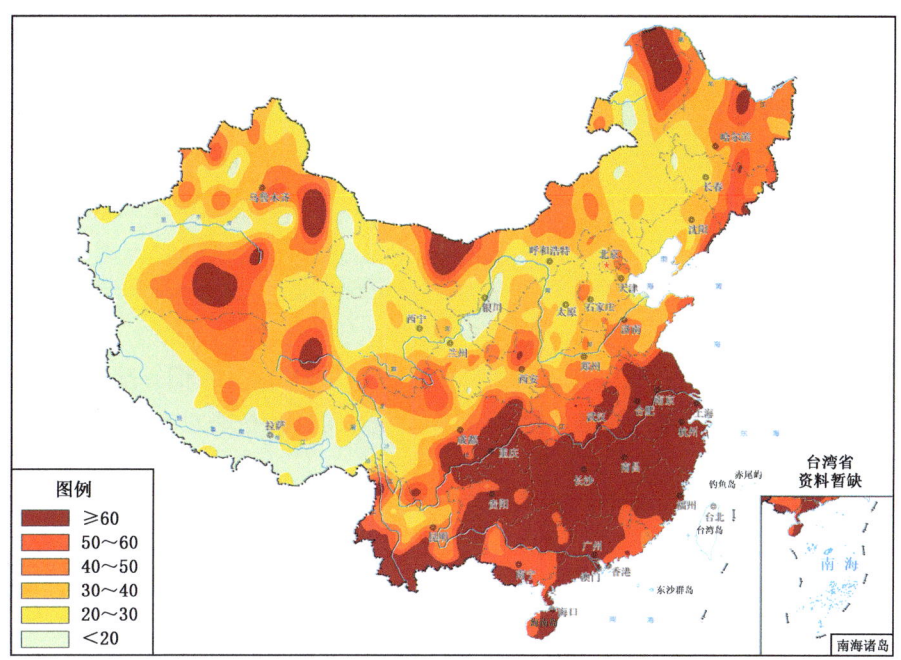

图 3.7.1 2018 年全国交通运营不利日数分布图(单位:天)

与常年相比,东部地区大部及新疆东部和中北部、西藏中部等地交通不利日数偏多 10 天以上,其中黄淮中部、江淮、江汉东部、西南东部地区及福建西北部、广东东南部、广西北部和南部、海南东部、云南中南部、新疆中部、内蒙古东北部、黑龙江东北和东南部等地偏多 20 天以上;西藏西部、新疆西南部、青海西部和东南部、甘肃中西部等地不利日数相对偏少,局部地区偏少 10 天以上(图 3.7.2)。

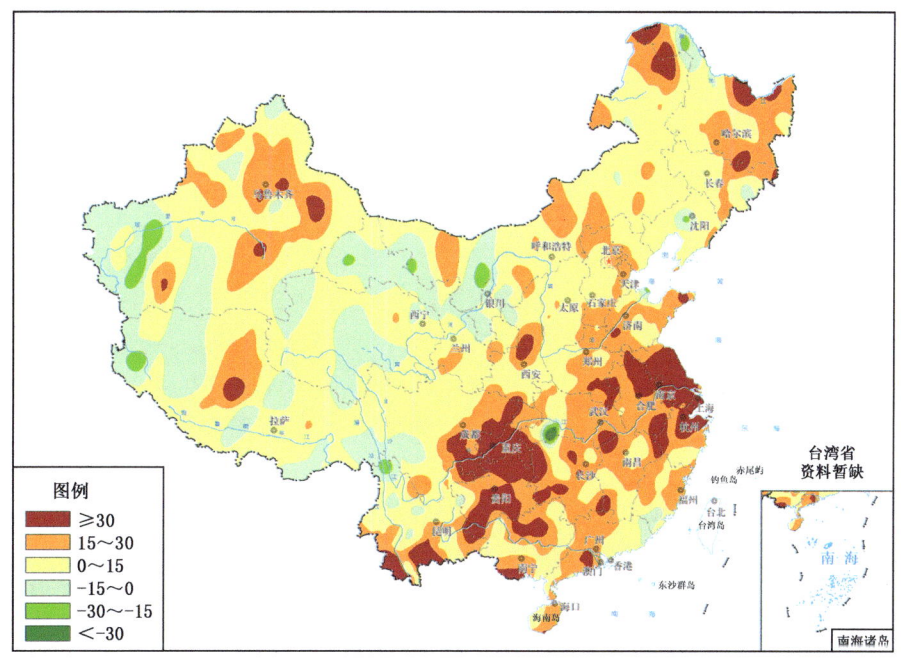

图 3.7.2 2018 年全国交通运营不利日数距平分布图(单位:天)

二、气候对交通影响事例

2018年,冬春季的大雾、雨雪冰冻以及夏秋季的台风、暴雨、强对流等不利天气给公路、铁路和航运或航空运输造成较大影响。

1. 雾

2月15—28日,琼州海峡遭遇1951年以来首次出现的持续长时间大雾天气,受大雾影响,造成渡轮多次停航,导致琼州海峡南岸大量旅客和车辆滞留,海口市严重交通拥堵。期间,海口机场也多次受大雾天气影响,导致数百架次航班不同程度延误,数千名旅客滞留机场。

2月25日,新疆乌鲁木齐机场受大雾天气影响,80余架次航班不同程度延误和取消,6000余名旅客滞留机场。受此影响,新疆喀什、库尔勒和莎车等支线机场也出现不同程度的航班延误和旅客滞留。

11月19日07时,大广高速河南驻马店段因突发团雾导致2千米内发生3起交通事故,共28辆车发生追尾,造成9人死亡;19日09时,京台高速山东宁阳段连续发生4起交通事故,涉及16辆车,造成1人重伤。

2. 雨雪冰冻

3月3日,黑龙江省大庆、绥化、伊春、哈尔滨、牡丹江等地多地降雪,哈尔滨发布暴雪橙色预警。受降雪天气影响,哈尔滨太平国际机场共有80余个航班受影响;受降雪及道路结冰影响,省内大部分高速公路临时封闭。

10月2日,四川甘孜州康定市普降大雪,导致国道318线折多山路段交通中断,3日有千余台车辆和驾乘人员受阻在折多山上,国道318线康定境内多条道路采取临时交通管制。

10月17—18日,以新疆乌鲁木齐为中心的天山山区及其两侧出现暴雪天气,积雪深度达5~20厘米,暴雪最强时段出现在18日。暴雪造成17条10千伏线路电力故障及部分车辆受损;乌鲁木齐国际机场航班出现大规模延误。

3. 台风

7月,受台风"玛莉亚"影响,导致福建境内176条次公路中断,158对动车停运,213个航班被取消;浙江境内54条次公路中断,69处公路遭水毁;杭州萧山国际机场7月11日部分航班取消。

7月22—25日,受台风"安比"影响,中国铁路上海局集团有限公司暂停运行部分旅客列车,上海浦东、虹桥机场停航660次,多条轮渡停航,东海大桥封闭,多条高速限速。浙江宁波、舟山、台州、温州等地航运受到影响。江苏部分地区轮渡、客运站、机场、列车停航停运。

8月,受台风"贝碧嘉"登陆影响,10—15日琼州海峡3次长时间停航,湛江、徐闻过海滞留车辆创历史纪录,海南多地内涝导致交通严重受阻;15日,海南多条铁路、客船轮渡停运、停航。

9月16—17日,受强台风"山竹"影响,广东省广州、深圳、珠海等18个地级市辖区内的47条高速公路及特大桥梁实施全线封闭措施;进出广东的跨省高铁动车和普速列车全部停运;福州、珠海、深圳、广州、南宁等机场共取消航班1811班,其中深圳、珠海机场16日航班全部取消。

4. 降水和强对流

5月7日上午,厦门市遭遇特大暴雨,导致多处出现严重积水,厦门思明区、湖里区及翔安区启动防暴雨洪水Ⅰ级应急响应,包括厦门大学、厦门城市职业学院在内的部分学校下午停课。厦门空港数百个航班延误,40余个航班被取消,21个航班临时备降周边机场。

5月17日凌晨和5月21日上午,成都机场分别遭遇了两次强雷暴天气袭击,导致成都机场出现了大面积航班延误,1万多名旅客滞留机场,百余航班被迫取消。

7月3日,受持续性暴雨天气影响,成都机场161架次航班取消,是近年来成都机场因极端天气单日取消航班量最多的一次。

7月16日,北京及华北区域出现大范围雷雨天气,首都机场启动大面积航班延误红色预警,取消航班110架次。受强降雨影响,北京密云、怀柔等地区的多条山区公路出现山体塌方及路面积水状况,造成道路阻断。

第四章　专题报告

第一节　延伸期流域水资源与洪水风险预估

可靠及时的径流预测可服务于不同的用户,如可在应急服务、水力发电、灌溉、农村和城市供水、环境管理等领域发挥重要作用。为了满足不同用户的需求,过去几十年中已经提出并开发了许多水文预测模型与预测系统。如美国国家气象局的高级水文预测应用多种模型提供从未来几小时到未来几个月的全美洪水和干旱预测(https://water.weather.gov/ahps/forecasts.php)。英国气象局基于统计相似、持续性预测、径流集合预测等多种方法,然后经过专家研判每月发布河川径流和地下水预测意见(http://www.hydoutuk.net/latest-outlook/)。澳大利亚气象局应用贝叶斯联合概率模型,定期发布的多个流域的季节径流预测产品,包括概率分布、三分位预测和超越概率3种产品(http://www.bom.gov.au/water/ssf/)。瑞士2008年业务化应用的水文气象集合预测系统耦合了水力模型、半分布式水文模型及来自2个气候预测模式的气候驱动(Addor et al.,2011)。

目前,水文预测常用的模型通常可分为2类,即基于数据驱动的预测模型和基于过程的预测模型。前者建模时难以考虑水文过程,在超出观测范围应有时需要非常谨慎。后者由于水文模型、初值、大气驱动的不确定性,结果具有较大的不确定性。为了改进水文预测,近年来出现了许多方法。如融合统计模型和动力模型优点的混合方法,21世纪初提出的基于气候模式的集合水文预测方法。基于气候模式的集合水文预测方法对于较长预测时效的水文预测该方法优于传统的ESP。但是,获得准确的径流预测仍是一个难题,特别是丰水期的中长期预测。例如:尽管提出了不同的偏差订正或降尺度模型,但气候模型输出粗分辨率引起的气候驱动误差、偏差仍是影响径流预测准确率的一个问题。另一方面,基于过程预测的不确定性仍需要进一步解决,集合技术即是目前常用的方法之一。

一、延伸期水资源与洪水风险预测方法

1. 气候—水文模型耦合的径流模拟

应用气候—水文模型单向耦合的方法实现水资源异常与洪水风险预测。气候模式采用国家气候中心第二代延伸期气候预测DERF2.0模式,水文模型采用半分布式水文模型HBV(Liu et al.,2019)。首先对DERF2.0气候预测模式输出的未来57天逐日降水和气温进行空间降尺度和订正处理,以提高水文模型气候驱动场的空间分辨率、降低气候模拟预测偏差。然后用处理过的气候场驱动水文模型HBV进行逐日径流模拟,模拟时用前2年的观测气候驱动水文模型以获得理想初值。应用DERF2.0 6大共24个成员的气候预测输出驱动水文模型,以获得具有24个成员的径流集合预测。应用该方法,基于DERF2.0历史回报和实时预

测数据进行流域径流历史回报与实时预测。表 4.1.1 列出了 3 个示例预测时段及对应集合预测成员构成。

表 4.1.1　预测时段及预测集合成员对应的 DERF2.0 输出

DERF2.0 起报日期			预测提取时段
预测时段 1 6月1日至7月21日	预测时段 2 7月1日至8月20日	预测时段 3 8月1日至9月20日	
5月26日	6月25日	7月26日	7～57 天
5月27日	6月26日	7月27日	6～56 天
5月28日	6月27日	7月28日	5～55 天
5月29日	6月28日	7月29日	4～54 天
5月30日	6月29日	7月30日	3～53 天
5月31日	6月30日	7月31日	2～52 天

2. 水资源和洪水风险预测

流域水资源预测包括单值确定性预测和集合概率预测。单值确定性预测是指某个时段水文变量相对多年平均值的距平或距平百分率。这里的水资源异常预测包括流域出口水文控制站集合平均的径流距平百分率、子流域面雨量、土壤含水量和径流深距平(或距平百分率)。前者反映整个流域情况，后者以子流域为基本单元反映几个水平衡项的空间分布格局。水资源集合概率预测包括出口水文控制站及子流域径流量的三分位预测。洪水风险是指预测时段内日流量超过历史同期某极端值日流量的概率。极端值可以是历史同期最大值、90％百分位数值、95％百分位数值等,这里取历史同期最大值和95％百分位数值两种,用于预测超历史同期最大值、超历史90％极端值的洪水风险。

3. 历史回报检验

应用 WMO 推荐的平均方差技巧评分 MSSS、距平相关系数 ACC 对确定性预测回报进行检验评估,应用相对操作特征 ROC 对三分位概率预测回报进行检验评估。平均方差技巧评分 MSSS＝1,完美预报,越接近 1 技巧越高,＜0,低于气候平均。ACC 正值表明预测偏差与观测偏差相关性高。ROC 曲线面积(AUC)在[－1,1],值越接近 1 预测技巧越高,等于 0.5 无技巧。

二、典型时段典型流域历史回报检验

基于伊洛河流域出口控制站黑石关、北江流域出口控制站石角 1983—2016 年历史回报径流量和观测气候驱动的对应时段径流量,应用 MSSS、ACC、AUC 指标评估了基于 DERF2.0 和 HBV 耦合模型对表 4.1.1 所列 3 个预测时段的日流量模拟能力。

结果表明,无论确定性预测还是概率预测,其预测技巧均随预报时效延长下降,有技巧预测时段天数随流域位置及预测时段变化,最长的可达 51 天,最短的不到 5 天(表 4.1.2)。3 个预测时次相比,无论是指标平均值还是有技巧天数,伊洛河黑石关站 7 月 1 日至 8 月 20 日预测技巧相较于其他两个时段整体偏低,而北江 6 月 1 日至 7 月 21 日预测技巧相较两个时次偏高(图 4.1.1 和表 4.1.2)。

表 4.1.2 时段平均的技巧评分及时段内有技巧预测天数

水文站	指标	预测时段		
		6月1日至7月21日（指标值/天数）	7月1日至8月20日（指标值/天数）	8月1日至9月20日（指标值/天数）
黑石关	MSSS	0.13/33	0.0/22	0.19/30
	ACC	0.26/39	0.07/27	0.25/31
	AUC_A	0.82/47	0.58/25	0.67/47
	AUC_N	0.66/43	0.53/24	0.57/40
	AUC_B	0.78/48	0.53/26	0.67/35
石角	MSSS	0.16/30	0.07/18	0.12/23
	ACC	0.30/41	0.14/22	0.28/38
	AUC_A	0.65/48	0.90/44	0.61/36
	AUC_N	0.52/26	0.65/40	0.56/33
	AUC_B	0.67/42	0.84/35	0.65/42

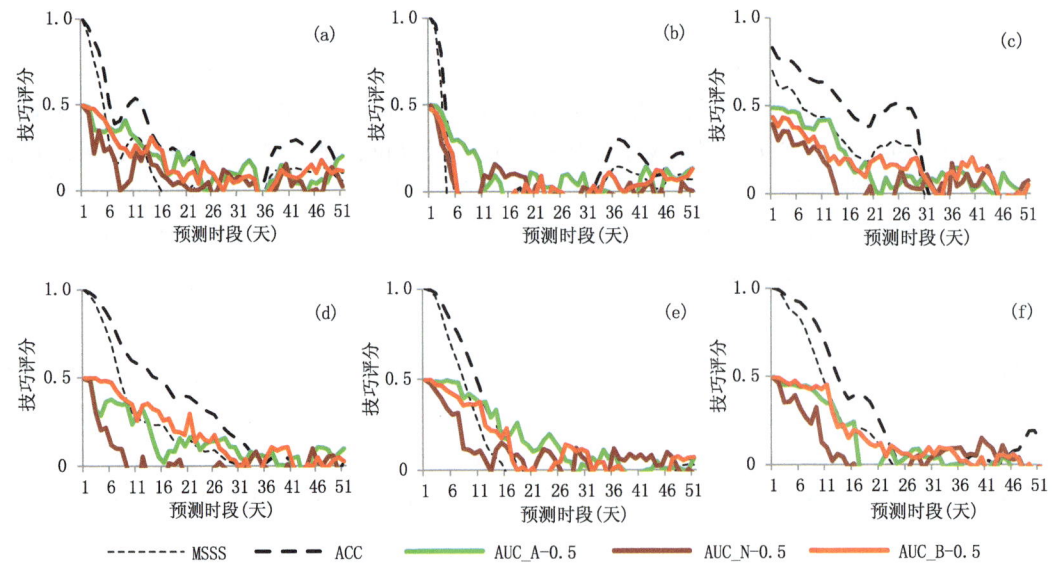

图 4.1.1 未来51天的伊洛河黑石关站(a)、(b)、(c)和北江石角站(d)、(e)、(f)逐日径流量各评估指标值（左列：6月1日至7月21日；中列：7月1日至8月20日；右列：8月1日至9月20日）

第二节 中国干旱灾害直接经济损失预估技术研究

干旱灾害是全球最主要的自然灾害之一。1984—2017年全球每年的干旱灾害直接经济损失平均超过165亿美元，约占气象灾害总损失的13%。近10年（2008—2017年），全球干旱年均损失显著增加，达到238亿美元，是多年平均的1.4倍。中国也是受干旱灾害影响严重的国家之一。1984—2017 年,中国干旱灾害造成直接经济损失年均超过 444 亿元人民币(按 2015 年可比价格计算),约占气象灾害总损失的 20%。近 10 年,干旱灾害直接经济损失增加到 686 亿元人民币,是多年平均的 1.5 倍。在气候变暖背景下,中国未来将可能面临更严重的干旱事件,加之未来社会经济快速发展,干旱带来的社会经济损失可能会进一步加剧,如何定量评估干旱灾害直接经济损失及预估旱灾风险就显得尤为重要。

一、概况

旱灾风险评估是定量认识旱灾风险机理、科学防控旱灾风险的重要基础性研究。IPCC 报告指出,灾害风险的产生和危害性与自然事件、社会条件、承灾体等因素相互作用,共同构成复杂而有机的灾害风险系统。自然灾害风险的大小取决于致灾因子、承灾体的暴露度和脆弱性等诸多因素。致灾因子是灾害发生或灾害风险增大的根本原因,干旱灾害致灾因子常用发生频率、强度、趋势等参数来表征;暴露度为人员、生计、环境服务和各种资源、基础设施以及经济、社会和文化资产处在可能受到不利影响的位置;脆弱性是承灾体内在的一种特性,是承灾体受到自然灾害时自身应对、抵御和恢复能力的特性。为预估中国干旱灾害直接经济损失,将以干旱强度作为致灾因子,以单位面积国民生产总值作为承灾体来计算旱灾暴露度,以直接经济损失来作为旱灾脆弱性评价指标。

基于 13 个全球气候模式 22 次运行预估的气候要素数据(表 4.2.1),采用 SPEI 和 PDSI 干旱指数,利用"强度—面积—持续时间"三维度极端事件辨识方法,辨识中国干旱事件的强度、暴露面积和持续时间。在共享社会经济路径(SSP)下对中国社会经济预测的基础上,充分考虑经济社会发展适应能力的提升,构建了全国 31 个省(区、市)与适应能力相适应的干旱强度—损失脆弱性曲线,并在可持续路径(SSP1)、中间路径(SSP2)、区域竞争路径(SSP3)、不均衡路径(SSP4)和化石燃料为主的发展路径(SSP5)等 5 种共享社会经济路径情景下,预估了全球升温 1.5℃和 2.0℃干旱带来的经济损失及损失相当于年度 GDP 比重情况。

表 4.2.1 全球气候模式信息表

模式	空间分辨率(经度×纬度)
CNRM-CM5	1.40625°×1.4008°
CanESM2	2.8125°×2.7906°
GFDL-CM3	2.5°×2.0°
GFDL-ESM2G	2.0°×2.0225°
GFDL-ESM2M	2.5°×2.0225°
HadGEM2-ES	1.875°×1.25°
IPSL-CM5A-LR	3.75°×1.8947°
IPSL-CM5A-MR	2.5°×1.2676°
MIROC-ESM	2.8125°×2.7906°
MIROC-ESM-CHEM	2.8125°×2.7906°
MIROC5	1.40625°×1.4008°
MRI-CGCM3	1.125°×1.12148°
NorESM1 M	2.5°×1.8947°

二、中国干旱直接经济损失预估

将干旱指数时间步长设置为 1 个月,以 SPEI≤－1 或 PDSI≤－2 作为干旱标准,利用"强度—面积—持续时间"三维度极端事件识别模型识别干旱事件,并选取其中面积超过 50000 平方千米的干旱事件开展预估研究。

基准期 1986—2005 年,中国干旱事件的平均强度分别在－1.83(SPEI)和－3.6(PDSI)附近波动,干旱等级为严重干旱。全球温升 1.5℃和 2.0℃时,由 SPEI 确定的平均干旱强度,将进一步增加到－2.10 和－2.25,而由 PDSI 确定的平均干旱强度将达到－4.0 和－4.2,干旱等级为极端干旱;面积超过 200 万平方千米的大面积干旱事件的平均强度略低于小面积干旱事件平均强度(图 4.2.1(a)和(d))。

SPEI 指数计算的平均干旱事件面积在基准期内约有 608 300 平方千米,而在全球温升 1.5℃和 2.0℃时分别增加至 709 400 平方千米和 880 800 平方千米,即分别增加 16.6% 和 44.8%。同时,PDSI 指数的平均干旱覆盖率从参考时期的 475 900 平方千米分别增加到 486 500 平方千米和 518 200 平方千米(图 4.2.1(b)和(e))。

全球温升 1.5℃和 2.0℃时,与基准期相比,干旱事件的总频率预计将略有增加。SPEI 指数计算结果表明,小面积的干旱事件发生频率将减少,但面积大于 50 万平方千米的大面积干旱事件可能更频繁地发生。PDSI 指数则表明,不同面积的干旱事件频率都将增加(图 4.2.1(c)和(f))。

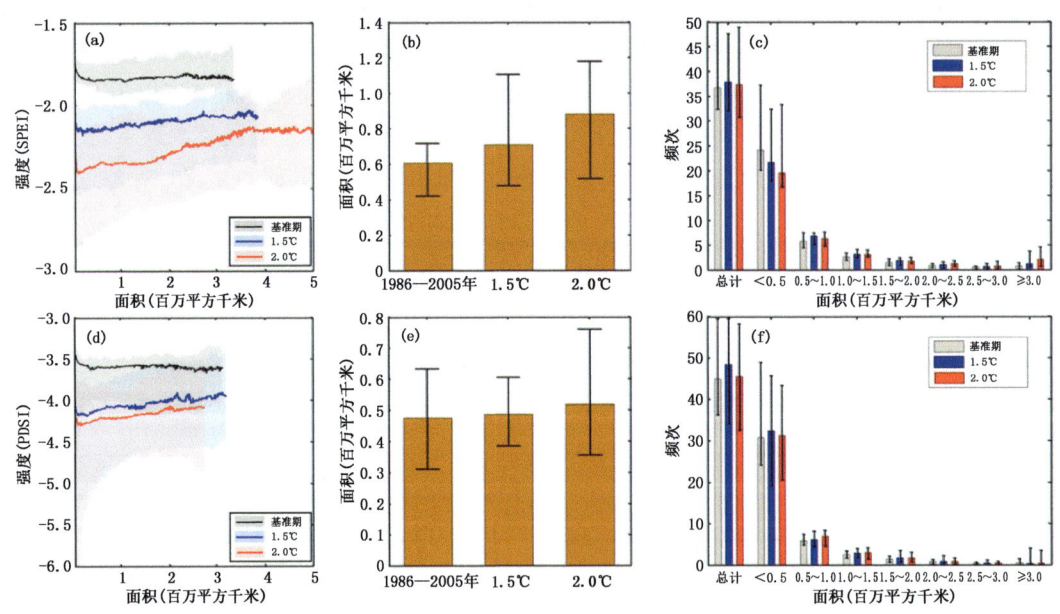

图 4.2.1　全球温升 1.5℃和 2.0℃及基准期(1986—2005 年)中国不同面积干旱事件的干旱强度(a)和(d),干旱事件平均面积(b)和(e)和不同面积干旱事件发生频次(c)和(f)
((a)、(b)和(c)为 SPEI 指数计算结果,(d)、(e)和(f)为 PDSI 指数计算结果;(a)和(d)中阴影和曲线分别代表 13 个全球气候模式 22 次运行结果的变化范围和中位数;(b)、(c)、(e)和(f)中的直方图和黑色竖线分别代表中位数和变化范围)

空间上，SPEI 指数计算结果表明，全球温升 1.5℃时除东北和华中地区干旱频率略有下降外，其他地区干旱频率将增加；而全球温升 2.0℃时，东北和西北地区干旱频率为下降趋势，其他地区干旱频率增加。PDSI 指数计算结果表明，干旱频率增加的地区主要集中在中国东北和华东地区。

为了估算干旱造成的直接经济损失，根据国家气候中心 1984—1999 年灾害损失数据库和 2000—2015 年《中国气象灾害年鉴》中记录的干旱损失，为中国每个省建立了"强度损失率"曲线（图 4.2.2）。图中水平轴每个省通过 SPEI 或 PDSI 确定的每年总干旱事件的平均强度，纵轴为损失率(r)，I 和 r 之间的关系由 Napierian 对数函数拟合：

$$r = \alpha \times \ln(-I+1)$$

式中，α 表示适应能力，适应能力较高的省份，遭遇相同干旱强度时损失较适应能力较低的省份小。适应能力与单位面积 GDP 有关。

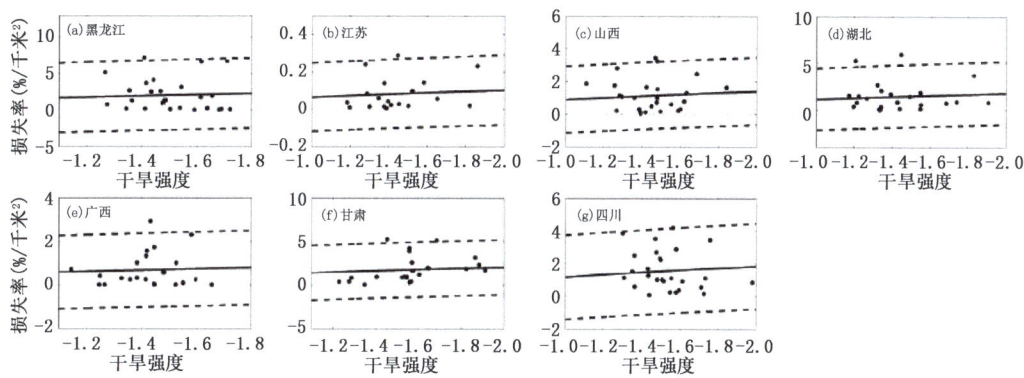

图 4.2.2 基于 SPEI 指数计算的典型省份干旱强度与单位面积经济损失脆弱性变化
（黑点为 1984—2015 年间采观测值，黑线为拟合曲线，虚线为 95% 置信区间；PDSI 计算的脆弱性曲线图略）

基于"强度—面积—持续时间"三维度识别的干旱强度、SSPs 路径下经济暴露度和"强度—损失"脆弱性曲线，预估全球温升 1.5℃和 2.0℃时中国干旱灾害经济损失。

预估结果表明：基准期 1986—2005 年全国干旱经济损失多年平均值有 42 亿美元，2006—2015 年观测损失为 128 亿美元，全球温升 1.5℃时，干旱灾害损失值为 460 亿美元，约为当前现状（2006—2015 年）的 3 倍；而全球升温达到 2.0℃时，干旱灾害损失为 840 亿美元，约为温升 1.5℃时的 2 倍（图 4.2.3(a)）。由于 GDP 的快速增长，干旱灾害损失占 GDP 的比重从 1986—2005 年的 0.23% 下降为 2006—2015 年的 0.16%。但随着气候变暖，干旱灾害损失占 GDP 的比重的减少趋势将在未来发生逆转。全球升温 2.0℃时，干旱灾害损失占 GDP 的比重（0.21%）将可能回到 1986—2005 年的水平（图 4.2.3(b)）。可见把全球温升控制在 1.5℃，将会减少数百亿美元的直接经济损失。

三、讨论

基于 13 个全球气候模式 22 次运行结果，采用 SPEI 和 PDSI 干旱指数，通过"强度—面积—持续时间"三维度极端事件识别模型识别干旱事件，利用 SSPs 路径下经济预测数据分析旱灾暴露度，构建了"强度—损失"脆弱性曲线，最终采用风险三要素评估理论预估了全球温升

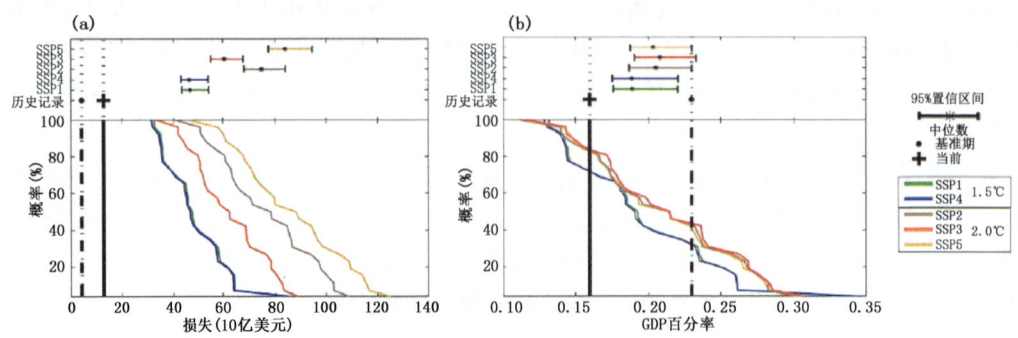

图 4.2.3　全球温升 1.5℃ 和 2.0℃ 时干旱损失绝对值(a)和其占 GDP 比重(b)变化
(概率为某损失值占 44 个计算值的百分比表示,星号是多模型的中位数)

1.5℃ 和 2.0℃ 时中国旱灾经济损失。

与传统干旱灾害研究相比,本研究考虑灾害事件的识别和社会经济未来变化特征,从致灾因子、暴露度和脆弱性三方面预估干旱灾害风险,得出全球温升控制在 1.5℃ 内,中国旱灾损失将减少数百亿美元,科学地回答了控温的重要性。

第三节　气候变化背景下沿海地区极值水位的淹没风险——以荣成市为例

气候变化引起的海平面持续上升可能将导致很多沿海城市淹没,例如旧金山(Gaines,2016)。在海平面上升的情况下,至 2050 年天津市淹没损失将达 150 亿元(Hallegatte et al.,2013),至 2100 年,极易遭受高水位的上海市可能由于防护堤和堤坝的淹没及损坏,将有 46% 面积被淹没(Wang et al.,2012)。由于中国海岸线较长,各沿海地区自然条件和社会经济差异较大,根据 1949—2015 年中国风暴潮灾情调查数据统计分析,中国风暴潮灾害整体格局为北部沿海地区风暴潮灾害相对较弱,东南沿海地区风暴潮灾害显著较强(冯爱青 等,2016)。近 50 年来,东南部沿海地区风暴潮灾害的发生频率较高,受灾人员较多,直接经济损失十分严重,灾害危险性及受灾程度显著高于北部海岸。福建、广东两省风暴潮发生累计频次最多,近几年尤为频繁;山东、浙江、福建、广东、海南由风暴潮灾害导致的人员伤亡较为严重。本研究以山东半岛地区的荣成市为例,多情景综合评估未来极值水位的淹没风险。通过辨识极值水位风险区域的变化,比较现阶段及未来淹没风险的损失、社会经济的影响程度及极值水位危险性的变化,综合说明气候变化引起的海平面上升所增加的极值水位的风险。

一、海平面上升对极值水位淹没面积的影响

根据现阶段及未来时期 RCP 2.6、RCP 4.5、RCP 6.0、RCP 8.5 情景下极值水位的淹没范围,分析未来情景较现阶段极值水位的淹没面积变化。通过比较现阶段和各情景下淹没面积随极值水位重现期的变化(图 4.3.1),表明未来海平面上升对淹没面积的增加贡献较大。现阶段,荣成市遭遇 50~1000 年一遇极值水位所造成的淹没面积为 156.60~168.98 平方千米,由于未来海平面上升,淹没面积将呈扩大的趋势。在 RCP 2.6 情景下未来淹没面积扩大幅度最小,而在 RCP 8.5 情景下淹没面积增加幅度最大;2100 年可能淹没面积较 2050 年增加显

著。至 2050 年,RCP 2.6 情景下荣成市淹没面积范围为 161.91～184.76 平方千米;RCP 4.5 和 RCP 6.0 情景较 RCP 2.6 情景淹没面积增加范围不大;而 RCP 8.5 情景下荣成市遭遇 1000 年一遇极值水位时,淹没面积较现阶段增加约 30 平方千米。至 2100 年,RCP 2.6 情景下遭遇极值水位的淹没面积为 164.64～191.85 平方千米,RCP 2.6 低水平情景下淹没面积仍增加 8～26 平方千米;RCP 4.5 和 RCP 6.0 情景下淹没面积较现阶段增加 10～38 平方千米,较 RCP 2.6 情景淹没面积增加范围显著扩大;在 RCP 8.5 情景下,淹没面积增加 14.02～42.58 平方千米,在其高水平情景下,淹没面积将达 187.72～199.18 平方千米,最大淹没面积将占整个荣成市的 10% 以上。

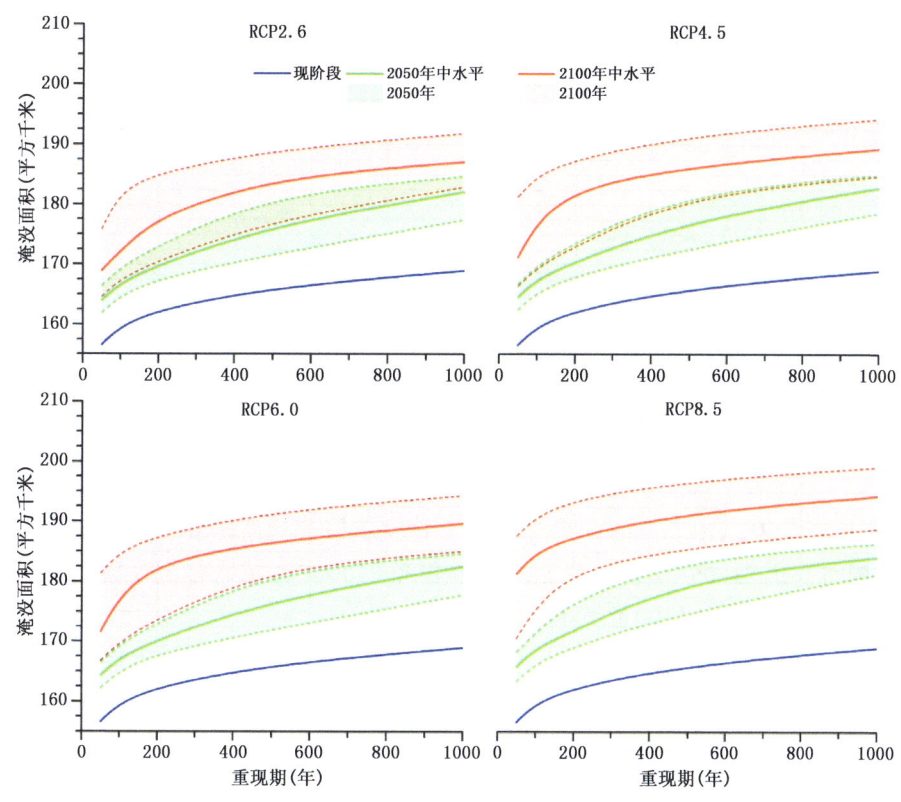

图 4.3.1　未来情景下荣成市极值水位的淹没面积变化

二、海平面上升对极值水位造成的直接经济损失的影响

淹没损失不仅决定于淹没面积与淹没深度,同时还受暴露的土地类型损失率及单位损失价值的影响,其极值水位的淹没损失情况如图 4.3.2 所示。50～1000 年重现期的现状极值水位下,直接经济损失为 12.64～16.51 亿元。在不同 RCP 情景下未来海平面持续上升,淹没直接经济损失将不断加剧。当海平面上升 0.3 米时,未来极值淹没损失将增加 20%;而当海平面上升 0.5 米时,未来极值淹没损失增加将超过 40%。至 2050 年,在 RCP 2.6 情景下,未来极值水位的淹没损失将达 14.25～19.92 亿元,在 RCP 4.5 和 RCP 8.5 情景下的极值淹没损失更大。结果显示,21 世纪末,由于遭受极值水位产生的可能损失将十分严重,即使在 RCP

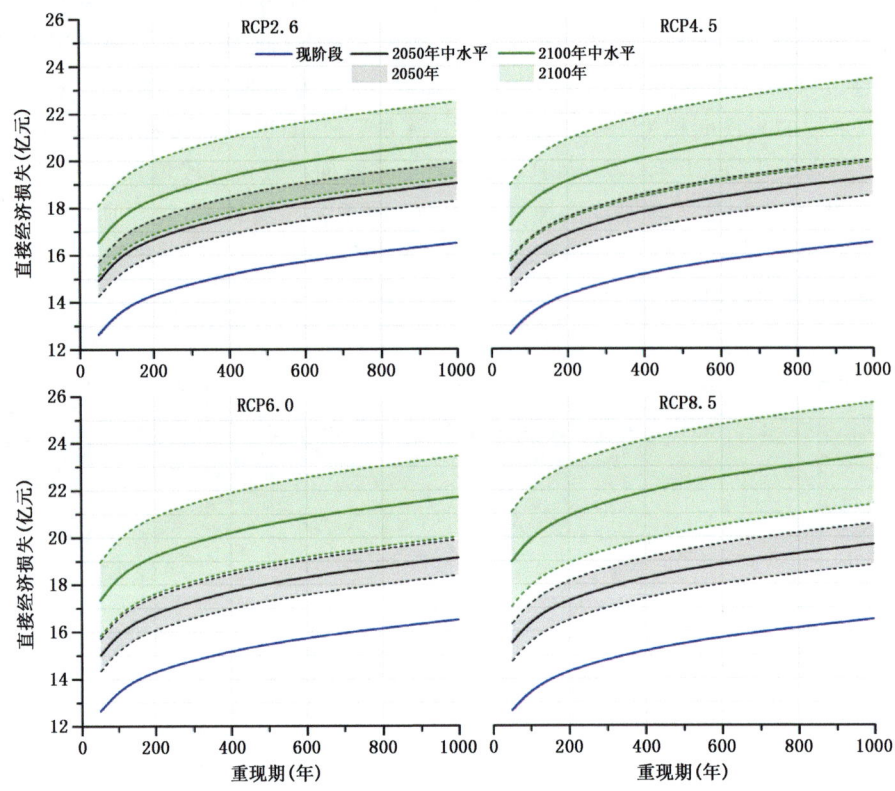

图 4.3.2 不同 RCP 情景下荣成市极值水位造成的直接经济损失变化

2.6 情景低水平情况下,损失范围也会为 113～19.26 亿元。然而在 RCP 8.5 情景高水平情况下,损失范围将高达 21.06～25.71 亿元。2050 年和 2100 年极值水位淹没损失值较现状极值水位淹没损失将分别增加 1.00 亿元和 2.40 亿元。

以 RCP 8.5 情景高水平为例(表 4.3.1),说明主要土地利用类型受极值水位淹没损失情况。从 50～1000 年重现水平,各土地利用类型的可能直接淹没损失呈上升趋势,其中建设用地的损失尤为突出,耕地次之。目前,建设用地遭受现状极值水位的可能直接损失为 10.40～13.62 亿元。在不同重现期的极值水位下,建设用地、耕地、林地和草地在 2050 年较现状损失将平均分别增加 3.21 亿元、0.45 亿元、0.16 亿元和 0.06 亿元。而到 2100 年,各土地利用类型的损失将平均分别扩大至 7.30 亿元、1.00 亿元、0.37 亿元和 0.13 亿元。较现状极值水位的经济损失,2050 年的淹没损失最大增加 29%,而 2100 年的淹没损失最大增加高达 67%。

表 4.3.1 不同 RCP 情景下荣成市各土地利用类型的直接经济损失(单位:亿元)

重现期(年)	现阶段				2050 RCP 8.5 高水平				2100 RCP8.5 高水平			
	建设用地	耕地	林地	草地	建设用地	耕地	林地	草地	建设用地	耕地	林地	草地
50	10.40	1.56	0.45	0.23	13.45	2.00	0.59	0.29	17.37	2.54	0.79	0.36
100	11.14	1.67	0.48	0.24	14.26	2.11	0.63	0.30	18.27	2.66	0.84	0.37
200	11.89	1.77	0.52	0.25	15.08	2.22	0.67	0.31	19.17	2.77	0.89	0.38
500	12.88	1.90	0.56	0.27	16.19	2.36	0.73	0.33	20.37	2.92	0.96	0.40
1000	13.62	2.00	0.60	0.29	17.01	2.46	0.77	0.35	21.26	3.03	1.01	0.42

三、海平面上升情景下极值水位的受灾人口和 GDP 预估

随着社会经济的迅速发展,沿海低地的人口和 GDP 分布密度较大。因此,当发生极值水位时,大量人口和 GDP 将受极端淹没事件的影响。不同情景下的海平面上升直接导致淹没面积的扩大,从而造成更多的人口和 GDP 暴露于淹没风险之下。在 RCP 2.6、RCP 4.5、RCP 6.5 和 RCP 8.5 情景下,2050 和 2100 年受影响的人口数量如图 4.3.3 所示。遭受 50~1000 年一遇重现期的现状极值水位,荣成市受影响的人口数量为 70 000~79 000 人。由于海平面上升程度较大,在 RCP 8.5 情景下受影响的人口数量最多,而在 RCP 2.6 情景下受影响的人口数量相对较低,两者即为未来可能受影响的人口数量范围。至 2050 年和 2100 年,随海平面上升,受影响人口的增加趋势显著,最大增加量分别为 20 000 和 30 000 人,受影响人口增加近 15% 和 30%。而在 RCP 4.5 和 RCP 6.0 情景下,面临淹没风险的人口至 2050 年将增加 5.57%~12.36%,至 2100 年将增加 9.52%~23.53%。

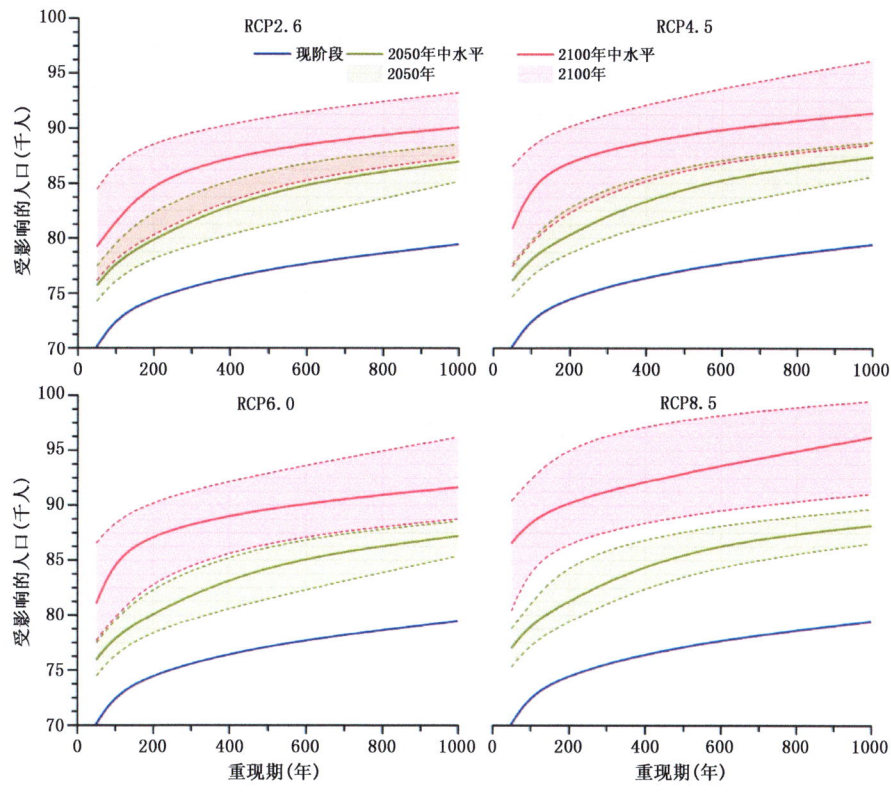

图 4.3.3 不同 RCP 情景下荣成市极值水位的受灾人口变化

同样,海平面上升也将导致 GDP 的受影响量增加,不同时期各情景的极值水位淹没影响的 GDP 量如图 4.3.4 所示。如果不考虑海平面上升因素,面临极值水位淹没风险的 GDP 为 112~122 亿元,而综合海平面上升后,未来受影响的 GDP 将增加。至 2050 年,在 RCP 2.6、RCP 4.5、RCP 6.0 和 RCP 8.5 情景下,各情景间受影响的 GDP 差异最大约为 13 亿元。至 2100 年,各情景间受影响的 GDP 差异范围将显著增大,RCP 2.6 情景下受影响的 GDP 为 118~138 亿元,RCP 4.5 和 6.0 情景下为 120~140 亿元,RCP 8.5 情景下则增至 124~145

亿元。2050年,考虑海平面上升的未来极值水位,其淹没区域涉及的GDP增长率基本在10%以内,各情景高水平下,受影响的GDP总量增加7.01%～10.95%。2100年,受影响情况加剧,RCP 2.6情景下增加为5.30%～14.38%,RCP 4.5和RCP 6.0情景下为6.56%～15.95%,RCP 8.5情景下受影响GDP为9.66%～20.50%。在最极端情况下,即RCP 8.5情景高水平,21世纪末各重现期极值水位影响的GDP量均将增加近20%。

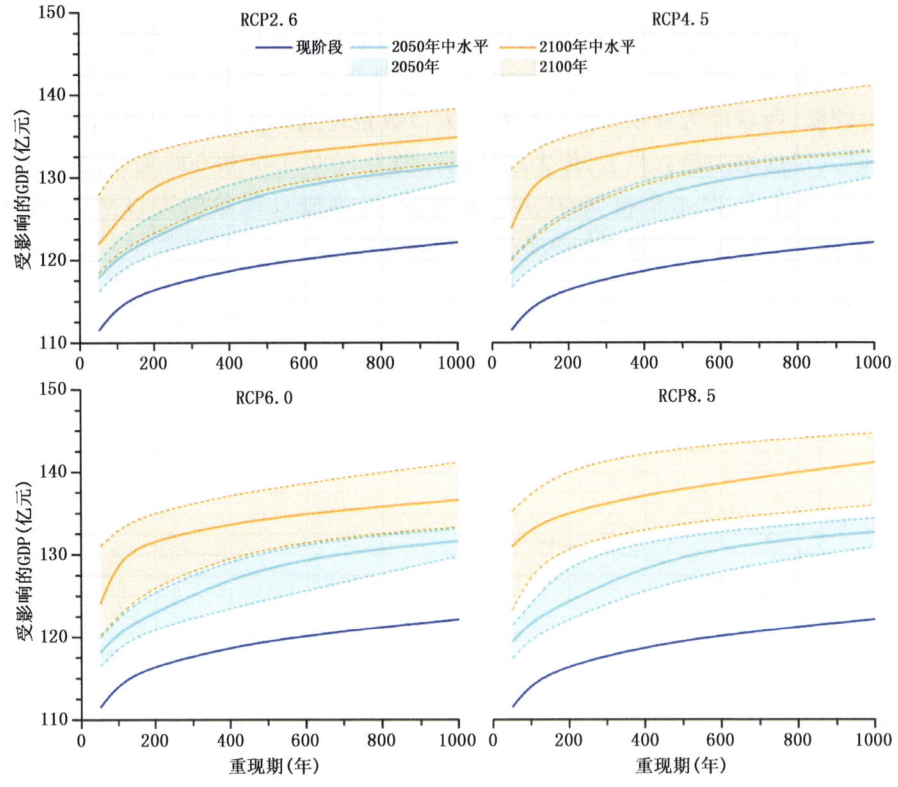

图 4.3.4 不同RCP情景下荣成市极值水位受影响的GDP变化

四、结论

本研究综合风暴潮、天文大潮及未来海平面上升情景,采用P-III分布方法和淹没损失模型,评估了极值水位造成的直接经济损失及对人口和GDP影响范围。并通过比较情景极值水位与现状极值水位的淹没灾损情况来揭示海平面上升的风险。

研究结果表明,在海平面上升最为严重的情况下,荣成市2050年重现期最大将缩短70%,至2100年重现期缩短超过80%。由于海平面上升导致的重现期缩短,未来沿海低地遭受极值水位淹没风险的可能性增加。持续的海平面上升增加了水位高度,从而加大了沿海地区未来淹没灾害的潜在破坏力。例如,至2050年荣成市可能的淹没面积将增加3%～11%,至2100年荣成市增加的淹没面积则高达5%～20%。同时,本研究结果表明,荣成市沿海地区的居住用地及耕地由于可能淹没面积大、直接经济损失高,在海平面上升的背景下较为脆弱。根据未来RCP情景下估算的情景极值水位,居住用地的淹没风险最高。荣成市沿海遭遇极值水位淹没而产生的可能经济损失至2050年可达39亿元,而至2100年将超过65亿元。

持续的海平面上升很可能导致人口及 GDP 受极值水位淹没灾害的影响程度增加。由于海平面上升导致的未来极值水位重现期显著缩短,大量人口及财富遭受相应极值水位淹没灾害的概率更大。因此,应采取有效的减缓和适应措施以应对沿海地区极值水位淹没风险的增加,并适量补充对沿海地区淹没风险的研究以增强极端事件的风险防范。

第五章 2018年各省(区、市)气候影响评价摘要

北京 2018年,全市平均气温为11.9℃,接近常年(11.5℃);冬季、秋季气温接近常年同期,春、夏季气温偏高,其中夏季气温为历史同期第二高值。全市平均年降水量为575.5毫米,比常年(540.7毫米)略偏多;冬季降水量显著偏少,是1981年以来同期最少,春季接近常年,夏季偏多,秋季偏少。全市平均年日照时数为2484.0小时,接近常年(2491.4小时)。2018年,主要高影响天气气候事件有:2017年10月23日至2018年3月16日,连续145天没有出现降水,打破了最长连续无降水日数记录;冬季降水量显著偏少,是1981年以来降水最少的一个冬季;夏季高温闷热天气频发,高温日数多达20天,比常年(8.3天)明显偏多,为2001年以来第二多;"7·16"暴雨最大小时雨强达到了117.0毫米,超过2012年"7·21"暴雨;台风"安比"造成东部暴雨;12月上旬出现低温天气,平谷、汤河口2站极端最低气温创建站以来历史同期新低。2018年,气候条件总体对于农业生产较为有利,也有利于北京地区生态环境的改善,但气象灾害较2017年明显偏重,主要气象灾害为暴雨洪涝和冰雹、大风。

天津 2018年,全市平均气温为13.4℃,较常年偏高0.8℃;春、夏季气温较常年同期显著偏高,秋季接近常年略偏高,冬季接近常年略偏低。全市平均年降水量为581.8毫米,较常年偏多43.7毫米;冬、秋季降水量均较常年同期偏少5成以上,春季接近常年略偏少,夏季偏多近3成。全市平均年日照时数为2562.0小时,较常年偏多63.0小时;各季日照时数均较常年同期偏多。年内,出现了暴雨、高温、龙卷、大雪、干旱、低温以及雾和霾等灾害性天气气候事件。冬季的强降雪造成道路湿滑、结冰,导致出行高峰期间道路拥堵严重,交通事故增加;冬春连旱造成春播地普遍出现轻度旱情,西部、南部等区出现中度干旱;春季低温雨雪过程对农业生产影响较大;夏季强台风暴雨天气给农业生产以及百姓生活均造成了不利影响;高温出现时间早、高温日数偏多,水电负荷均创新高;8月静海出现龙卷,造成了较大损失;秋冬季大雾频发,对交通和人体健康影响较大。总体上,2018年气象灾害对农业、交通、人体健康等诸多方面均造成不同程度的影响,其中农业损失所占比重最大。全年气象条件对农业生产影响利弊参半,为平产年景。

河北 2018年,全省平均气温为12.6℃,较常年偏高0.8℃;春、夏季气温显著偏高,其中夏季气温为历史同期最高,冬、秋季接近常年。全省平均年降水量为509.2毫米,较常年偏多1.2%;冬季降水量较常年同期异常偏少,春季显著偏多,夏季接近常年,秋季显著偏少。全省平均年日照时数为2449.6小时,较常年偏少40.4小时;春季日照时数偏少,冬、夏、秋季接近常年。年内,发生的主要气象灾害有干旱、暴雨、高温、寒潮、雾和霾、大风冰雹、沙尘、连阴雨、干热风等。具体特点为:干旱影响偏轻,但区域性和阶段性明显;汛期雨季偏早,暴雨日数偏多,部分地区降水强度大、极端性强,登陆台风次数多、影响大;高温日数多,影响范围广,强度大,持续时间长;寒潮日数偏多,强度偏强,影响范围广,4月寒潮降温幅度大、损失重;大雾

日数偏少,但秋末冬初大雾过程频发;霾天气主要出现在冬季,日数为近5年次少;大风和冰雹日数偏少,但局地风雹灾害损失重;沙尘日数偏少,出现近3年首次沙尘暴;连阴雨天气偏多,但影响偏轻;干热风接近常年,影响偏轻。总体而言,2018年气象灾害损失程度低于20世纪90年代以来的平均水平,属于偏轻年份,气候年景属于偏好年份。

山 西 2018年,全省平均气温为10.7℃,较常年偏高0.9℃,为近10年来第二高;冬季气温与常年同期持平,春、夏季均为历史同期最高,秋季偏低。全省平均年降水量为487.0毫米,较常年偏多18.7毫米(偏多4.0%);冬、秋季降水量较常年同期偏少,其中秋季为近10年最少,春、夏季偏多,其中春季为近20年来第二多。全省平均年日照时数为2356.5小时,较常年偏少91.2小时。年内,主要气象灾害和气候事件有:1月出现年内最强降雪天气;3月和春季气温为历史同期最高;4月初强降温天气造成严重冻害;5月13日出现年内第一次高温天气;5月21日出现年内首次暴雨天气,7月11日出现年内最强降水天气;8月和夏季气温为历史同期最高;中南部地区夏、秋干旱严重;10月降水量为历史同期第二少。2018年,降水量较常年偏多,但降水时空分布不均,造成中南部夏、秋干旱严重,汛期强降水及强对流天气时有出现,局部地区遭受暴雨洪涝等灾害,但总体危害性不大;全省气温普遍偏高,但起伏较大,春季发生严重冻害。2018年度,冬小麦生育期内麦区光热条件匹配良好,但播种期部分麦田土壤持续过湿播种偏晚、返青期异常高温、拔节期低温冷冻和阶段性干旱等,对其生长发育及产量形成较为不利;玉米生育期内水分条件较好,光温匹配基本合理,农业气象条件对玉米生长发育及产量形成较为有利。

内蒙古 2018年,全区平均气温为5.9℃,比常年偏高0.8℃,为1961年以来第六高;冬季气温偏低,春季气温为1961年以来同期最高,夏季气温为1961年以来同期第二高,秋季气温与常年同期持平。全区平均年降水量为377.0毫米,较常年偏多58.1毫米,为1961年以来同期第七多;冬季降水量偏少,春、夏、秋季均偏多。全区农作物生长季(4—9月)平均日照时数为1552小时,较历史同期偏少80小时,为1961年以来同期第二少。年内出现了干旱、暴雨洪涝、高温、冰雹、霜冻等气象灾害。3—5月共出现11次较大范围的沙尘天气过程,阿拉善盟地区遭受损失;夏初内蒙古东部及巴彦淖尔市降水偏少,干旱明显,给农牧业生产造成了损失,进入7月全区大部地区出现有效降水,旱情得到缓解,部分地区遭受不同程度暴雨洪涝灾害侵袭,但赤峰市大部地区仍持续干旱;入秋后大部地区降水偏多,对农牧业生产有利,9月上旬呼伦贝尔市多地出现霜冻灾害,损失较重。综合分析,2018年气候影响利弊均有,农牧业气候年景为正常。

辽 宁 2018年,全省平均气温为9.2℃,比常年偏高0.4℃,自2014年以来连续5年偏高;冬季气温偏低,春、夏季均偏高,尤其夏季为2001年以来历史同期最高,秋季接近常年;全省平均气温≥10℃活动积温(作物生长季积温)为3716℃·天,比常年偏少220℃·天。全省平均年降水量为557.5毫米,比常年(648.2毫米)偏少14%;冬、春、夏季降水量均偏少,秋季接近常年。全省平均年日照时数为2515小时,比常年偏少28小时;冬季和秋季日照时数比常年偏多,春、夏季偏少。年内极端天气气候事件主要有:盛夏出现1951年以来罕见的极端高温天气;7月上旬至8月上旬出现2001年以来持续时间长、范围广的严重夏旱;8月20日大连地区出现突破历史纪录的特大暴雨过程;6—8月,共有4个台风直接或间接影响辽宁,较历史同期明显偏多;初春抚顺地区出现2014年以来同期最强的暴雪过程;12月上旬出现本年降温幅度最大、范围最广的寒潮过程。2018年,主要气象灾害有暴雨、高温、干旱、冰雹、寒潮、暴雪和雷电,总体看为气象灾害偏重年份。

吉　林　2018年,全省平均气温为5.9℃,较常年偏高0.5℃;全省平均年降水量为690.9毫米,较常年偏多13%;全省平均年日照时数为2345小时,较常年偏少109小时,居新中国成立以来寡照的第七位。2018年主要气象灾害有干旱、暴雨洪涝、高温、低温、龙卷风、寒潮、大风、雾、冰雹等。主要天气气候事件是:盛夏台风频繁光顾,出现局部洪涝;春季透雨姗姗来迟,中西部旱情严重;仲夏异常高温,开启"烧烤"模式;正月雨雪频繁,影响春运;春末龙卷袭击长岭,损失严重;年初遭遇严寒,经历了32年来最冷"腊八";初冬大风肆虐,沙尘席卷中西部;初冬温高雨多,历史罕见;秋雨绵绵,影响秋收;11月中旬以后,中西部异常少雪。2018年农作物生长季气温显著偏高,降水略多,降水阶段性变化明显,地域分布不均,春季中西部透雨偏晚,对作物播种、出苗不利;仲夏中南部出现伏旱,作物不同程度受灾。总体看,气候条件基本满足农作物生长需求,属平偏丰年景。

黑龙江　2018年,全省平均气温为3.5℃,比常年偏高0.5℃,为1961年以来历史第七高;冬季气温偏低,春、夏、秋三季气温不同程度偏高,其中秋季为1961年以来历史同期第三高。全省平均年降水量为662.7毫米,比常年偏多26%;冬、春季降水量正常,夏、秋季偏多,其中夏季降水量为1961年以来历史同期第二多。全省平均年日照时数为2463小时,比常年偏少54小时。年内气象灾害较多,春季至初夏干旱,夏季台风、暴雨洪涝,秋季早霜,冬季暴雪、严寒等气象灾害给农业、交通等行业带来不利影响。作物生长季(5—9月)光、温、水时空分布较好,阶段性干旱和9月上旬黑河、齐齐哈尔北部、富锦、宝清等农区出现早霜,对农业生产不利,其他大部农区初霜冻偏晚,对作物成熟和农业生产有利,总体气候条件属于较好年景。

上　海　2018年,全市平均气温为17.5℃,比常年偏高1.2℃,是1961年以来第3个最暖年,并已连续第19年高于常年平均值;冬季气温接近常年同期,其他季节不同程度偏高,其中春季气温异常偏高,为1961年同期最高。全市平均年降水量为1308.4毫米,比常年偏多10.7%;冬季降水量略偏多,春季接近常年,夏季降水略偏少,秋季降水略偏多。全市平均年日照时数为1861小时,比常年偏多6小时;冬季日照时数接近常年,春、夏季略偏多;秋季略偏少。2018年,主要气象灾害有台风、暴雨洪涝、雷雨大风、雷电、低温冷冻和雪灾、寒潮大风等,总体评价属气象灾害偏轻年份。2018年度,小麦全生育期热量条件一般,降水量和日照均属正常,没有明显的农业气象灾害,农业气象条件总体属于正常年景。单季晚稻全生育期热量条件正常略偏多,降水量偏少,日照时数偏多,农业气象条件总体为正常偏好年景。

江　苏　2018年,全省平均气温为16.4℃,较常年偏高1.1℃,为历史第三高值;冬季气温与常年同期持平,其他季节偏高,其中春季为1961年以来最高,夏季为1961年以来第二高。全省平均年降水量为1155.2毫米,较常年偏多1.3成,为近15年来第三多;春季及12月降水量明显偏多,夏季偏少,冬、秋季正常。全省平均年日照时数为1920.5小时,较常年偏少0.7成;冬、春季日照时数略偏少,夏季偏多,秋季及12月偏少。年内主要天气气候事件有:1月频繁出现罕见区域性暴雪;隆冬持续低温日数为2009年以来最多;3月南京刷新1961年来暴雨初日最早记录;5月中旬出现全省性异常高温天气;7月上旬出现同期罕见暴雨天气;夏、秋季8个台风集中影响江苏;夏季高温持续时间之长历史少见;8月徐州出现龙卷天气;初冬持续雾霾天气影响严重;深秋至初冬持续阴雨绵绵。2018年主要气象灾害有寒潮、暴雪、大风、暴雨洪涝、台风、高温、雾霾、秋冬季连阴雨等,发生频次较上年增加,其中暴雨洪涝、台风、强对流、暴雪等造成的人民生命财产和经济损失严重。2018年,农业、海盐、旅游及交通行业气候年景较好,水资源及河蟹养殖生产等行业气候年景正常,而水环境气候年景则较差,综合评价全省为正常气候年景。

浙 江 2018年,全省平均气温为18.2℃,比常年偏高1℃,位列历史第四高。全省平均年降水量为1571.3毫米,比常年同期偏多1成。全省平均年日照时数为1710.2小时,比常年偏少49.1小时。总体来讲,2018年天气较为平稳,但台风、强对流、连阴雨等灾害也造成了不利影响。1月23—29日,出现大范围雨雪和严重低温冷冻天气,造成严重交通受阻及农作物受害。春、夏季强对流天气频发,3月初遭遇近13年来最强强对流天气。5月14—18日出现首次高温过程,高温来临之早、范围之广、强度之强为历史同期罕见。6月19日入梅,比常年偏晚9天;梅期19天,偏少11天;平均梅雨量229毫米,比常年偏少24%。6月19日强降水致杭城"看海";7月下旬多午后雷阵雨天气致杭州中河高架变身"河中高架"。年内共有6个台风影响,为近14年来最多,台风路径偏北,台风"摩羯"登陆浙江缓解了部分地区旱情,总体影响利大于弊。11月25日至12月2日,浙中北连续8天出现大范围大雾,交通严重受阻。11—12月阴雨寡照日数多,对晚稻成熟收割和人们身心健康造成不利影响。全年霾日连续第7年减少,多发生于1—4月。2018年,主要农业气象灾害有雨雪冰冻、霜冻、梅汛期暴雨、台风、连阴雨、局地强对流等,对农业生产造成一定影响,但影响偏轻。总体来说,年内各类农作物生长较好,农业气候条件属于正常略偏好年景。

安 徽 2018年,全省平均气温为16.6℃,比常年偏高0.7℃;冬季气温较常年同期偏低,春、夏、秋三季均偏高,其中春季创历史同期新高。全省平均年降水量为1315毫米,较常年偏多1成;冬、春季降水量较常年同期偏多,夏、秋季偏少;入梅和出梅基本正常,梅雨期接近常年,梅雨量偏少,梅雨强度偏弱。全省平均年日照时数为1868小时,接近常年略偏少;夏季日照时数偏多,其他季节均偏少。2018年,全省气候年景正常,气象灾害损失接近多年平均值,未出现严重旱涝,但低温雨雪冰冻及台风灾害偏重。年内主要气候事件有:年初遭遇2008年以来最强低温雨雪冰冻灾害;台风影响个数多,台风"温比亚"风雨灾害重;夏季平均气温为近5年来最高,高温强度一般;汛期(5—9月)降水略偏多,多地小时雨量破历史纪录;春季出现连阴雨,小麦后期生长受影响;春、夏季强对流天气时有发生,局地灾害重;先后出现3次阶段性干旱,秋旱对秋播秋种有不利影响。2018年,作物生育期光温水资源接近常年且匹配较好,虽出现低温雨雪冰冻、连阴雨、台风、秋旱等灾害,但影响偏轻,农业气象条件属略偏好年景。

福 建 2018年,全省平均气温为20.3℃,较常年偏高0.8℃,与2016年并列为1961年以来历史第三高;全省平均年降水量为1558.1毫米,较常年偏少6%;全省平均年日照时数为1784.8小时,较常年偏多82.7小时。年内主要天气气候特点如下:①前冬雨雪交替。1月上旬中南部多个县(市)日降水量破历史同期极值;2月上旬10县(市)最低气温跌破历史2月纪录,18个县(市)城区出现小雪。②高温出现早,天数多。5月出现大范围高温,高温初日(5月16日)为历史第二早;全年≥35℃高温日数和高温过程数均为历史第三多。③降水局地性、极端性强。5月7日厦门最大3小时和1小时降水量远超历史极值,造成思明区严重积涝。9月三场暴雨致三明、南平、宁德、漳州局部出现洪涝。④登陆台风"玛莉亚"影响大。受"玛莉亚"影响,中北部沿海出现强风暴雨,9城区极大风速打破当地7月纪录。此台风造成的经济损失占全年气象灾害总损失的82%。⑤春、夏发生近15年来最强气象干旱,导致水库水位下降、农田受旱。⑥秋季出现罕见阴雨寡照天气。尤其11月全省普遍雨日多、日照少,有10县(市)的雨日破历史同期纪录。2018年,全省气候总体平稳,年景较好。主要气象灾害有台风、暴雨、高温和干旱,台风登陆个数少、整体影响偏轻,雨季降水强度偏弱,气象灾害造成的损失在近8年中属较轻的年份,但略重于2017年。

江　西　2018年,全省平均气温为18.9℃,较常年偏高0.9℃,和2013年、2016年、2017年并列排历史第二高位(仅次于2007年的19.0℃);冬季气温与常年同期持平,春、夏、秋季均偏高。全省平均年降水量为1553.7毫米,较常年偏少7.2%;全省平均年降水日数和暴雨日数均偏少;冬、春、夏三季降水量偏少,秋季偏多;入汛晚,主汛期区域性的暴雨过程与降水量均偏少。全省平均年日照时数为1647.9小时,接近常年(1631.8小时)略偏多;冬、春、夏三季日照时数偏多,秋季偏少。全年主要有以下气候特点:①气温偏高但起伏大。年内多数月份气温偏高,5月和春季气温创新高;高温日数多、出现时间早;清明后赣北出现低温晚霜冻。②降水时空分布不均。2—9月降水持续偏少,多地出现春、夏连旱;秋、冬降水明显偏多,出现阶段性阴雨寡照天气。③强对流天气多发。尤其是春、夏季先后出现6次区域性强对流过程,较常年明显偏多,3月初全省遭遇罕见雷暴大风天气。④台风影响时间偏早,致灾重。6月上旬"艾云尼"台风导致中南部局部地区出现严重的内涝与山洪地质灾害。⑤年初年末出现雨雪冰冻和大雪天气。年初低温雨雪冰冻导致部分地区出现严重覆冰和积雪,年末赣北普降大到暴雪,使交通等受到较大影响。年内,全省主要气象灾害有暴雨洪涝、干旱、雷电、风雹、台风、冰冻、雪灾和大雾等,其中干旱造成的损失最大,其次是暴雨洪涝。综合分析,2018年为一般气候灾害年景。

山　东　2018年,全省平均气温为14.2℃,较常年偏高0.9℃;冬季气温与常年持平,其他各季偏高。全省平均年降水量为790.1毫米,较常年(645.1毫米)偏多22.5%;春、夏季降水量偏多,冬、秋季偏少。全省平均年日照时数为2326.2小时,较常年偏少65.1小时,为2006年以来连续第13年偏少;夏季日照时数偏多,其他季节偏少。2018年主要天气气候事件有:年初出现大范围持续低温天气,莱州湾出现海冰;4月出现霜冻,部分果树遭受低温冷冻,4月10日鲁西北、鲁中、鲁南出现沙尘天气,近年来少有;盛夏3个台风穿过山东,历史罕见;夏季出现大范围持续高温天气,全省平均气温创历史最高纪录;8月中旬多地出现龙卷风,历史少见;初秋鲁南出现强降水,9月中旬出现连阴雨天气;年初、年末出现大范围雾和霾,多地空气污染严重;年末出现寒潮大风,半岛局部出现暴雪。2018年,农业气象条件总体有利于作物生长,夏收夏种、秋收秋种工作进展顺利,棉花裂铃吐絮期晴好天气为主,利于裂铃吐絮及采收。4月5—7日,部分地区果树不同程度遭受冻害。7月中旬至8月中旬大部地区出现持续高温天气,处于开花授粉期的夏玉米受到影响。8月中旬,受台风影响,部分地区出现农田渍涝、作物倒伏,设施蔬菜受灾严重。综合分析全年农业气象条件,属一般年份。

河　南　2018年,全省平均气温为15.6℃,较常年偏高1.0℃,与2016年并列为1961年以来次高值;四季气温不同程度偏高,其中春、夏季气温分别为1961年以来同期第三、第四高值。全省平均年降水量为737.7毫米,与常年值(735.4毫米)基本持平;冬季降水量略偏多,春季明显偏多,夏、秋季偏少。全省平均年日照时数为2010.9小时,较常年(1996.5小时)略偏多,属于正常年份;冬、夏、秋季日照时数不同程度偏多,春季偏少。年内,主要气象灾害及重大天气气候事件有:1月出现两次暴雪天气,对交通运输、居民生产生活等带来较大影响,但对净化空气、降低森林火灾等级、补充水库蓄水量、增加土壤墒情、降低病虫害十分有利;3月中旬和4月上旬出现两次大范围寒潮、倒春寒、晚霜冻天气过程,部分地区农作物遭受低温冷冻,12月上旬和下旬出现两次持续低温天气,有利于改善空气质量和减轻来年春季病虫害危害,但对设施农业生产有不利影响;春季暴雨出现早,4月多地出现罕见暴雨,部分站日降水量突破历史同期极值,5月中旬强降水导致部分地区出现洪涝灾害;夏季,出现多次暴雨过程,特别是8月中旬台风"温比亚"给豫东带来严重洪涝灾害;春、夏季多地发生风雹灾害,农业生产遭受损失;夏季高温日数多,影响范围广,全省平均高温日数为26.6天,为1961年以来第四多;7—9月豫西部分地区高温少雨,正处于生长关键期的秋作物出现旱情;年初和深秋雾、霾天气多发,导致空气质量恶化,对人体健康和交通运输不利。2018年,除低温冷冻较常年偏重外,其余气象灾害均较常年偏轻,总体上属气象灾害偏轻年份。

湖 北 2018年,全省平均气温为17.1℃,较常年偏高0.7℃,排历史同期第五高位;年内冷暖变幅大,1月低温雨雪过程极端性强,春季气温排历史同期首位,夏季出现两段高温酷热天气,59站出现连续高温极端事件;入春、入夏提前,入秋正常,入冬推迟。全省平均年降水量为1119毫米,较常年偏少7%;全省平均年降水日数为140天,较常年偏多9.8天;降水时空分布不均,春季偏多,梅雨不典型,夏、秋季降水持续偏少。2018年,主要气象灾害为低温雨雪冰冻灾害,区域性强降水、局地强对流引发的渍涝及地质灾害,盛夏高温少雨造成的热害及干旱等,全年气象灾害损失低于2000年以来平均值,其中由低温雨雪冰冻造成的灾害损失比重最大。2018年,夏收作物秋播期遭遇长时间连阴雨,冬至苗情长势偏弱;越冬期气温偏低,入春后油菜病害偏轻发生;春季气象条件较好,有利于油菜开花结角及小麦孕穗;麦收期阴雨较多,中西部小麦赤霉病偏重发生;总体农业年景与2017年相当。秋收作物生长前期大部地区光、热、水条件适宜;渍涝灾害局部发生,高温热害时间长但强度弱,出梅后发生伏旱,但灌溉水源充足,农业气象年景好于2017年。

湖 南 2018年,全省平均气温为18.1℃,较常年偏高0.7℃;四季气温均较常年同期偏高,其中春季气温居1951年有记录以来同期第一高位。全省平均年降水量为1345.6毫米,较常年偏少4.7%;冬、春、夏季降水量均偏少,秋季明显偏多。年平均日照为1484.5小时,较常年偏多14.9小时;冬、春、夏季日照时数均偏多,秋季偏少。年内出现的主要天气气候事件有:低温雨雪冰冻偏重,1月和12月全省共出现四轮低温雨雪冰冻天气,对农业、交通等造成不利影响;区域性干旱明显,湘东南地区发生春旱,湘中以北地区出现夏旱;历史最早高温热害,年内共出现3次高温过程,其中5月14—21日出现本年首轮高温热害天气过程,刷新1951年以来的最早高温纪录。春季异常偏暖,气温较常年同期偏高2.5℃,是1951年以来最暖春季;大范围强降水过程较常年偏少,局地强降水突出;9月下旬出现寒露风天气,对局地迟熟和移栽晚的双季晚稻有一定影响;11月中旬开始出现持续阴雨寡照天气,其中12月降水日数达20.3天,为1951年以来历史同期最多。2018年,出现干旱、低温冷冻、高温、连阴雨、洪涝等气象灾害,对农作物造成了一定的损失。根据气候年景及旱、涝年景评估模型评定,2018年全省气候年景一般。

广 东 2018年,全省平均气温为22.3℃,较常年偏高0.4℃。年内,除2月、8月、10月气温较常年同期偏低外,其他月份均正常或偏高,其中5月创历史同期新高。全省平均年降水量为1801.8毫米,接近常年(1790.0毫米)。年内降水阶段性变化大,1月出现冬季暴雨,全省平均降水量为119.4毫米,较常年同期显著偏多;2—5月降水持续偏少,出现阶段性气象干旱,5月7日开汛,较常年偏晚31天;6月降水偏多,全面解除旱情;7、12月降水偏少,8—11月降水偏多,其中8月27日至9月1日出现持续性特大暴雨,惠州高潭镇24小时降水量和过程累积雨量均刷新了广东省历史极值。全省平均年日照时数为1705.6小时,接近常年

(1755.1小时)。年内有4个台风和1个热带低压登陆广东,较常年偏多1.3个;台风"山竹"是1949年以来登陆珠三角的第二强台风(第一为2017年台风"天鸽"),造成全省出现10～13级大风,珠三角沿海12级以上大风持续时间超过16小时。2018年总体气候特征是:开汛晚,旱涝急转快;暴雨强,洪涝灾害重;初台早,台风影响大;气温高,高温天气多。综合分析,属于较差气候年景。2018气候对种植业生产的影响总体正常,全省1—10月农作物受灾面积与2017年同期相当,但受降水分布不均,旱涝急转,局地极端异常天气以及台风影响,局部受灾,损失严重。

广　西　2018年,全区平均气温为21℃,较常年偏高0.3℃;冬、夏、秋三季气温接近常年同期,春季明显偏高,为1951年来同期最高。全区平均年降水量为1516.7毫米,接近常年;汛期全区平均降水量为1127.6毫米,接近常年同期;冬、春季降水量偏少,夏季接近常年,秋季明显偏多。全区平均年日照时数为1467小时,较常年偏少50小时;冬、夏、秋三季日照时数偏少,春季明显偏多,为1951年来同期最多。2018年,暴雨日数比常年偏少,共出现9次区域性暴雨天气过程,部分地区遭受洪涝灾害,灾害损失总体偏轻;全年有6个热带气旋(5个台风、1个热带低压)影响广西,个数比常年偏多,除台风"山竹"深入广西内陆造成严重影响外,其余均未造成严重灾害,总体影响偏轻;高温天气日数偏多,共出现7次大范围高温天气过程;强对流天气过程少,全年仅出现2次大范围强对流天气;年内出现2次大范围低温雨雪霜(冰)冻过程,春播期低温阴雨总日数偏少,结束期偏早,寒露风开始期偏早,总日数偏多,总体而言,低温冷冻偏轻;全年未出现大范围严重干旱,旱情较常年偏轻。2018年,大部分时段光、温、水条件对农作物生长发育及农事活动有利,低温阴雨寡照、高温、暴雨、台风、强对流等灾害比常年偏轻。总体而言,气候条件对农业的影响有利有弊,属一般气候年景。

海　南　2018年,全省平均气温为24.7℃,比常年偏高0.2℃;冬、夏季气温比常年同期偏低,春季与常年持平,秋季偏高。全省平均年降水量为2007.1毫米,较常年偏多11.3%;冬、秋季降水量偏少,春季接近常年,夏季显著偏多。全省平均年日照时数为1992.1小时,较常年偏少80.6小时;冬、夏季日照时数偏少,春、秋季偏多。2018年,共出现10次区域性暴雨过程,次数与常年持平,但综合强度偏强,部分市县发生洪涝灾害。全省平均年高温日数为20天,与常年持平;年内多次出现大范围高温天气过程,其中以5月中旬至6月初、6月下旬至7月上旬的两次过程最为严重。全年共有11个热带气旋影响海南,比常年偏多1个,其中4个登陆,比常年偏多2个,大部分热带气旋影响强度偏弱;第一个影响海南的热带气旋出现在1月上旬,较常年偏早12旬,最后一个影响海南的热带气旋出现在11月下旬,接近常年;总体上热带气旋灾害轻于常年。年内,还发生多起雷雨大风、龙卷、大雾等气象灾害事件,并造成一定的经济损失。总体而言,2018年气象灾害总体偏轻,气候对各行业影响利大于弊,气候年景属偏好年景。

重　庆　2018年,全市平均气温为17.6℃,接近常年(17.5℃);冬季气温较常年同期偏低,春、夏季显著偏高,秋季显著偏低。全市平均年降水量为1134.9毫米,接近常年(1125.3毫米);冬、夏季降水量偏少,春、秋季偏多,其中春季为1951年以来同期第三多。全市平均年日照时数为1180.7小时,接近常年(1154.5小时);冬、春、夏季日照时数均接近常年,秋季为历史同期最少。2018年,高温开始早、日数多,出现6段区域高温过程,年度高温强度总体较常年和2017年偏重;大部地区暴雨提早,暴雨过程较多,全年共出现10场区域暴雨天气过程,但总体强度较弱;气象干旱伴随高温集中出现在盛夏,伏旱站次偏多,强度较2017年偏重,较常年偏轻;连阴雨站次偏多,出现8段区域连阴雨过程,年度区域连阴雨强度较常年偏重,较2017年偏轻;华西秋雨开始正常,结束偏晚,强度正常;年内强降温和低温过程偏多,强度偏重。年内,全市平均≥10℃活动积温较常年偏多,农业气象条件总体属正常偏好年景。2018年,旱重于涝,气象干旱、高温较2017年略偏重,暴雨洪涝较2017年偏轻,气象灾害总体较2017年偏轻。

四 川 2018年,全省平均气温为15.4℃,较常年偏高0.5℃,列历史第九高;冬、春、夏季气温均偏高,其中春季居历史同期第一高位,夏季列历史同期第四高位,秋季偏低。全省平均年降水量为1156.5毫米,较常年偏多199.7毫米,偏多21%,位居历史第一多;冬季降水量偏少,春、夏、秋季偏多,其中春季居历史同期最多,夏季位列历史同期第四多。2018年,全省暴雨分布广,大暴雨天气多,区域性暴雨过程多,属暴雨偏多年份;全省气象干旱总体不明显,春旱、夏旱和伏旱均弱于常年;夏季高温天气范围广,但强度一般;秋绵雨开始期推迟4天,结束期提前10天,雨期长度偏短14天,秋雨量偏少7.5毫米,综合强度属一般年份。年内,大风冰雹天气少,危害轻;全省平均雾日数多,霾日数少;地质灾害发生次数多,但造成人员伤亡偏少、经济损失偏轻。2018年,大、小春生产季农业气候条件利大于弊,总体而言为正常偏好年景。全省大部地区降水偏多,对农田水利工程蓄水有利,年底全省工程蓄水状况良好。由于季节性冬干少雨,冬春季林区空气干燥,森林火险气象等级高,但无重大森林火灾发生。综合评价,2018年全省气候年景为正常年份。

贵 州 2018年,全省年平均气温为16.1℃,较常年偏高0.5℃;平均年降水量为1234.6毫米,较常年偏多4.7%;平均年日照时数为1180.9小时,较常年偏少1.2%。各季气候特点为:冬季气温较常年同期略偏高,降水量、日照时数略偏少;春季气温异常偏高,降水量、日照时数偏多;夏季气温偏高,降水量略偏少,日照时数略偏多;秋季气温略偏低,降水量偏多,日照时数偏少。2018年主要气候事件有:1月25日至2月5日,出现了大范围持续性低温凝冻天气;年内多地发生暴雨洪涝灾害,其中夏季灾害影响最为严重,6月19—24日45个县市受灾,7月2—8日19个县市受灾;春季多地发生风雹灾害,局地损失严重;9月至11月初,出现全省性秋绵雨天气,低温阴雨影响范围广,持续时间长,对农业生产及人民生产生活影响较大;11月下旬,全省出现大范围大雾天气,对公路,航运等交通不利;盛夏,北部部分县市晴热高温少雨,持续干旱。2018年,低温雨雪冰冻、暴雨洪涝、风雹、秋绵雨、干旱、大雾、雷电等气象灾害,给经济社会发展和人民生活生产造成不利影响,部分地区受灾严重,但总体来看全省气候条件略好于常年。

云 南 2018年,全省平均气温为17.1℃,较常年偏高0.4℃,但为近5年来最低;年内气温变化总体上平稳,2月、6月和10月气温较常年同期偏低,其余月份偏高,其中12月突破1961年以来同期最高值。全省平均年降水量为1117.2毫米,较常年偏多31.0毫米(偏多2.9%),为连续第4年偏多;1月、3月、5月、6月、8月和12月降水量不同程度偏多,其余月份不同程度偏少;年内降水时空分布相对均匀,气象干旱连续5年偏轻;雨季开始期接近常年,大部地区雨季开始期集中在4月下旬和5月下旬;汛期降水波动大,极端强降水集中,"阴雨寡照"现象突出;雨季结束期基本正常。全省平均年日照时数为1939.8小时,较常年偏少80.9小时(偏少4.0%),为近10年来次少值;3月、4月、5月、7月和11月日照时数不同程度偏多,其余月份偏少。年内,发生了暴雨洪涝、低温冷冻、雪灾、大风、冰雹、台风等气象灾害及其衍生灾害,其中局地洪涝及地质灾害频次高、成灾重,其他灾害总体偏轻,尤其是干旱灾害异常偏轻。综合分析，2018年全省属于中上等气候年景。

西藏 2018年，全区平均气温为5.3℃，较常年偏高0.6℃；全区四季气温均偏高。全区平均年降水量为498.0毫米，较常年偏多37.8毫米；冬、秋季降水量偏少，春季正常，夏季偏多；雨季短，但降水相对集中且明显偏多，开始期、结束期均偏早。全区平均年日照时数为2537小时，较常年偏少168小时；冬季日照时数正常，春、夏、秋季偏少。年内，多地气温突破历史同期极值，部分站点降水量创历史同期新高。不同区域出现了洪涝、冰雹、雷电、大雾、泥石流等气象灾害以及次生灾害，其中以米林县和江达县山体滑坡形成的堰塞湖影响最大，其次是贡嘎机场罕见的大雾天气。2018年，主要农区春青稞、小麦大部分生长发育时段的光、温、水匹配合理，农田墒情适宜，总体没有大面积的农业气象灾害发生，有利于作物产量形成，是一个风调雨顺年景。

陕西 2018年，全省平均气温为12.7℃，较常年偏高0.6℃；冬、秋季气温偏低，春、夏季显著偏高，分别列1961年以来同期第一、第三高值。全省平均年降水量为626.5毫米，接近常年(633.2毫米)；冬、春、夏三季降水量不同程度偏多，秋季显著偏少，为2000年以来同期最少。全省平均年日照时数为1961.9小时，较常年偏少88小时。年内主要天气气候事件有：冬季降雪强度大，积雪深，影响严重；春季寒潮降温强，低温冷冻危害严重；关中陕南前汛期多雨时段开始早，雨量大；夏季暴雨多、强度大，高温持续时间长、极端性强。2018年，低温冷冻较常年偏重，暴雨洪涝、干旱、风雹等灾害较常年偏轻，总体看气象灾害属偏轻年景。冬小麦播期底墒充沛，越冬期无旱，小麦孕穗抽穗关键期降水及时，全生育期降水与气温匹配，气象条件对冬小麦生长发育利大于弊，总体属持平略增年景。秋粮生长期降水充沛，时空分布均匀，光、热充足，气象条件总体优越，属丰收年景。苹果果区气候条件先弊后利，苹果总产较上年减产3成。

甘肃 2018年，全省平均气温为8.9℃，较常年偏高0.7℃；1—2月和12月气温较常年同期偏低，9—11月接近常年，3—8月偏高，其中8月与2006年并列为1961年以来第二高。全省平均年降水量为514.9毫米，较常年偏多27.7%，为1961年以来第二多，仅次于2003年(519.3毫米)；3月、10月降水量偏少，1月、4—8月、11月和12月不同程度偏多，其余月份接近常年。全省平均年日照时数为2334小时，较常年偏少130小时，为近7年最少。年内，暴雨次数偏多，出现7个区域性暴雨日，河东45县(区)出现暴雨，暴雨影响范围为60年来最大，暴雨引发山洪、滑坡和泥石流等灾害及城乡积涝，造成较大人员伤亡和财产损失；作物生长期降水偏多，未出现区域性干旱，全省干旱范围小，影响轻；夏季，全省有46县区出现32℃以上高温天气，20县(区)出现35℃以上高温天气，均较常年同期偏多，但河东夏季高温日数近15年最少；大风日数偏多，沙尘天气偏少，未出现区域性沙尘暴天气；连阴雨次数偏多，共出现14次区域性连阴雨天气过程；冰雹过程偏少，为1961年以来最少；霜冻日数偏多，为近5年最多；寒潮次数偏多，为近6年最多，春寒导致经济林果遭受严重冻害。2018年，农作物全生育期光、温、水匹配较好，降水适时，土壤水分补充及时，总体天气较好，利于夏粮和秋粮生产。

青海 2018年，全省平均气温为3.3℃，较常年偏高1.0℃；秋季气温接近常年同期，其他三季偏高，其中春季为1961年以来同期最高，夏季为1961年以来第三高。全省平均年降水量484.0毫米，较常年偏多3成，列历史第一多；冬季降水量偏少，春、夏、秋季均偏多，其中夏季为1961年以来同期第一多。年内，极端天气气候事件频发，主要气候事件有：全省年降水量偏多创历史极值；初春东北部无降水日数列历史首位；春季异常偏暖，入春时间明显提前；春季沙尘日数为2011年以来最多;东部农业区较早出现30℃以上高温天气;夏季降水异常偏多,强降水频次为历史最多;黄河上游出现2012年以来最强汛情;初冬降雪量大且积雪持续时间长;春末夏初青南牧区雷电灾情重;降水偏多致可可西里盐湖面积扩大逼近青藏线。2018年,东部农业区气温偏高、降水偏多、日照偏少,主要农作物热量资源充沛。4月下旬集中出现春季首场透雨,有利于农作物的生长发育;春末夏初阶段性气象干旱、夏季暴雨洪涝以及冰雹灾害等农业气象灾害频发,对农作物生长发育造成不利影响,农业生产遭受一定损失。与近5年情况相比,全省农业气候年景综合评定为"平年"。牧草生长期内,水分充足,热量适宜,虽后期光照不足,但总体偏好,有利于牧草正常生长。全省牧草气候年景综合评定为丰年。

宁 夏 2018年,全区平均气温为9.3℃,较常年偏高0.8℃,为1997年以来连续第22年偏高;春、夏季气温偏高,尤其春季气温创1961年以来同期极值。全区平均年降水量为370.5毫米,较常年偏多38%,为2011年以来连续第8年偏多;各季降水量均偏多,其中夏季降水量创近50年同期极值。全区平均年日照时数为2689小时,较常年偏少145小时;春季日照时数偏多,其他三季不同程度偏少。年内,气温阶段性特征明显。春季气温异常偏高,5月中北部部分地区高温天气之早历史少见;夏季全区平均最低气温创1961年以来同期新高,日较差之小创历史纪录;秋季气温偏低,秋霜冻偏早,霜冻日数偏多,引黄灌区大部入冬偏早。降水时空分布不均,极端性强。4月透雨明显偏早;夏季强降水次数多,范围广,强度大,历史罕见,7月22日贺兰山滑雪场特大暴雨刷新宁夏有气象观测记录以来的日降水量极值,夏季固原市区域平均降水量创1961年以来同期新高;秋季连阴雨过程雨量大,多地日降水量创建站以来9月日降水量极值。年内,发生了暴雨洪涝、冰雹、大风、低温冻害等气象灾害,灾害造成的直接经济损失轻于2017年和2016年。2018年,气候条件总体对马铃薯、小麦、玉米生产有利,对水稻较为有利,对葡萄品质形成和枸杞生长不利。

新 疆 2018年,全疆平均气温为8.2℃,与常年持平;全疆冷暖波动大,冬季气温略偏低(呈前冬暖、后冬异常偏冷特点),春季偏高且早春3月异常偏高,夏季气温偏高居次位,秋季为2000年以来最冷秋季。全疆平均年降水量为182.2毫米,较常年偏多不足1成;冬季降水量较常年同期偏少,春季偏多,夏季接近常年,秋季偏多。2018年开春期、终霜期、初霜期和入冬期全疆大部地区均偏早;冬季最大积雪深度全疆大部地区偏薄。2018年主要天气气候事件有:1月23—29日北疆大范围持续低温;3月全疆气温异常偏高;3月30日至4月7日全疆范围风沙雨雪、寒潮天气;5月6—8日全疆大范围风沙寒潮,12—15日全疆大风强降水,16—22日南疆极端暴雨、北疆东疆寒潮,23—25日全疆大风降温、局地暴雨雪、寒潮霜冻,28—29日全疆大范围强风、沙尘暴;7月至8月上旬南疆持续高温致叶尔羌河上游冰川溃决;7月31日哈密市山区特大暴雨引发山洪;10月17—20日出现雨雪、降温、风沙、冰雹、霜冻等多种致灾天气;11月9—14日全疆大范围寒潮,11月24—25日北疆多地受强风侵袭,11月30日至12月3日北疆暴雪、风沙天气等。2018年,全疆气象灾害总体呈中度偏重发生,主要气象灾害有大风、暴雨洪涝、冰雹、沙尘暴、冻害、雪灾等,其中大风、暴雨洪涝、冰雹灾害损失较大。2018年,全疆农牧业气象为略偏丰年景,差于2017年。

附录 A 资料、方法及标准

A1. 资料

本书所使用的地面气象观测资料由中国气象局国家气象信息中心提供。地面基本观测资料采用了1961—2017年中国区域2400多个气象观测站资料,其中霜冻日数、降雪日数采用的是700多站资料;台风路径资料采用的是中国气象局热带气旋最佳路径数据集;气候系统分析采用的是NCEP/NCAR全球大气再分析资料;气象灾害损失资料由中华人民共和国应急管理部提供;2017年度各省(区、市)气候影响评估摘要摘自相关省(区、市)年度评价或公报;香港、澳门特别行政区及台湾省资料暂缺。

A2. 南海夏季风

南海季风是指中国南海区域盛行风向随季节有显著变化的风系,属于热带性质的季风,夏半年南海低层盛行西南风,高层为偏东风。

南海夏季风爆发定义:以南海季风监测区内(10°~20°N,110°~120°E)850百帕平均纬向风和假相当位温为主要监测指标,当监测区内平均纬向风由东风稳定转为西风以及假相当位温稳定地大于340 K的时间(持续2候、中断不超过1候,或持续3候及以上),为南海夏季风爆发的主要指标。同时参考200百帕、850百帕、500百帕位势高度场的演变。

A3. 东亚夏季风

季风地区夏季由海洋吹向大陆的盛行风。由于夏季亚洲大陆上为巨大的热低压控制,海洋上是高气压,气流由高气压区吹向低气压区,形成夏季风。位于低压南部的南亚、东南亚及中国西南一带,盛行西南季风;位于低压东部的中国东部地区,盛行东南季风。东亚夏季风以阶段性的而非连续的方式进行季节推进和撤退,北进经历两次突然北跳和三次静止阶段。在这个过程中,季风雨带和季风气流以及相应的季风气团也类似地向北运动。

由于亚洲夏季风具有广阔的空间和时间尺度变率,许多学者从不同方面定义了不同的季风指数,书中采用东亚热带和副热带纬向风差值来定义东亚夏季风指数。

A4. 厄尔尼诺/拉尼娜

厄尔尼诺/拉尼娜是指赤道中、东太平洋海表大范围持续异常偏暖/冷的现象,是气候系统年际气候变化中的最强信号。厄尔尼诺/拉尼娜事件的发生,不仅会直接造成热带太平洋及其附近地区的干旱、暴雨等灾害性极端天气气候事件,还会以遥相关的形式间接地影响到全球其他地区天气气候并引发气象灾害。

厄尔尼诺/拉尼娜事件判别方法:Niño3.4指数3个月滑动平均的绝对值(保留一位小数,下同)达到或超过0.5℃且持续至少5个月,判定为一次厄尔尼诺/拉尼娜事件(Niño3.4指数≥0.5℃为厄尔尼诺事件;Niño3.4指数≤-0.5℃为拉尼娜事件)。

A5. 干旱评价方法与标准

由于发生干旱的原因是多方面的,影响干旱严重程度的因子也很多,所以确定干旱的指标是一个复杂的问题。另外,干旱也有多种含义,在气象学意义上,又分为长期干旱和短期干旱,长期干旱即在某特定气候条件下,历史上长期性持续缺少降水,一般年份降水量不足 200 毫米,形成固有的干旱气候,这些地区为干旱地区,如我国南疆盆地等,一般不做这种干旱监测;短期干旱是指某些地区因天气气候异常,使某一时段内降水异常减少,水分短缺的现象,它可以出现在干旱或半干旱地区的任何季节,也可以出现在半湿润,甚至湿润地区的任何季节,这种干旱最容易造成灾害,本书主要是针对这种干旱进行监测与评价。气象干旱综合指数(MCI)考虑了 60 天内的有效降水(权重平均降水)和蒸发(相对湿润度)的影响,季度尺度(90 天)和近半年尺度(150 天)降水长期亏缺的影响。该指标适合实时气象干旱监测,以及气象干旱对农业和水资源的影响评估。气象干旱综合指数的计算公式如下:

$$\mathrm{MCI} = a \times \mathrm{SPIW}_{60} + b \times \mathrm{MI}_{30} + c \times \mathrm{SPI}_{90} + d \times \mathrm{SPI}_{150} \qquad (A.1)$$

$$\mathrm{SPIW}_{60} = \mathrm{SPI(WAP)} \qquad (A.2)$$

$$\mathrm{WAP} = \sum_{n=0}^{60} 0.95^n P_n \qquad (A.3)$$

式中,SPIW_{60} 为近 60 天标准化权重降水指数,标准化处理计算方法参考《气象干旱等级》(GB/T 20481—2006);P_n 为距离当天前第 n 天降水量;MI_{30} 为近 30 天湿润度指数,计算方法参考《气象干旱等级》(GB/T 20481—2006);SPI_{90}、SPI_{150} 分别为 90 天和 150 天标准化降水指数,计算方法参考《气象干旱等级》(GB/T 20481—2006);a、b、c、d 权重系数随着地区和季节变化进行调整,北方冬、春季一般取 0.2、0.2、0.3、0.4,夏、秋季一般取:0.3、0.4、0.3、0.2;南方冬、春季一般取 0.3、0.4、0.3、0.2,夏、秋季一般取 0.5、0.6、0.2、0.1,需要说明的是,系数 a、b、c、d 可根据当地气候状况和季节变化进行调整,这里给出的是参考值。气象干旱过程的确定和评价同《GB/T 20481—2006 气象干旱等级》。气象干旱综合指数等级划分标准如表 A-1 所示。

表 A-1 气象干旱综合指数等级划分标准

等级	类型	MCI	干旱影响程度
1	无旱	> -0.5	地表湿润,作物水分供应充足;地表水资源充足,能满足人们生产、生活需要
2	轻旱	$-1.0 \sim -0.5$	地表空气干燥,土壤出现水分轻度不足,作物轻微缺水,叶色不正;水资源出现短缺,但对人们生产、生活影响不大
3	中旱	$-1.5 \sim -1.0$	土壤表面干燥,土壤出现水分不足,作物叶片出现萎蔫现象;水资源短缺,对人们生产、生活产生影响
4	重旱	$-2.0 \sim -1.5$	土壤水分持续严重不足,出现干土层,作物出现枯死现象,产量下降;河流出现断流,水资源严重不足,对人们生产、生活产生较重影响
5	特旱	≤ -2.0	土壤水分持续严重不足,出现较厚干土层,作物出现大面积枯死,产量严重下降,甚至绝收;多条河流出现断流,水资源严重不足,对人们生产、生活产生严重影响

某时段(月、季、年)干旱综合指数(MCI_t):

$$\mathrm{MCI}_t = \frac{2}{n} \sum_{k=1}^{n} \mathrm{MCI}_k, \text{当 } \mathrm{MCI}_k \leq -0.5 \text{ 时} \qquad (A.4)$$

式中,MCI_k 为某站(区域)k 日干旱综合指数,n 为某时段内的总天数。

某区域干旱综合指数（MCI_d）：

$$MCI_d = \frac{2}{m}\sum_{j=1}^{m} MCI_j, \text{当 } MCI_j \leqslant -0.5 \text{ 时} \tag{A.5}$$

式中，MCI_j 为某日（时段）j 站干旱综合指数，m 为某区域内的站数。区域干旱综合指数（MCI_d）等级及相应的干旱类型见表 A-2。

表 A-2　区域干旱综合指数（MCI_d）和时段干旱综合指数（MCI_t）等级划分标准

MCI_d 或 MCI_t 值	等级	干旱类型
MCI_d 或 $MCI_t \geqslant -0.5$	4	无干旱
$-1.0 \leqslant MCI_d$ 或 $MCI_t < -0.5$	5	轻旱
$-1.5 \leqslant MCI_d$ 或 $MCI_t < -1.0$	6	中旱
MCI_d 或 $MCI_t < -1.5$	7	重旱

本书只对常年年降水量大于 200 毫米的地区和旬平均气温大于 0℃ 的时段进行评价，对常年干旱地区和植物停止生长的季节不进行评价。此外，还参考各省（区、市）气象部门以及民政、农业、水利等部门反映的受灾情况来确定干旱的范围和程度。

A6. 暴雨洪涝评价与标准

本书采用夏季降水百分位数、月降水量距平百分率及旬降水总量等指标对 2017 年全国（主要考虑年降水量 400 毫米等值线以东、以南地区）暴雨洪涝情况进行评述。考虑到地区之间的气候差异，规定了不同地区评述暴雨洪涝的季节，即黄淮海、东北、西北地区为 6—8 月，长江中下游地区为 4—9 月，华南地区为 4—10 月，西南地区为 6—9 月。

（1）降水百分位数

$$r = \frac{m}{n+1} \times 100\% \tag{A.6}$$

式中，r 为降水百分位数，m 为按升序排列后的序号，n 为样本数。

当 $90\% > r \geqslant 80\%$ 为一般洪涝；$r \geqslant 90\%$ 为严重洪涝。

（2）月降水量距平百分率

$$P = \frac{R - \bar{R}}{\bar{R}} \times 100\% \tag{A.7}$$

式中，P 为月降水量距平百分率，R 为当年某月的实际降水量，$\bar{R}$ 为某月降水量常年值（1981—2010 年平均）。

当 $200\% \geqslant P \geqslant 100\%$（华南 $150\% \geqslant P \geqslant 75\%$）为一般洪涝；$P > 200\%$（华南 $P > 150\%$）为严重洪涝。

（3）旬降水量

当一个旬降水量达到 250～350 毫米（东北 200～300 毫米，华南、川西 300～400 毫米）为一般洪涝。

一个旬降水量 >350 毫米（东北 >300 毫米，华南、川西 >400 毫米）为严重洪涝。

当两个旬降水总量达到 350～500 毫米（东北 300～450 毫米，华南、川西 400～600 毫米）为一般洪涝。

两个旬降水总量 >500 毫米（东北 >450 毫米，华南、川西 >600 毫米）为严重洪涝。

A7. 台风指数评价方法

(1)台风灾害影响综合评估指数

根据中华人民共和国气象行业标准《台风灾害影响评估技术规范》(QX/T 170—2012)定义,台风灾害影响综合评估指数(composite index for damage caused by typhoon,CIDT)是指总体上描述某次台风过程对全国或某省(区、市)的灾害影响程度的指数。本书中将一年之中所有台风的 CIDT 指数之和定义为年台风灾害影响综合评估指数(YCIDT),而且计算区域为全国。CIDT 计算公式为:

$$\text{CIDT} = 10 \times \sqrt{\sum_{i=1}^{4} a_i d_i} \tag{A.8}$$

式中,a_i 为灾害因子系数,其取值见表 A-3;d_i 是灾害因子,d_1 为死亡失踪人数,d_2 为农作物受灾面积(单位为千公顷),d_3 为倒塌房屋数(单位为万间),d_4 为直接经济损失率。d_4 计算公式为:

$$d_4 = \frac{\text{DEL}}{\text{GDP}} \times 10000 \tag{A.9}$$

式中,DEL 为直接经济损失(单位为亿元),GDP 为上一年国内生产总值(单位为亿元)。

表 A-3 台风灾害影响的评估因子系数

	a_1	a_2	a_3	a_4
系数	1.279×10^{-3}	2.648×10^{-4}	3.019×10^{-2}	1.974×10^{-2}

(2)台风累计气旋能量指数

台风累积气旋能量指数(accumulative cyclone energy,ACE)定义为某个时段内所有台风生命史中,热带风暴及以上级别的 6 小时路径点风速强度的平方之和,本书中 ACE 指数计算时段为年。

(3)热带气旋年潜在影响力指数(TCPI)

对于单个热带气旋过程,TCPI 指数定义公式为:

$$\text{TCPI} = \sum_{i=1}^{N} \sum_{j=1}^{M} b_j (a_j \bar{v}_i)^2 \tag{A.10}$$

式中,$i=1,\cdots,N$,表示某次热带气旋过程对某地区(面状)影响的次数(以每 6 小时做一次统计);$j=1,\cdots,M$,表示热带气旋不同的影响区域,即在不同的区域热带气旋的影响强度有差别,以系数 a 为权重;$\bar{v}_i$ 为该次平均的热带气旋中心附近最大平均风速;b 表示某地区受热带气旋影响的面积权重,若该地区完全在热带气旋某影响区域内,则 b 为 1,若部分在,则依影响范围,b 取值在 0~1,若不在,则 b 取值为 0。若将该地区各年热带气旋过程中的 TCPI 进行累加,得到年 TCPI 指数(YTCPI),利用此指数可以分析该地区受热带气旋潜在影响的年际变化特征。

如果以全国为研究单位,(A.10)式可以变换为另外一种形式:

$$\text{TCPI} = \frac{1}{S} \left[\sum_{i=1}^{N} \sum_{j=1}^{M} b_{1j} (a_j \bar{v}_i)^2 + \sum_{i=1}^{N} \sum_{j=1}^{M} b_{2j} (a_j \bar{v}_i)^2 + \cdots + \sum_{i=1}^{N} \sum_{j=1}^{M} b_{Lj} (a_j \bar{v}_i)^2 \right] \tag{A.11}$$

定义

$$\text{TCPI}_k = \sum_{i=1}^{N} \sum_{j=1}^{M} b_{kj} (a_j \bar{v}_i)^2 \tag{A.12}$$

式中,$k=1,2,\cdots,L$,则

$$\text{TCPI} = \frac{1}{S}(\text{TCPI}_1 + \text{TCPI}_2 + \cdots + \text{TCPI}_L) \tag{A.13}$$

式中,S 为全国的面积,而 b_{1j} 为第一个省份在第 j 个影响区域内的面积,而不是面积权重了,共有 L 个省份,其他参数同式(A.10),这样就可以看出 TCPI 在全国各省的分配情况。如(A.12)式所示,称 TCPI_k 为某省的贡献值,将 TCPI_k 与 S 的比值称为该省的相对贡献值。具体的计算方法详见相关文献(尹宜舟 等,2013)。

A8. 气候指数

气候指数是基于历史气候资料和未来气候预测结果,通过判断极端天气气候事件致灾阈值、结合社会经济数据及实际灾害损失分析,采用科学的方法对单一或综合气候灾害风险进行的定量化评价。由财新智库和国家气候中心联合发布的中国气候指数系列于 2017 年 3 月 6 日在北京首发。该指数系列为国内首创,填补了气候指数研发空白,开创了气候大数据服务实体经济之先河。中国气候指数系列将打造气候大数据开发应用的新坐标,结构化的气候信息将服务企业生产和居民生活的方方面面,拓宽新经济的广度和深度。

目前,中国气候指数系列包括中国气候风险指数(Climate Risk Index, CRI)、雨涝指数、干旱指数、台风指数、高温指数、低温冰冻指数等。月度指数于每月 5 日定期更新。

气候风险指数:是基于中国逐月干旱指数、暴雨指数、高温指数、低温冰冻指数和台风指数以及近年来气象灾害损失数据来计算。

低温指数:是基于候平均气温偏低程度等级以及候降雪日数进行非线性组合求得。

高温指数:是根据日最高气温等级及日最高气温≥35℃持续天数的非线性组合与日最低气温等级及日最低气温≥25℃的持续天数的非线性组合进行算术平均求得。

台风指数:是基于台风影响期间气象站点风雨资料,充分考虑站点间历史气象要素的差异性、气象要素量级间的差异性、风雨指标间的差异性等,对要素进行加权平均得到,风因子选用日最大风速,雨因子选用日降雨量。

暴雨指数:是根据日降水量等级与强降水日数的非线性关系计算得到。

干旱指数:是基于评估干旱程度的最近 30 天标准化降水指数,划分相应级别,确定日干旱指数并累计求得。

A9. 冬麦区气候条件评价方法

(1)评价区域的确定

选取冬小麦主产区的河北、北京、天津、山东、山西、河南、江苏、安徽、陕西、甘肃等省(市),根据冬小麦品种特性以及耕作措施将冬小麦分成不同区域。

(2)评价方法

根据冬小麦各生育期降水、气温、活动积温以及日照时数等要素及其与常年值比较分析,结合冬小麦不同生育期对光、温、水的要求,评价 2016 年冬麦区气候条件对冬小麦生长发育的影响。

A10. 棉花气候条件评价方法

通过对我国三大棉区某年棉花生长季内气候特征分析,评价该年度气候条件对全国棉花生长发育的影响。研究区域分别是:新疆棉区、黄河流域棉区、长江流域棉区。其中黄河流域

棉区包括河北、河南、山东；长江流域棉区包括江苏、安徽、湖北、湖南。在气候资料方面，从各省(区、市)取气候要素的平均值进行分省(区、市)评价。分析中采用的常年值为1971—2000年的30年平均值。

环境气象条件是影响棉花生产的重要因素，生长季内各种气象因素的不同组合会导致棉花产量有较大的波动起伏。将棉花生长发育划分为播种至出苗、出苗至现蕾、现蕾至开花、开花至裂铃、吐絮5个阶段，从光、温、水三方面进行评价。

棉花是无限花序的喜温作物，热量条件是棉花花蕾能否成桃、吐絮的决定因素。在分析评价中采用温度影响函数 $F(T)$ 为主导指标来衡量棉花生长季热量条件的优劣。

$$F(T) = \begin{cases} 0 & T < T_L \\ 1 - (T - T_0)^2 / (T_0 - T_L)^2 & T_L \leqslant T \leqslant T_0 \\ 1 - (T - T_0)^2 / (T_H - T_0)^2 & T_0 \leqslant T \leqslant T_H \\ 0 & T > T_H \end{cases} \quad (A.14)$$

式中，T 为某发育阶段的平均温度，T_L、T_H、T_0 分别是该发育阶段棉花生长发育的下限、上限、最适温度。$F(T)$ 值越接近1，表明温度条件对生长发育的适宜程度越高。

棉花对太阳辐射强度十分敏感，光照的强弱直接影响棉花的株型及成桃率。在评价中采用辐射影响函数 $F(Q)$ 为指标评价棉花生长季的辐射状况对生长发育的影响。

$$F(Q) = \begin{cases} 1 & Q \geqslant Q_0 \\ Q/Q_0 & Q < Q_0 \end{cases} \quad (A.15)$$

式中，Q 为某生育期内的平均太阳辐射，Q_0 为该发育期的适宜辐射量的下限。棉花的光饱和点很高，到正午全日光下光合作用才能达到最大。在评价中 Q_0 取各发育期内平均日照百分率为85%的太阳辐射量。

棉花为耐旱作物，苗期的耗水量较大，吐絮期较小。在一些年份常会出现春旱影响棉花播种、夏伏旱影响棉花开花结铃。在评价中采用水分影响函数 $F(P)$ 来分析棉花各生育期水分供应状况对生产的影响。

$$F(P) = \begin{cases} 1 & P \geqslant W \\ P/W & P < W \end{cases} \quad (A.16)$$

式中，P 为发育期内积累的降水量(毫米)，W 为发育期内平均需水量(毫米)，其中平均需水量以发育期的多年蒸散量与作物系数的积计算，作物系数的取值范围为0.4～1.2。当 $F(P)$ 接近1时，表明水分供应状况良好，当 $F(P)$ 小于0.6时，表明水分供应不足。新疆棉区棉花耗水大部分来源于灌溉，而灌溉用水来自高山融雪，与生育期内降水基本无关，故不做该棉区棉花生长季的水分评价。

各生育期光、温、水影响函数评价指标，以棉花不同发育阶段对气象要素需求的满足程度来划分，取 $F \geqslant 0.9$ 为该项要素气候资源充足，能满足棉花的生长发育需要，$0.8 \leqslant F < 0.9$ 为较充足，$0.7 \leqslant F < 0.8$ 为一般，$0.6 \leqslant F < 0.7$ 为不足，$F < 0.6$ 为严重不足，对生长发育产生不良影响。

A11. 气候对水资源影响评价方法与标准

A11.1 年降水资源评估方法

(1)各省(区、市)年降水资源量计算方法

$$R_i = S_i \times \frac{1}{n} \sum_{j=1}^{n} R_j \quad \text{其中} j = 1, 2, 3, \cdots, n \quad (A.17)$$

式中，R_i 为省(区、市)年降水资源量，R_j 为单站年降水量，$j=1,2,3,\cdots,n$ 为各省(区、市)内的气象站数。$i=1,2,3,\cdots,31$，为全国 31 个省(区、市)。S_i 为各省(区、市)面积。

(2) 全国年降水资源计算方法

$$R = \sum_{i=1}^{31} S_i \times \sum_{i=1}^{31} P_i R_i, P_i = S_i / \sum_{i=1}^{31} S_i \tag{A.18}$$

式中，P_i 为各省(区、市)的面积加权系数，R 为全国年降水资源。

(3) 年降水资源评估方法

全国及各省(区、市)的年降水资源基本服从正态分布，按照年降水资源量偏离各自多年平均值的程度，将全国及各省(区、市)的年降水资源划分为 5 个等级(表 A-4)，表示降水资源的丰枯状况。

表 A-4　年降水资源丰枯评估标准

年型	判别式
异常丰水年	$RS > \overline{R} + 1.5\sigma$
丰水年	$\overline{R} + 1.5\sigma \geqslant RS \geqslant \overline{R} + 0.7\sigma$
正常年	$\overline{R} + 0.7\sigma > RS > \overline{R} - 0.7\sigma$
枯水年	$\overline{R} - 0.7\sigma \geqslant RS \geqslant \overline{R} - 1.5\sigma$
异常枯水年	$\overline{R} - 1.5\sigma > RS$

注：RS、$\overline{R}$、σ 分别为全国或各省(区、市)的年降水资源、1981—2010 年多年平均值、均方差。

A11.2　全国年水资源总量评估方法

(1) 水资源总量估算方法

区域水资源总量是指评价区域内地表水和地下水的总补给量。

由于实际统计水资源总量时，涉及项目广，需要详细的大量调查资料，计算复杂，对气候评价业务来讲难度大。考虑到水资源总量与年降水资源量关系密切，采用统计方法，解决水资源总量的计算问题，进而实现水资源总量丰枯评估。

(2) 水资源总量线性估算方程表示如下

$$W_{水资源总量} = a_i \times W_{年降水资源总量} + b_i \tag{A.19}$$

式中，a_i、b_i 为各省(区、市)的参数。该方法计算精度受建模资料序列长度和值域的影响较大。

全国年水资源总量为各省(区、市)年水资源总量的总和。

(3) 水资源总量评估指标

评估指标确定同年降水资源评估方法类似，表 A-4 中的 RS、$\overline{R}$、σ 值分别为全国或各省(区、市)的水资源总量、1981—2010 年多年平均值和均方差。

(4) 水资源短缺状况等级划分指标

水资源短缺表现为用水需求得不到保障。除与水资源数量及其时空分布、气候条件等自然因素有关外，还与经济结构、用水习惯和水平、管理状况等因素密切相关。人均年水资源量(立方米/人)为反映水资源短缺状况的一种常用指数，用于水资源短缺风险问题研究。这里采用联合国水资源短缺状况分类等级标准进行评估(表 A-5)。

表 A-5　水资源短缺状况等级划分指标

水资源短缺状况	等级标准（人均年水资源总量，单位：米³/人）
脆弱	1700~2500
紧张	1000~1700
缺水	500~1000
极缺	<500

(5)十大流域年地表水资源评估

十大流域年地表水资源评估根据各流域的降雨—径流关系，建立年降水量和年径流深之间的统计模型，用于十大流域的年地表水资源评估工作。具体计算过程为，依据径流系数的概念，首先根据算术平均法计算全国十大流域年降水量，通过文献查阅获取十大流域径流系数，利用十大流域年降水量乘以径流系数，可得流域的年径流深，并进一步结合流域面积，可计算得到流域年地表水资源量。

A12. 大气自净能力评价方法与标准

根据气象地面观测逐日一天4次气象观测资料，包括风速、总云量、低云量、降水量等观测值，通过定量计算描述大气对污染物通风稀释和雨洗能力的大气自净能力系数。大气自净能力指数越大，表示大气对污染物清除能力越强；反之，大气自净能力指数越小，则表示大气对污染物清除能力越弱，气象条件不利于大气污染物的扩散。

大气自净能力指数的计算方法如下：

$$ASI = 8.64 \times 10^{-2} \times \left[\frac{\sqrt{\pi}}{2} \times V_E + \sum_{i=1}^{n}(0.17 \times R_i \times \sqrt{S} \times 10^3)\right] \times C_s/\sqrt{S} \quad (A.20)$$

式中，ASI 为大气自净能力指数（单位为吨/(天·千米²)）；n 为一天中降水的小时数；R 为每小时降水量（单位为毫米/时）；S 为区域面积（单位为平方千米）；C_s 为污染物标准浓度（单位为毫克/米³），这里取秋冬季主要污染物 $PM_{2.5}$ 二级空气质量标准 0.075 毫克/米³。由于排放到大气中 $PM_{2.5}$ 主要依靠通风和降水的物理作用来清除，因此，ASI 可以较好地反映清除 $PM_{2.5}$ 的气象条件。

通风量是描述大气对污染物稀释扩散能力的污染气象参数，数学表达为：

$$V_E = \int_0^H u(z)dz \quad (A.21)$$

即在混合层高度内，风速与高度乘积的总和，表达了大气动力与热力综合作用下对大气污染物的清除能力。公式(A.21)中 u 表示近地层风速，随距离地面高度变化（单位为米/秒）；H 为混合层高度，与大气稳定度和地面风速有关（单位为米）。

A13. 气候对能源影响评价方法与标准

A13.1　北方冬季采暖耗能评估

(1)地区及资料的选取

选取北方15个省(区、市)(黑龙江、吉林、辽宁、内蒙古、新疆、青海、甘肃、宁夏、陕西、山西、河北、河南、山东及北京、天津)的逐日平均气温及月平均气温资料。多年平均值采用1981—2010年30年平均。

(2)采暖期的确定

根据《中华人民共和国标准:采暖、通风与空气调节规范》的规定,日平均温度稳定≤5℃的日期为采暖起始日期,日平均温度稳定≥5℃的日期为采暖结束日期,其间的天数为采暖期长度。

(3)采暖度日的定义

采暖度日是计算热状况的一种单位,为某一基准温度与日平均气温之差。我国以5℃作为计算采暖度日的基础温度,日采暖度日表达式为:

$$D_i = t_0 - t_i \tag{A.22}$$

式中,D_i为某日的采暖度日值;t_0为基础气温(选定为5℃),t_i为逐日平均气温(单位为℃)。D_i取正值,若某日平均气温大于基础气温,则该日采暖度日为0。

一段时期内的采暖度日总量可以反映出该时段温度的高低,度日值越大,表示温度越低;反之,表示温度高。

(4)主采暖期的确定

由于我国北方采暖区范围大,气候条件差异明显,各地主要采暖期不能以统一的日期来确定,为此,依据各站多年平均采暖期开始和结束日期,若采暖起、止月内采暖天数超过20天以上,则确定该月为主采暖期的开始和结束月;否则,以其后一个月或前一个月为主采暖期的起、止月。

(5)北方采暖耗能评估模型

研究表明,采暖期度日总量的变化可以反映该采暖季采暖需求(采暖耗能)的变化。利用采暖度日与温度之间的相关性,建立单站及区域主采暖期及月的采暖耗能评估模型。

由于冬季(12月至次年2月)的温度变化对整个采暖季的采暖需求(耗能)起决定性作用,因此,将各站主采暖期度日变率(即距平百分率)与冬季平均气温距平建立主采暖期采暖耗能评估模型,用于对整个采暖季(冬季)采暖耗能进行定量评估。区域主采暖期及月采暖评估方法与此类似。

A13.2 夏季降温耗能评估模型

(1)降温度日的定义

降温度日数是指一段时间(月、季或年)内日平均温度高于某一基础温度的累积度数。如果日平均温度低于该基础温度,则这一天无降温度日数。降温度日数越大,表示温度越高。

$$D = t - t_0 \tag{A.23}$$

式中,D为降温度日值;t_0为基础气温;t为逐日平均气温(单位为℃)。

(2)基础温度的设定

考虑到我国南方地区夏季气温高且持续时间长,降温设备的使用更加普遍,相应地降温耗能受气温的影响也更大,因此,将基础温度设定为25℃。

(3)降温电量测算方法

先测算降温负荷。采用基准负荷法进行降温负荷的测算,直接利用电网的负荷曲线来推算降温负荷曲线。每日降温负荷由96点(国家电网每15分钟记录一次用电负荷,每24小时累计96个点)日负荷曲线减去96点基础负荷曲线获得,即

$$P_{c,d,h} = P_{d,h} - P_{dt,h} \tag{A.24}$$

式中,$P_{c,d,h}$为d天h小时的降温负荷;$P_{d,h}$为d天h小时的总负荷;$P_{dt,h}$为d天所对应的典型

日 h 小时的基础负荷。典型日基础负荷曲线为春季典型日(4月15日至5月15日)负荷曲线与秋季典型日(9月15日至10月15日)负荷曲线的平均值。

降温电量为降温负荷在时间上的积分,发电量为负荷曲线在时间上的积分。降温电量占比为降温电量与发电量的比值。

(4)夏季降温评估模型

利用各省夏季降温用电量占比与降温度日、降温度日距平和最高温距平3个变量建立降温耗能评估模型。模型如下：

$$\text{erate}_i = -7.984e^{-2} + 1.137e^{-3} \times \text{cdd} - 2.092e^{-6} \times \text{cdd}^2 + 2.654e^{-3} \times \text{cddjp} \\ - 1.952e^{-5} \times \text{cddjp}^2 + 3.902e^{-2} \times \text{tmaxjp} + \varepsilon_i \quad (A.25)$$

式中,erate_i 为第 i 省夏季降温用电量占比;cdd、cddjp、tmaxjp 分别为第 i 省夏季降温度日、降温度日距平、最高温距平;ε_i 为各省(区、市)的个体差异系数。降温用电量及占比数据来自2017年省级电力部门,气象数据来自中国气象局。多年平均值采用1981—2010年30年平均。

A14. 交通运营不利天气计算方法

交通运营不利天气包括10毫米以上降水、雪、冻雨、雾及扬沙、沙尘暴、大风等天气。交通运营不利天气日数是指一段时期内,累计发生一种或几种上述天气现象日数的总和。

附录 B 2018 年全国主要雷电、冰雹和龙卷风事件

（1）3月4—5日，湖南省长沙、株洲、衡阳等5市12个县（市）遭受风雹灾害。8.4万人受灾，600余人紧急转移安置；200余间房屋严重损坏；农作物受灾面积3200公顷，其中绝收300余公顷；直接经济损失7200余万元。

（2）3月4—5日，江西省南昌、景德镇、萍乡等9市54个县（市、区）遭受风雹灾害。33.5万人受灾，14人死亡；400余间房屋倒塌，4.1万间不同程度损坏；农作物受灾面积13600公顷，其中绝收面积400余公顷；直接经济损失5.2亿元。

（3）3月4—5日，福建省福州市、三明、南平3市8个县（市）遭受风雹灾害。4000余人受灾；2100余间房屋不同程度损坏；农作物受灾面积300余公顷；直接经济损失9500余万元。

（4）3月4日起广西三江、柳江、龙胜、钟山、百色、德保、平南、藤县等市县（区）出现冰雹；3市7个县（区）受灾人口1806人，紧急转移安置429人；农作物受灾面积20公顷，其中成灾面积20公顷；倒塌房屋4户7间，严重损坏房屋69户123间，一般损坏房屋463户908间；直接经济损失588万元。

（5）3月5日，浙江省金华、衢州、丽水3市11个县（市、区）遭受风雹灾害。4.9万人受灾，近800人紧急转移安置；6500余间房屋不同程度损坏；农作物受灾面积3.3千公顷；直接经济损失1.8亿元。

（6）3月11—13日，云南省昭通、普洱、西双版纳等4市（自治州）8个县（区）遭受风雹灾害。41623人受灾；302间房屋不同程度损坏；农作物受灾面积2123.2公顷，其中绝收面积200余公顷；直接经济损失1109.3万元。

（7）3月12—14日，贵州省贵阳、六盘水、安顺等5市（自治州）17个县（市、区）遭受风雹灾害。19.9万人受灾；900余间房屋不同程度损坏；农作物受灾面积11.9千公顷，其中绝收面积3.1千公顷；直接经济损失1.2亿元。

（8）3月15日下午到晚上，江西省靖安、宜丰、上高、奉新、瑞昌、德安、安义、共青城、新建、修水、高安、武宁12县（市）出现冰雹。4800余人受灾，1人因雷击死亡；317间房屋不同程度损坏；农作物受灾面积近200公顷；直接经济损失近800万元。

（9）3月18日，贵州省9县市出现冰雹。受灾人口10240人；农作物受灾面积2992.7公顷，成灾面积1615.37公顷，绝种面积30.67公顷；严重损坏房屋2户5间，一般损坏房屋3户8间；直接经济损失6487.4万元。

（10）3月19日以来，广西壮族自治区遭受风雹灾害。南宁、柳州、百色、河池4市10个县（市）5573余人受灾，1人死亡；农作物受灾面积1596.73公顷，其中绝收300余公顷；倒塌房屋5户15间，一般损坏房屋22户26间；直接经济损失2990.76余万元。

（11）3月29—31日，贵州省部分地区出现雷雨、大风、冰雹等强对流天气，引发风雹灾害。

造成六盘水、安顺、毕节等4市(自治州)13个县(市、区)10.9万人受灾;200余间房屋不同程度损坏;农作物受灾面积6583公顷,其中绝收面积900余公顷;直接经济损失22807万元。

(12)4月4—7日,贵州省遵义、安顺、毕节等6市(自治州)15个县(市、区)遭受风雹灾害。21.3万人受灾,近200人紧急转移安置,近200人需紧急生活救助;100余间房屋倒塌,1.1万间不同程度损坏;农作物受灾面积11.3千公顷,其中绝收面积3.8千公顷;直接经济损失2亿元。

(13)4月4—5日,四川省自贡、泸州、德阳等9市17个县(市、区)遭受风雹灾害。34.3万人受灾,800余人紧急转移安置,近1400人需紧急生活救助;200余间房屋倒塌,9500余间不同程度损坏;农作物受灾面积22.8千公顷,其中绝收面积1千公顷;直接经济损失1亿元。

(14)4月12—14日,贵州省遵义、黔东南2市(自治州)10个县(区)遭受风雹灾害。2.9万人受灾,200余人紧急转移安置,1300余人需紧急生活救助;1600余间房屋不同程度损坏;农作物受灾面积1.2千公顷,其中绝收面积400余公顷;直接经济损失2200余万元。

(15)4月14—19日,云南省24个县(市)出现冰雹。受灾37903人;房屋受损715间;农作物受灾面积4595.32公顷,其中绝收面积319.89公顷;直接经济损失4698.14万元。

(16)4月18—20日,新疆博8个县(市)遭受风雹灾害。31831余人受灾;农作物受灾面积15303.8公顷,其中绝收面积200余公顷;直接经济损失近4783.05万元。

(17)4月19—23日以来,贵州省局地出现冰雹,七星关、大方、黔西、镇宁、安龙、桐梓、绥阳、清镇、德江共9县(市、区)遭受风雹及洪涝灾害。农作物受灾面积5372公顷,成灾面积3598公顷,其中绝收面积1407公顷;直接经济损失3694.2万元。

(18)4月29日至5月2日,贵州省贵阳、六盘水、遵义等9市(自治州)32个县(市、区)遭受风雹灾害。37万人受灾,700余人紧急转移安置,近1300人需紧急生活救助;近6300间房屋不同程度损坏,9间房屋倒塌;农作物受灾面积31.1千公顷,其中绝收面积6.3千公顷;直接经济损失2.5亿元。

(19)4月30日至5月2日,湖南省邵阳、岳阳、常德等6市(自治州)13个县(市)遭受风雹灾害。12.7万人受灾,300余人紧急转移安置;近900间房屋不同程度损坏;农作物受灾面积6.8千公顷,其中绝收面积400余公顷;直接经济损失近6100万元。

(20)5月12—13日,河北省阜平、正定、平山、藁城、石家庄、南和、安平、文安、唐海、邢台县、内丘、威县12个县(市、区)出现冰雹。1.6万人受灾;农作物受灾面积7600公顷;接经济损失9800余万元。

(21)5月15日13—17时,河南省8个县(市、区)出现冰雹。1人因被雷电击中死亡,受灾人口87005人;房屋损坏8间;农作物受灾面积13596.66公顷;直接经济损失4968.485万元。

(22)5月15日,山东省14个县(市、区)遭受冰雹灾害。此次灾情共有受灾人口153931人;房屋倒塌10间,严重损坏房屋25间;农作物受灾面积16159.82公顷,其中绝收面积179.3467公顷;直接经济损失10177.68万元。

(23)5月17—18日,贵州省六盘水、遵义、毕节等4市13个县遭受风雹灾害。5.6万人受灾,100余人紧急转移安置,800余人需紧急生活救助;400余间房屋不同程度损坏;农作物受灾面积3.3千公顷,其中绝收面积100余公顷;直接经济损失近3700万元。

(24)5月17—18日,重庆市万州、涪陵、北碚等19个县(区)遭受风雹灾害。39万人受灾,6人死亡;300余间房屋倒塌,1700余间严重损坏,2.3万间一般损坏,农作物受灾面积18.5千公顷,其中绝收面积 2.1 千公顷;直接经济损失 3.4 亿元。

(25)6 月 9—10 日,甘肃省 13 个县(市、区)区域内出现冰雹天气过程。385492 人受灾;倒塌房屋 1 户 3 间,一般损坏 3 户 6 间;农作物受灾面积约 60584 公顷,其中绝收面积 8061.7 公顷;直接经济损失约 47616.63 万元。

(26)6 月 11—12 日,内蒙古自治区 8 县(区)境内出现冰雹天气。受灾 13559 人;受灾农田面积 9996.4 公顷,其中绝收面积 283 公顷;直接经济损失 2568.9 万元。

(27)6 月 12—13 日,河北省出现冰雹、大风、短时强降水等强对流天气。受其影响,石家庄、保定、衡水、邢台、张家口、承德等市的 20 个县(市、区)32.8 万人受灾;农作物受灾面积 15.2 千公顷,其中绝收面积 496 公顷;直接经济损失约 2.2 亿元。

(28)6 月 19—20 日,吉林省部分地区遭受风雹灾害。长春、吉林、四平等 7 市 20 个县(市、区)12.9 万人受灾;262 间农房一般性损坏;农作物受灾面积 66.8 千公顷,其中绝收面积 8 千公顷;直接经济损失 2.9 亿元。

(29)6 月 28 日 08 时,山东省 7 市 8 县(市、区)出现冰雹。受灾人口 242911 人;损坏房屋 1390 间,倒塌房屋 7 间;农作物受灾面积 8473.33 公顷,其中绝收面积 1371 公顷;直接经济损失 21678.7 万元。

(30)6 月 29 日以来,甘肃省天水、庆阳、定西等 5 市(自治州)12 个县(区)出现冰雹。3.9 万人受灾,1 人失踪;500 余间房屋不同程度损坏;农作物受灾面积 2 千公顷,其中绝收面积近 100 公顷;直接经济损失近 8900 万元。

(31)7 月 3 日以来,内蒙古自治区部分地区遭受的风雹灾害。呼和浩特、赤峰、呼伦贝尔等 7 市(盟)10 个县(旗)1.1 万人受灾,2 人触电死亡;农作物受灾面积 10.7 千公顷;直接经济损失 1200 余万元。

(32)7 月 9—12 日,云南省 10 个县(市)遭受风雹灾害。16225 人受灾;房屋倒塌 6 间,房屋受损 21 间;农作物受灾面积 1600.43 公顷,其中绝收面积 678.23 公顷;直接经济损失 3035.98 万元。

(33)7 月 13—14 日,黑龙江省哈尔滨、鹤岗、双鸭山等 8 市 24 个县(市、区)遭受风雹灾害。6.3 万人受灾,100 余人紧急转移安置,8600 余人需紧急生活救助;近 400 间房屋不同程度损坏;农作物受灾面积 41.3 千公顷,其中绝收面积 4.3 千公顷;直接经济损失 1.3 亿元。

(34)7 月 15—16 日,陕西省铜川、渭南、榆林等 5 市 13 个县(市、区)遭受风雹灾害。7.5 万人受灾,1 人因构建物倒塌死亡,近 800 人紧急转移安置;400 余间房屋不同程度损坏;农作物受灾面积 4.7 千公顷,其中绝收面积 1 千公顷;直接经济损失 5900 余万元。

(35)7 月 16—17 日,河南省郑州、洛阳、焦作等 4 市 14 个县(市、区)遭受风雹灾害。22.4 万人受灾;200 余间房屋不同程度损坏;农作物受灾面积 14.6 千公顷;直接经济损失 6000 余万元。

(36)7 月 25—28 日,河南省开封、洛阳、平顶山等 7 市 12 个县(市、区)遭受风雹灾害。15.3 万人受灾,2 人死亡(1 人溺水,1 人因构筑物倒塌),200 余人紧急转移安置;100 余间房屋不同程度损坏;农作物受灾面积 13.1 千公顷,其中绝收面积 100 余公顷;直接经济损失近 7200 万元。

(37)7 月 26—27 日,陕西省西安、渭南、安康等 4 市 9 个县(区)遭受风雹灾害。6.3 万人受灾,1 人死亡(构筑物倒塌所致),1200 余人紧急转移安置,600 余人需紧急生活救助;近 200

间房屋不同程度损坏;农作物受灾面积3.9千公顷,其中绝收面积1.8千公顷;直接经济损失3400余万元。

(38)7月27—29日,湖北省武汉、宜昌、鄂州等4市8个县(区)受风雹灾害。2万人受灾;100余间房屋不同程度损坏;农作物受灾面积近800公顷,其中绝收面积100余公顷;直接经济损失2000余万元。

(39)7月30—31日,重庆市万州、九龙坡、綦江等7个县(区)遭受风雹灾害。近7000人受灾,2人死亡;1000余间房屋不同程度损坏;农作物受灾面积200余公顷;直接经济损失1000余万元。

(40)8月1日,湖北省黄石、宜昌、荆州等4市(自治州)7个县(市、区)遭受风雹灾害。1.9万人受灾,1人因雷击死亡;1500余间房屋不同程度损坏;农作物受灾面积800余公顷,其中绝收面积100余公顷;直接经济损失近1700万元。

(41)8月7—8日,重庆市涪陵、大渡口、大足等7个县(区)遭受风雹灾害。7100余人受灾;600余间房屋不同程度损坏;农作物受灾面积200余公顷;直接经济损失近1000万元。

(42)8月8日以来,云南省曲靖、玉溪、昭通等5市(自治州)9个县(市、区)遭受风雹灾害。1.4万人受灾,3人死亡;近100间房屋不同程度损坏;农作物受灾面积1.4千公顷,其中绝收面积近100公顷;直接经济损失1400余万元。

(43)8月11—13日,河北省石家庄、唐山、邢台等7市17个县(市、区)遭受风雹灾害。3.2万人受灾;农作物受灾面积2.7千公顷,其中绝收面积100余公顷;直接经济损失2500余万元。

(44)8月11日,甘肃省酒泉、庆阳、平凉市3市7个县(区)遭受风雹灾害。近9800人受灾;400余间房屋不同程度损坏;农作物受灾面积1.6千公顷;直接经济损失近2400万元。

(45)8月22—23日,重庆市涪陵、北碚、长寿等7个县(区)遭受风雹灾害。4600余人受灾,近100人紧急转移安置;700余间房屋不同程度损坏;农作物受灾面积100余公顷;直接经济损失近1000万元。

(46)8月28—30日,黑龙江省哈尔滨、鸡西、大庆等4市9个县(市、区)遭受风雹灾害。7600余人受灾;近300间房屋不同程度损坏;农作物受灾面积4.1千公顷;直接经济损失3300余万元。

(47)9月6日以来,河北省石家庄、邢台、保定3市9个县(市、区)遭受风雹灾害。16.5万人受灾;农作物受灾面积15.2千公顷;直接经济损失3400余万元。

(48)9月30日至10月10日,山东省烟台市8县(市)出现风雹灾害。受灾人口26465人;农作物受灾面积3623.6公顷;直接经济损失3.58亿元。

附录C 国内外主要气象灾害分布图

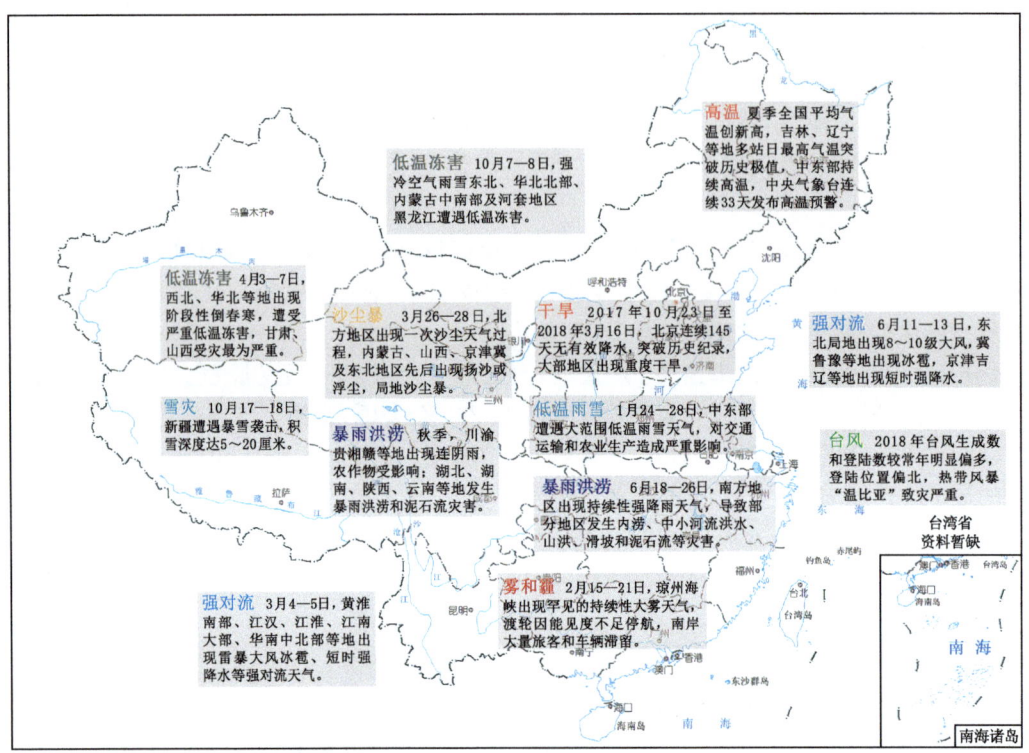

图C.1 2018年国内（上）、国外（下）主要气象灾害分布图

附录 C 国内外主要气象灾害分布图

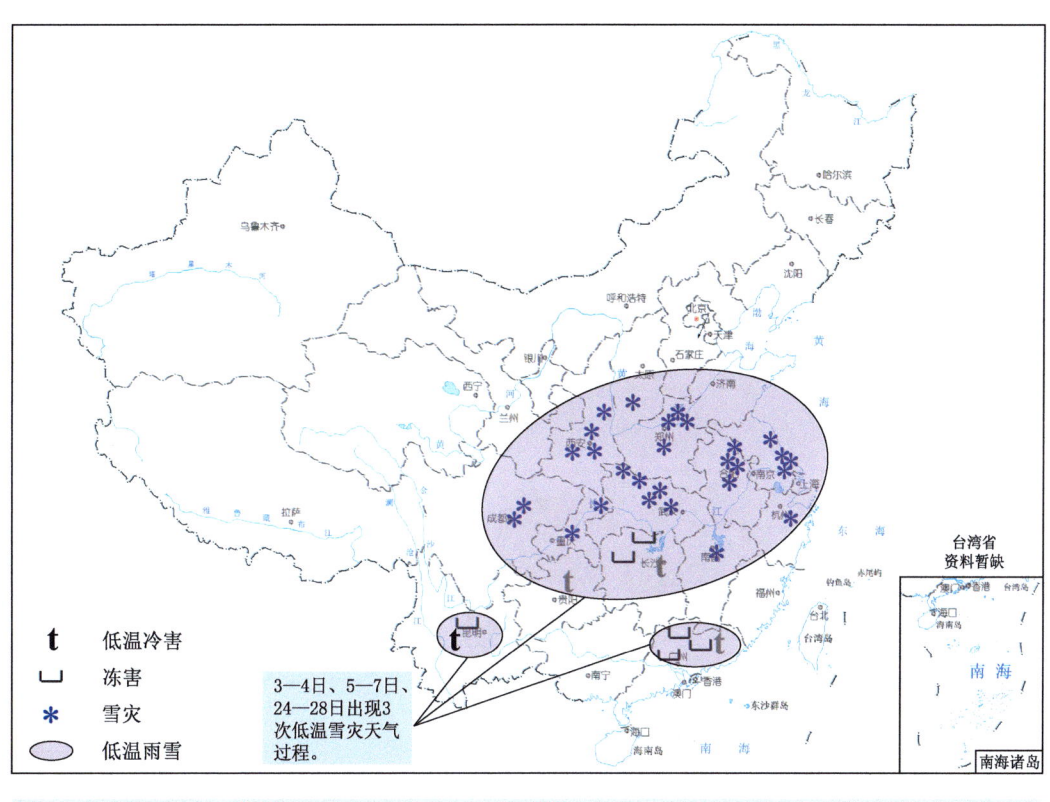

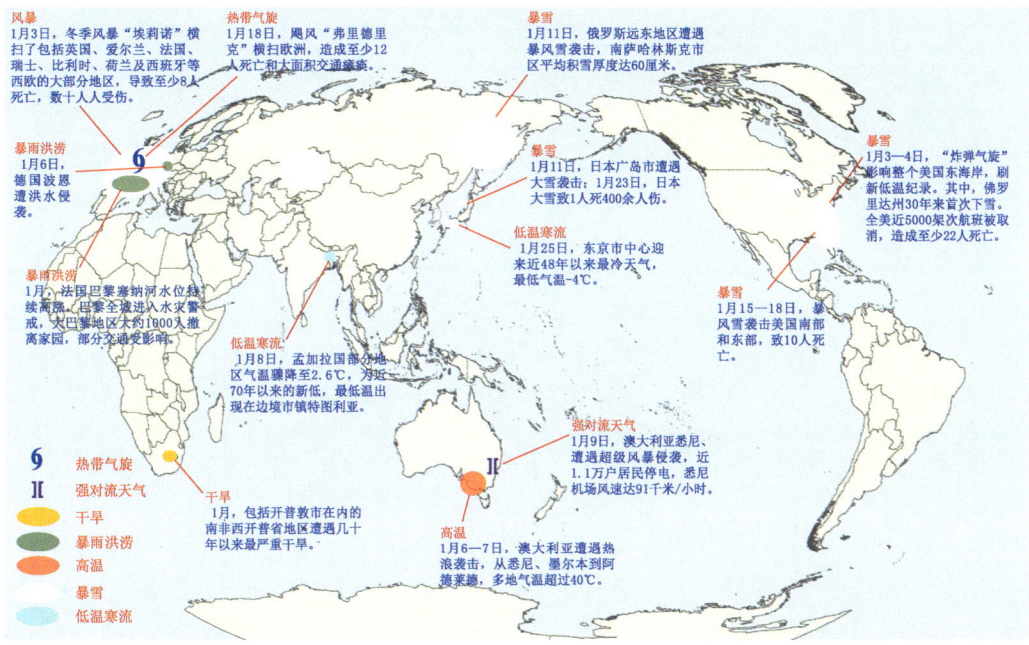

图 C.2 2018 年 1 月国内（上）、国外（下）主要气象灾害分布图

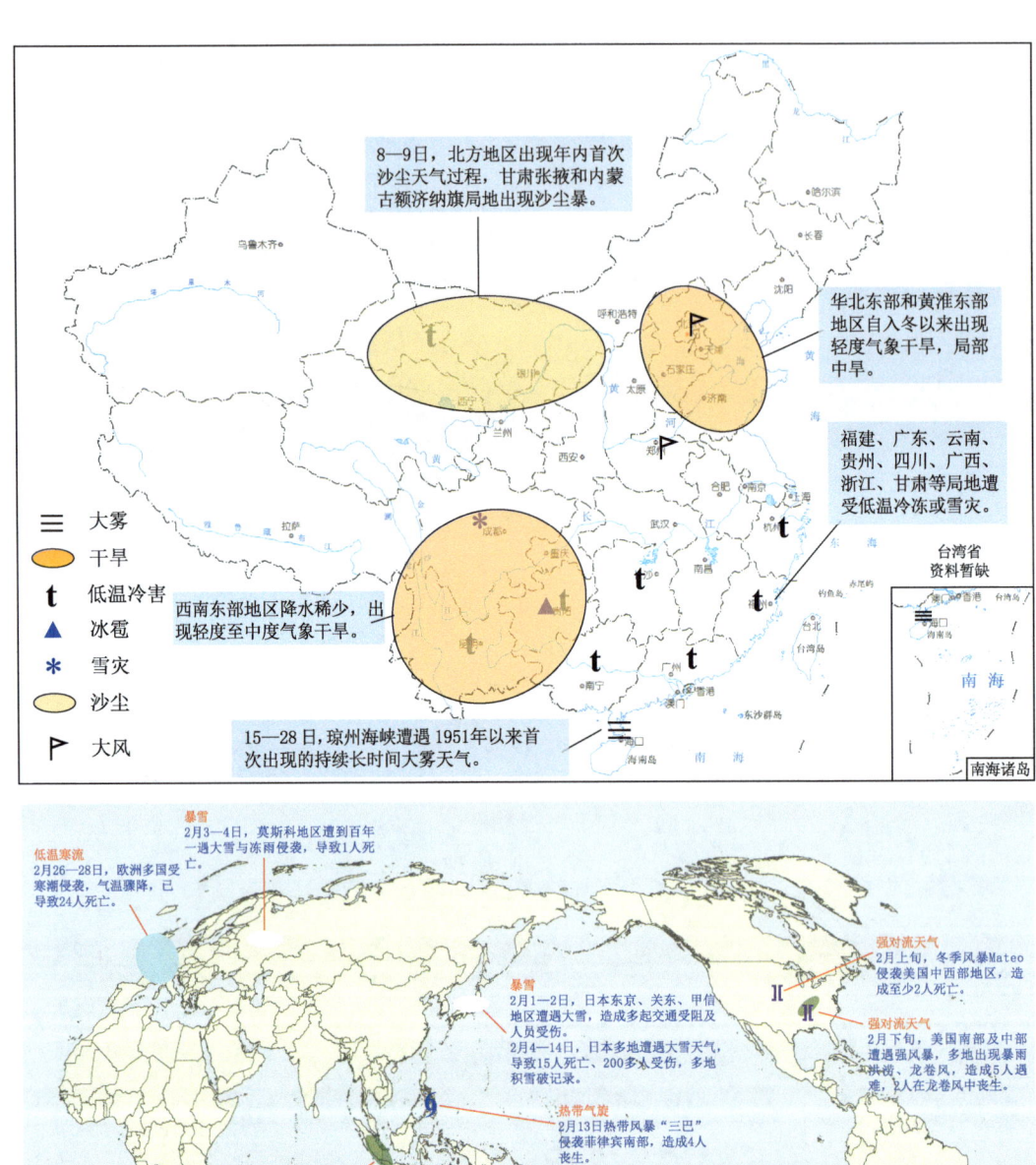

图 C.3　2018 年 2 月国内(上)、国外(下)主要气象灾害分布图

国内外主要气象灾害分布图　附录C

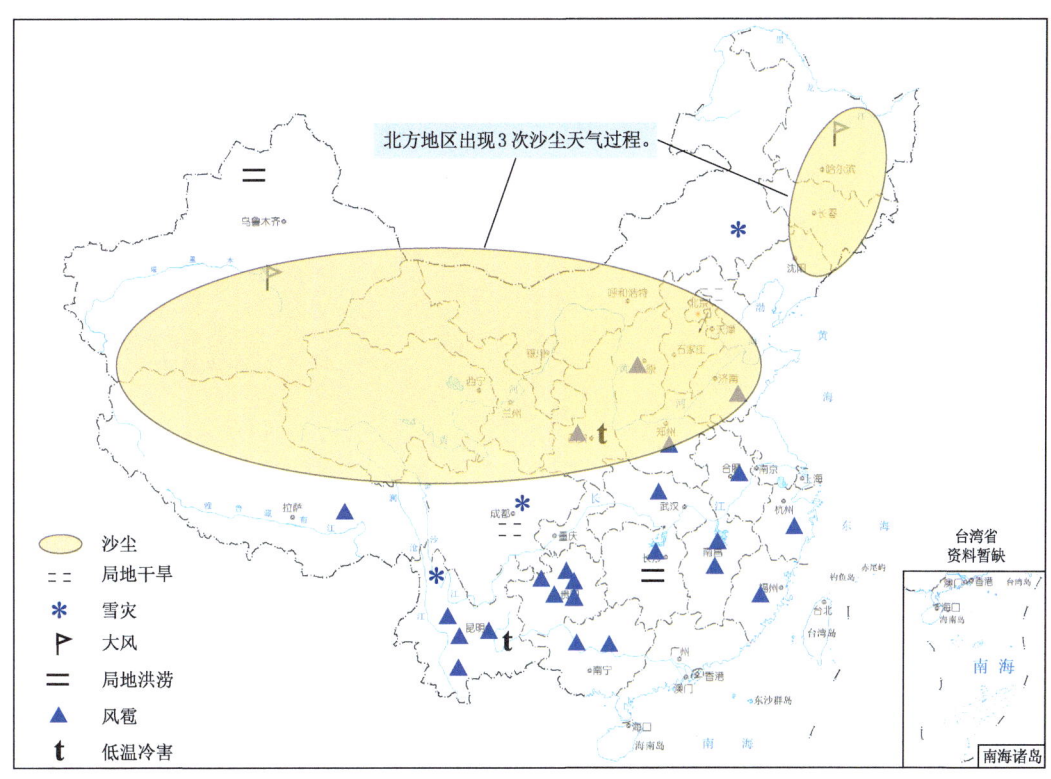

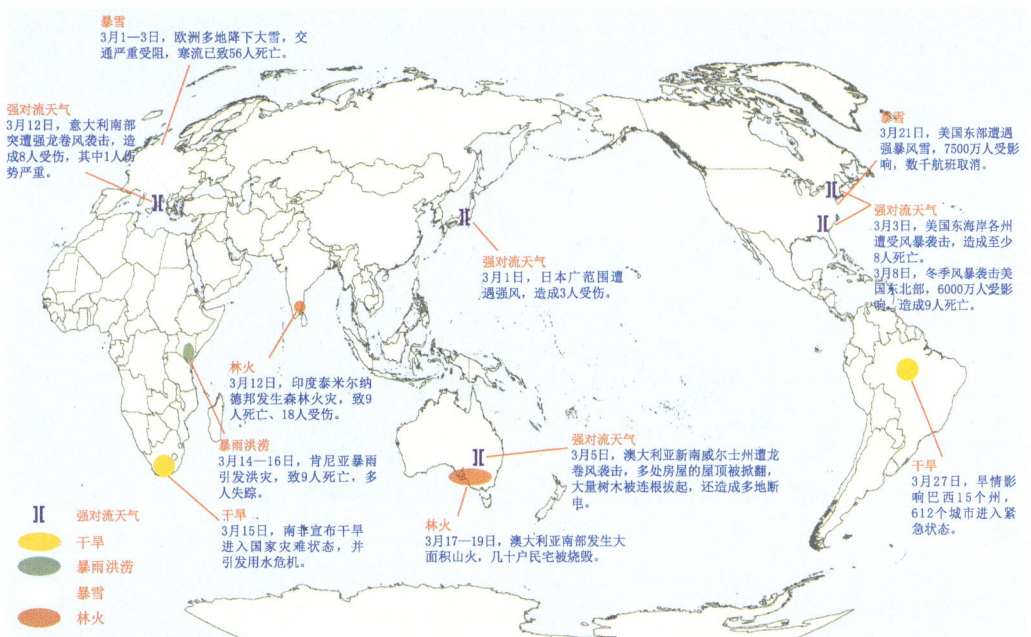

图 C.4　2018 年 3 月国内(上)、国外(下)主要气象灾害分布图

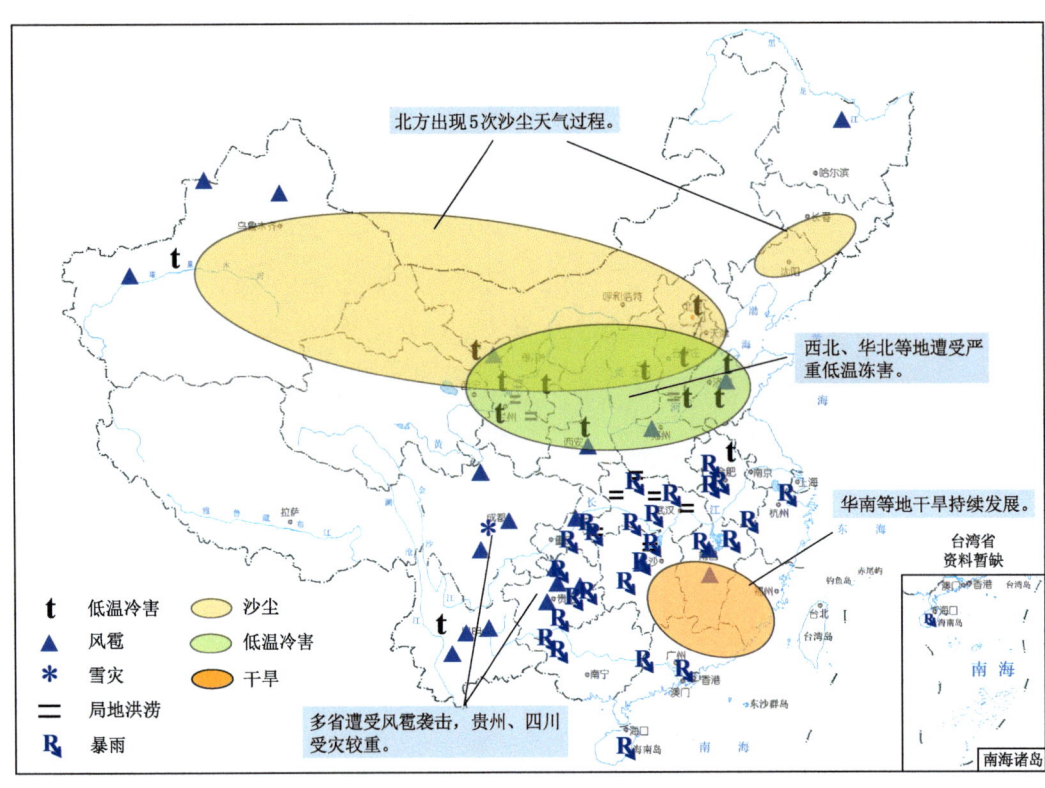

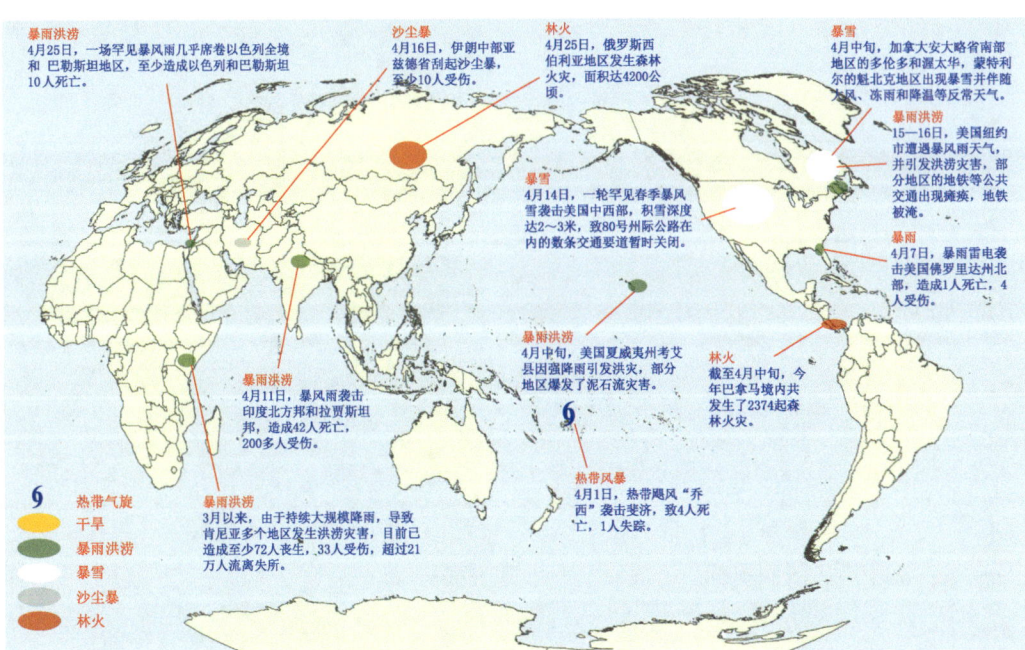

图 C.5　2018 年 4 月国内(上)、国外(下)主要气象灾害分布图

附录 C 国内外主要气象灾害分布图

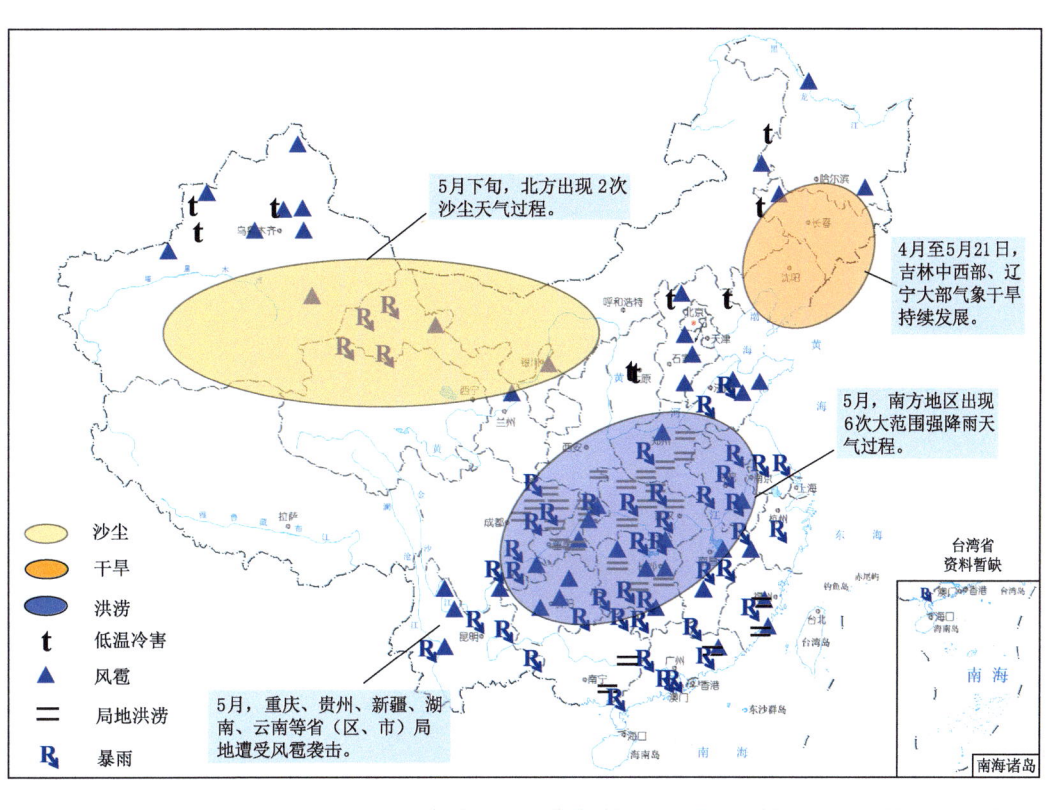

图 C.6 2018 年 5 月国内(上)、国外(下)主要气象灾害分布图

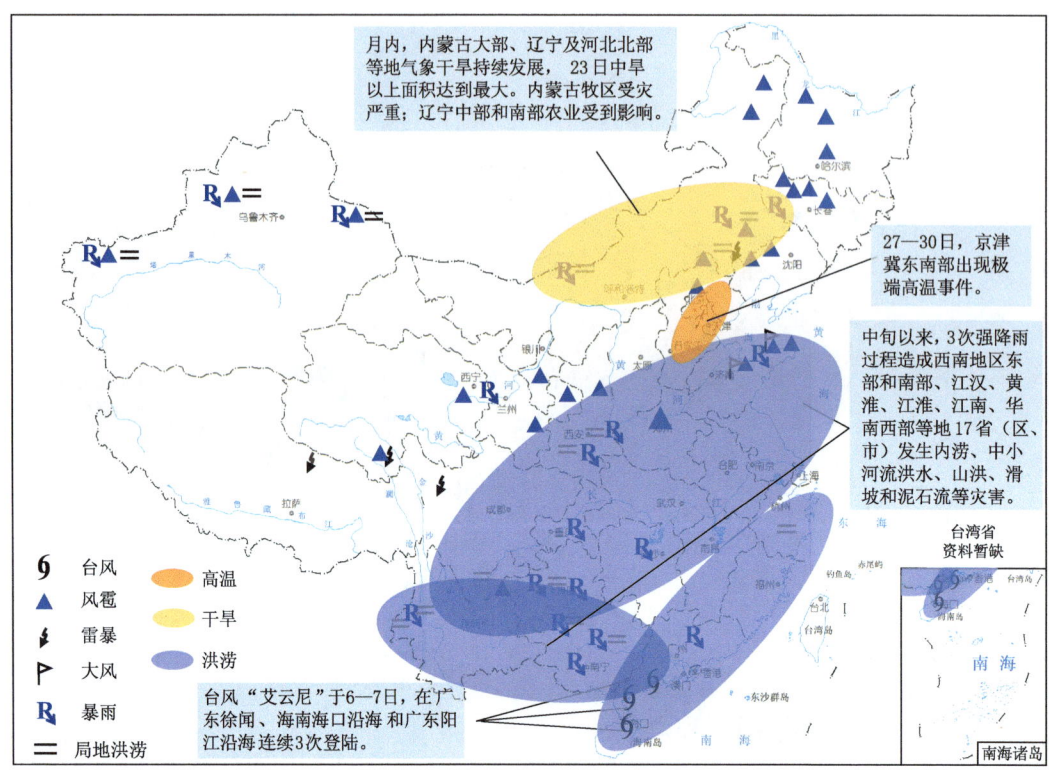

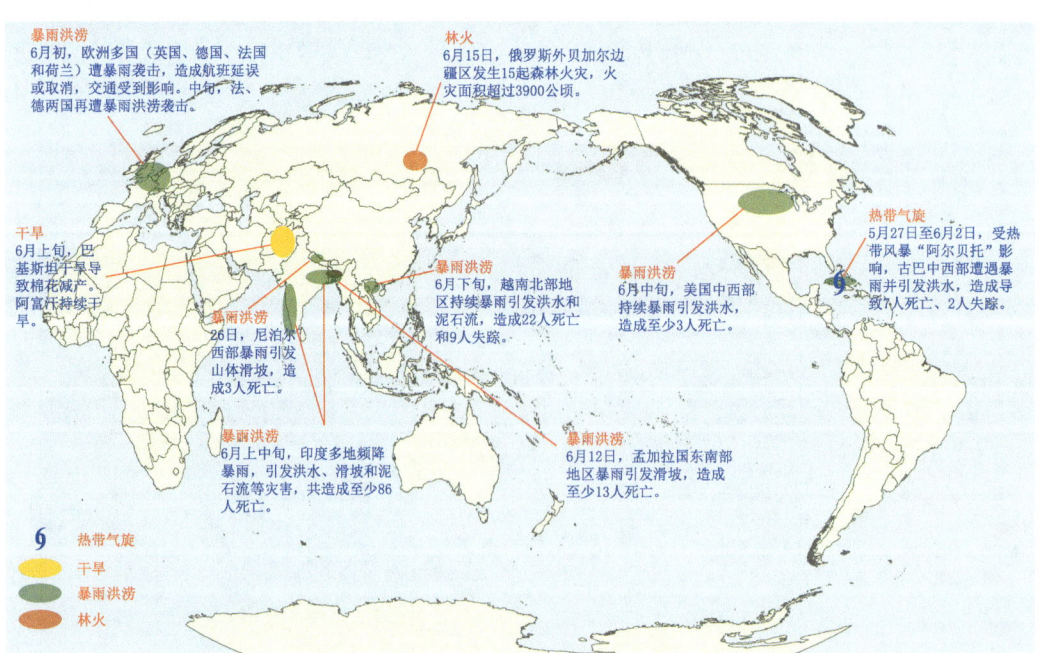

图 C.7　2018 年 6 月国内(上)、国外(下)主要气象灾害分布图

附录 C 国内外主要气象灾害分布图

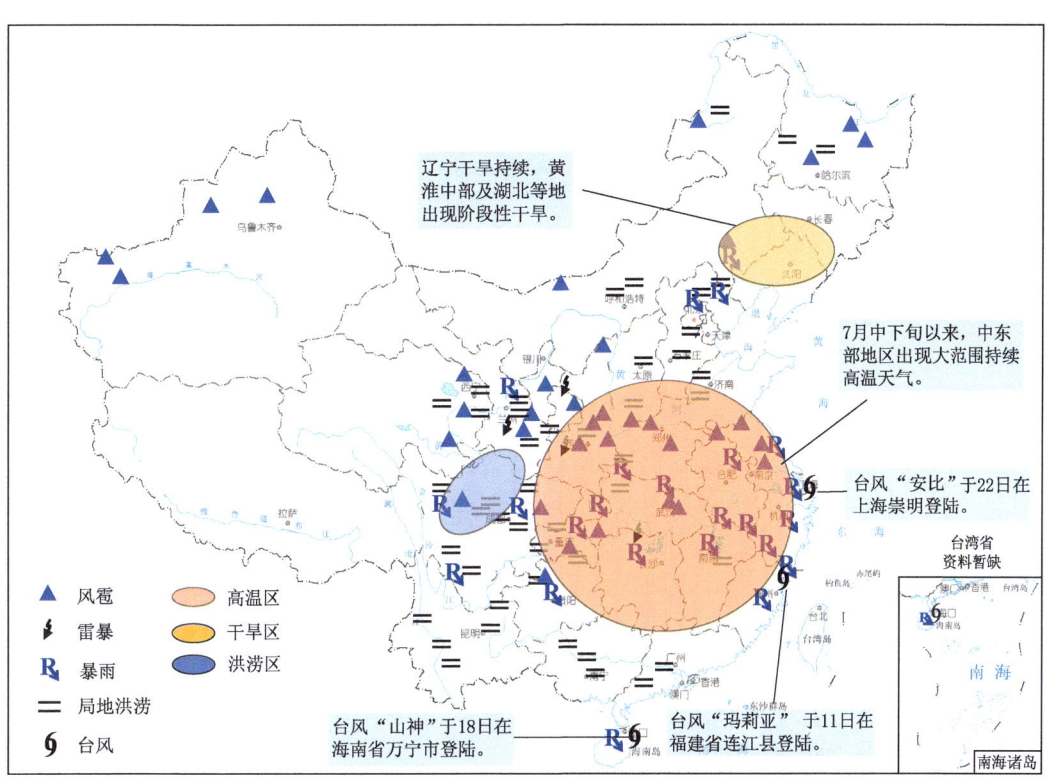

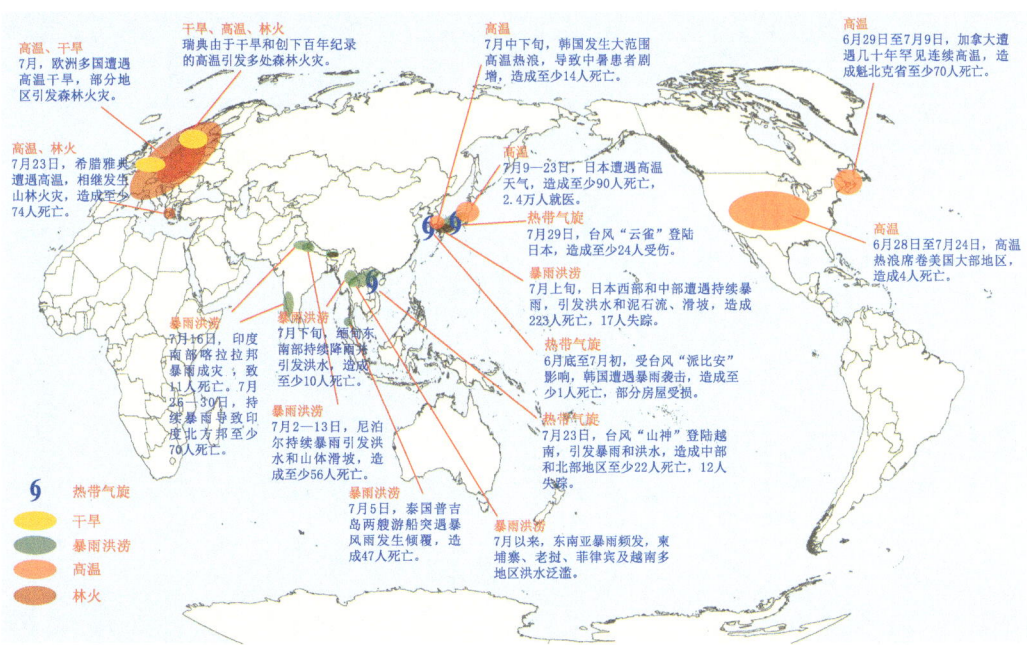

图 C.8　2018 年 7 月国内（上）、国外（下）主要气象灾害分布图

全国气候影响评价 2018
CHINA CLIMATE IMPACT ASSESSMENT

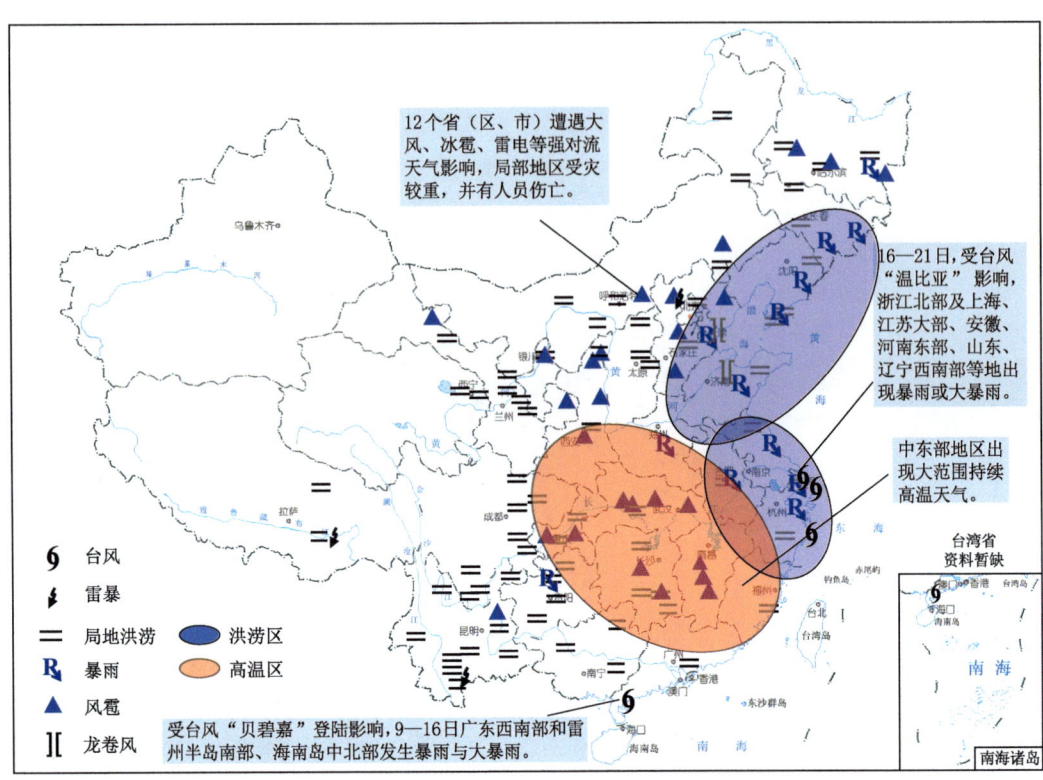

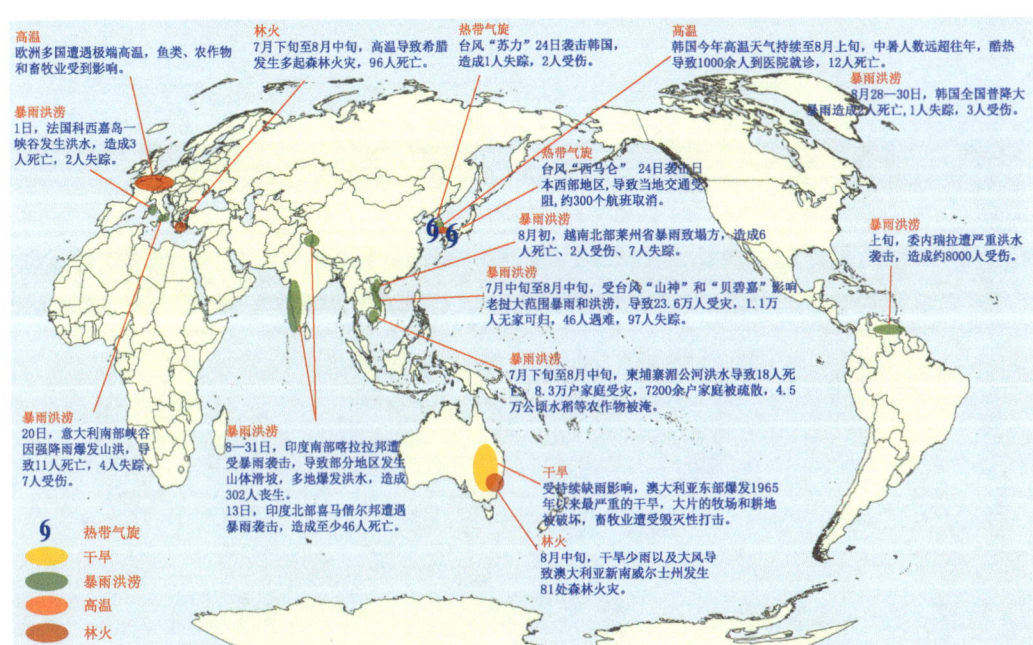

图 C.9 2018 年 8 月国内(上)、国外(下)主要气象灾害分布图

144

附录 C 国内外主要气象灾害分布图

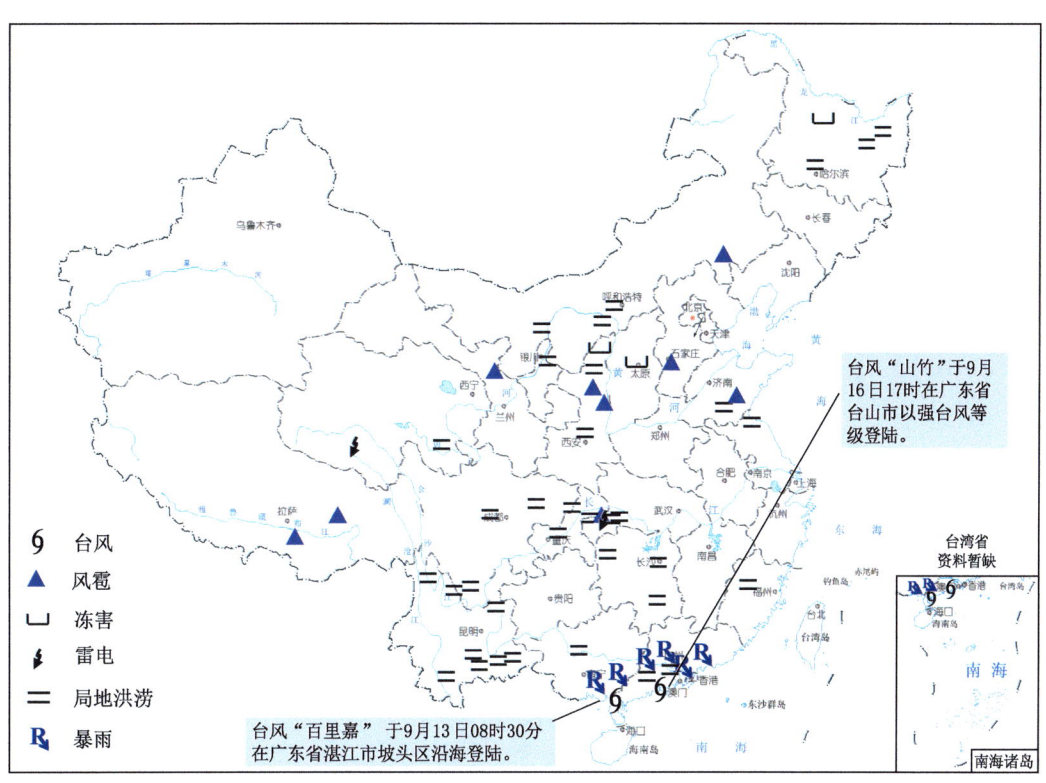

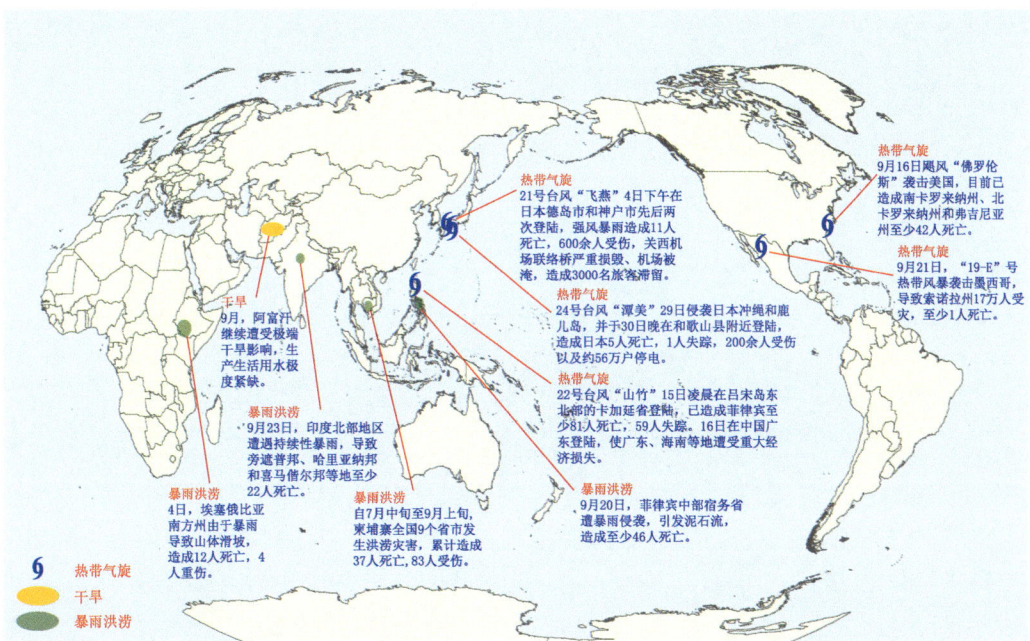

图 C.10　2018 年 9 月国内(上)、国外(下)主要气象灾害分布图

145

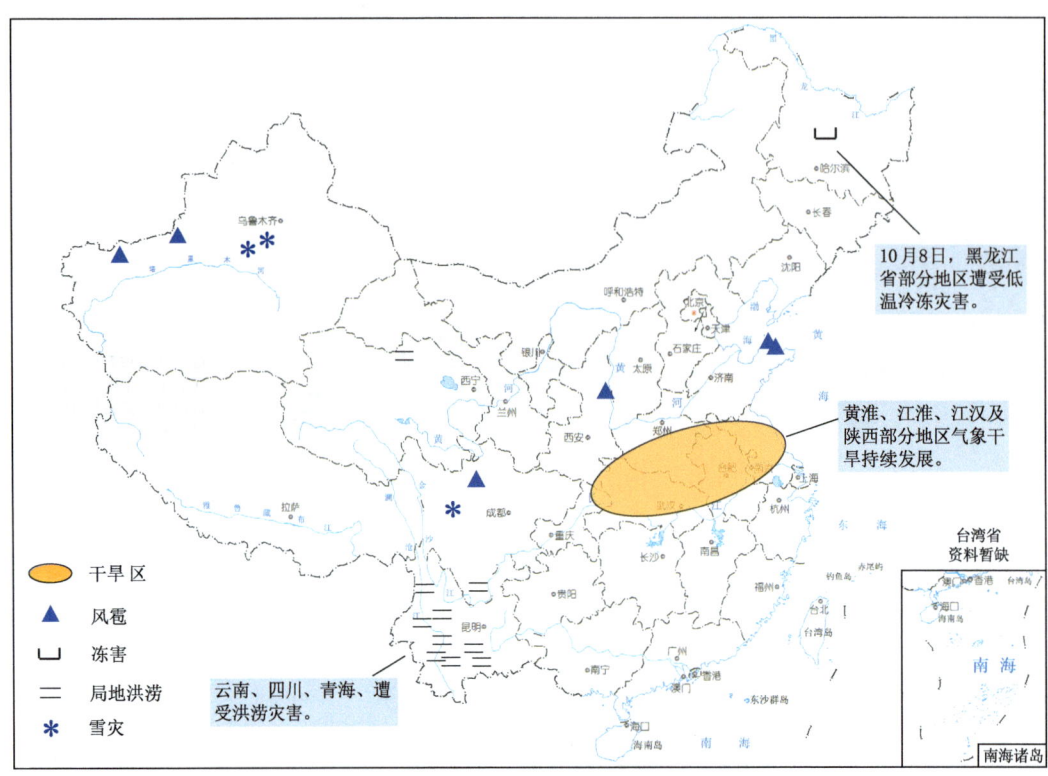

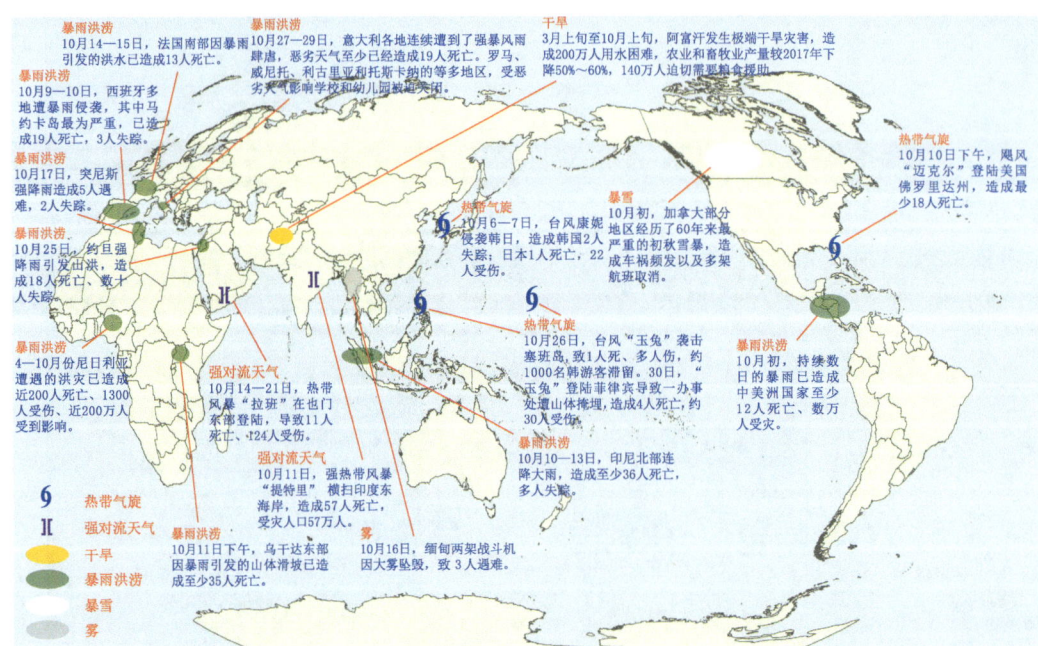

图 C.11 2018 年 10 月国内(上)、国外(下)主要气象灾害分布图

国内外主要气象灾害分布图　附录 C

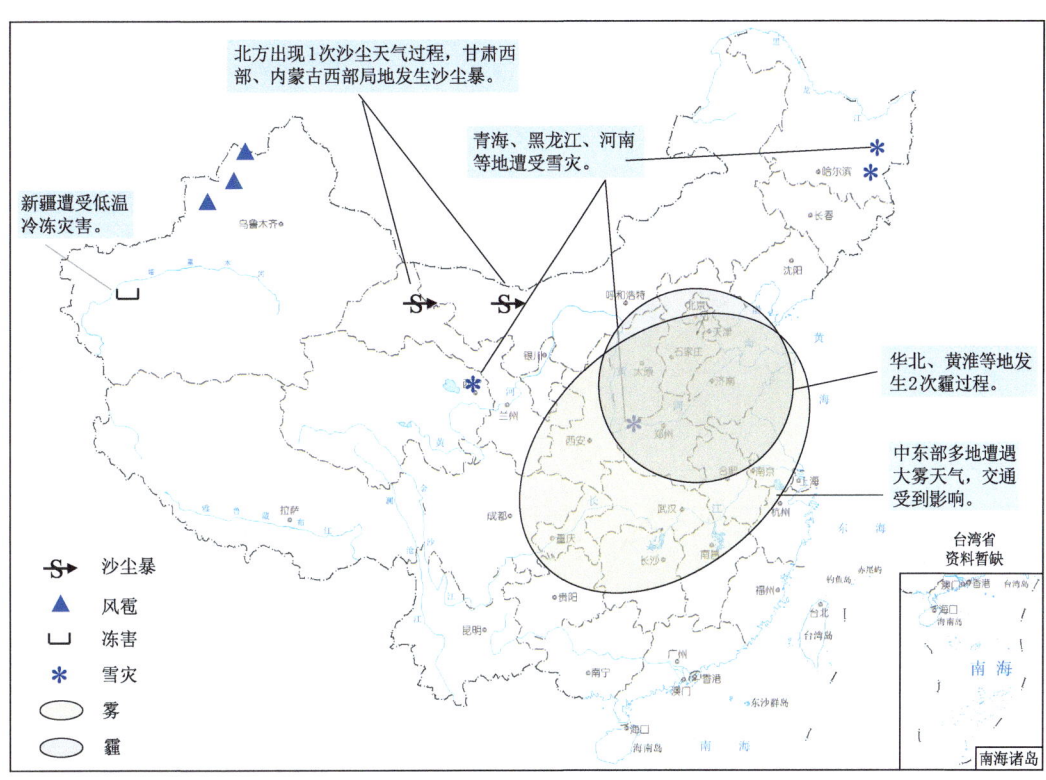

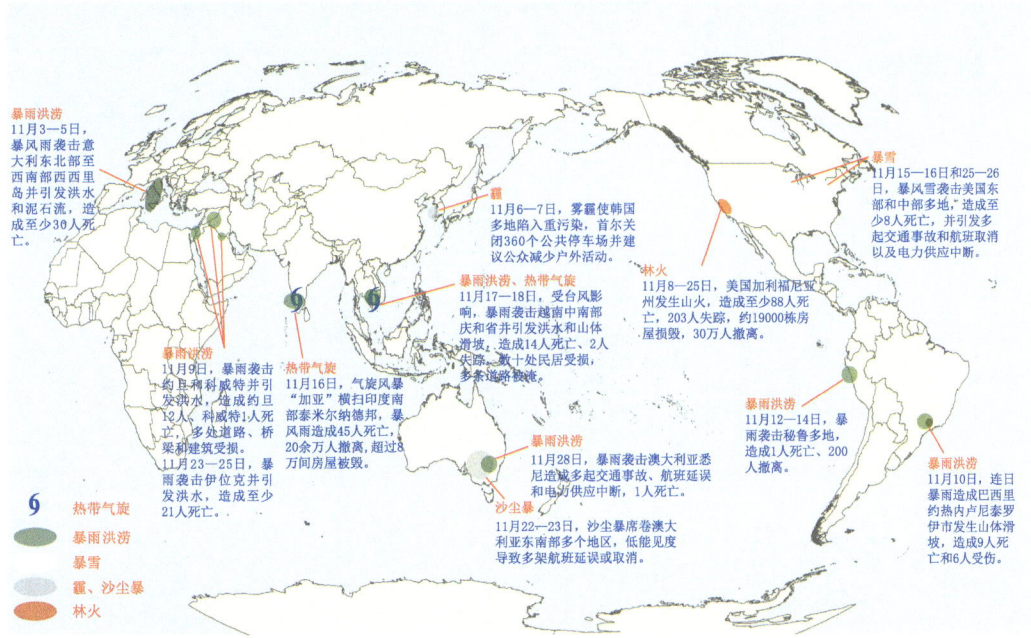

图 C.12　2018 年 11 月国内(上)、国外(下)主要气象灾害分布图

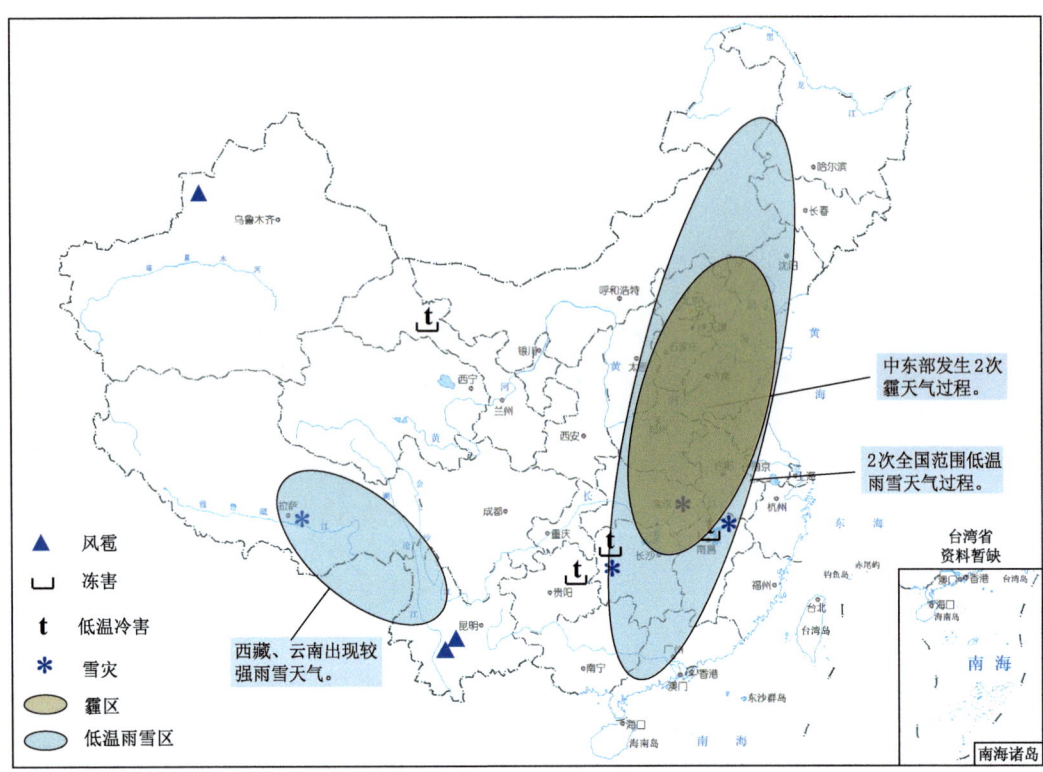

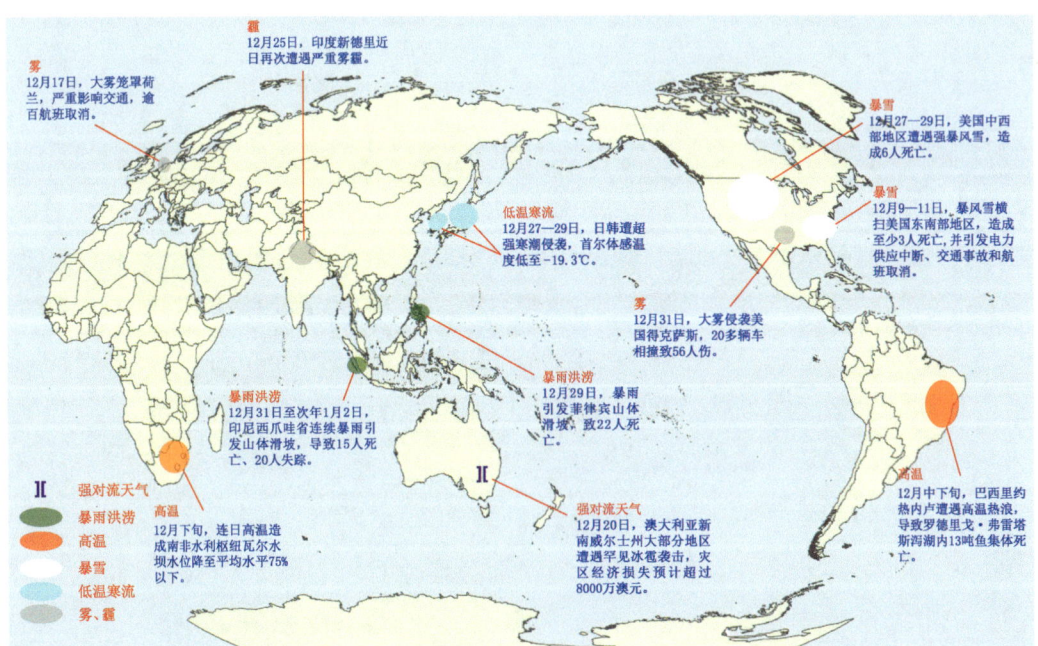

图 C.13 2018 年 12 月国内（上）、国外（下）主要气象灾害分布图

参考文献

冯爱青,高江波,吴绍洪,等,2016.气候变化背景下中国风暴潮灾害风险及适应对策研究进展[J].地理科学进展,35(11):1411-1419.

尹宜舟,高歌,王国复,2019.气象灾害的灾体模型及其初步应用[J].气象,45(10):1439-1445.

尹宜舟,罗勇,肖风劲,等,2013.热带气旋年潜在影响力指数[J].中国科学:地球科学,43(12):2086-2098.

ADDOR N,JAUN S,FUNDEL F,et al,2011. An operational hydrological ensemble prediction system for the city of Zurich (Switzerland): Skill, case studies and scenarios[J]. Hydrology and Earth System Sciences, 15(7):2327-2347.

BELL G D,HALPERT M S,SCHNELL R C,et al,2000. Climate assessment for 1999[J]. Bulletin of the American Meteorological Society, 81(6):S1-S50.

GAINES J M,2016. Flooding:water potential[J]. Nature,531(7594):54-55.

HALLEGATTE S,GREEN C,NICHOLLS R J,et al,2013. Future flood losses in major coastal cities[J]. Nature Climate Change,3(9):802-806.

IPCC,2013. Climate Change 2013:The Physical Science Basis [M]. Contribution of Working Group I to the Fifth Assessment Report of the Intergovernmental Panel on Climate Change. Cambridge University Press, Cambridge, United Kingdom and New York, NY,USA.

LIU L,XIAO C,DU L,et al,2019. Extended-Range runoff forecasting using a one-way coupled climate-hydrological model:Case studies of the yiluo and Beijiang rivers in China[J]. Water, 11(6):1150.

WANG J,GAO W,XU S,et al,2012. Evaluation of the combined risk of sea level rise, land subsidence, and storm surges on the coastal areas of Shanghai, China[J]. Climatic Change,115(3): 537-558.

WMO,2019. WMO statement on the status of the global climate in 2018[R]. World Meteorological Organization. Published online: https://library.wmo.int/doc_num.php?explnum_id=5789.